風と雲のことば辞典

倉嶋 厚 監修

岡田憲治　原田 稔　宇田川眞人

講談社学術文庫

監修者序言

　本書は、二〇一四年六月に「講談社学術文庫」に収録された倉嶋厚・原田稔編著『雨のことば辞典』の姉妹編にあたる。前著は、刊行されるや、新聞やラジオで紹介されるなど、読者から多くの反響があった。その支持は長くつづき、何度も版を重ねたため、編集部から続編を出してほしいとの要望があった。「雨」の次は「風と雲のことば」を主題にしたいとの提案であった。

「風と雲」は、「雨」と同様、古代から現在にいたるまで、わたしたち日本人の日常生活や、農業・漁業などの仕事の現場、商業航海や旅行の場面で、さらには詩歌や芸術などの精神生活の面でも深い影響を及ぼしてきた。そのため、わが国の文芸作品や歴史的な史料の中には、「風と雲」にまつわる多くのことばと出来事がちりばめられている。

　また一方で、「風と雲」は、わたしたちの安心と安全な暮らしに大きな脅威となることがある。「台風」や「竜巻」、「雷雨」や「突風」による災害である。こうした気象災害は、毎年多くの水害や土砂災害などを引き起こし、多数の死者や行方不明者を出している。そしてその災害は、まず「風と雲」の出現から始まるといっても過言ではないのである。

わたしたちの生活が、「雨」と同様、ときにはそれ以上に、あらゆる局面で「風と雲」と切っても切れない関係にあることは、いうまでもない。長年気象庁に勤務し、その後はＮＨＫの気象キャスターを務め、わが国の気象ジャーナリズムの創生期ともいう時期にそこで日本の空を見つめてきた者として、身にしみて実感するところである。九十二歳という高齢となった現在、前著のように全編にわたってペンを揮うことまではできなくても、監修者として助言するという立場で、編集部の依頼を引き受けることにした。

本書には、「風」にまつわることば一〇四〇語と、「雲」にまつわることば六一一語が収録されている。そこには、古代詩歌の美しい言い回しから漁業者や航海者の素朴な船方ことば、また日本列島の各地で言い伝えられてきた方言からカタカナの現代気象用語まで、多様な「風と雲のことば」が収集されている。さらには俳句の美しい季語や漢詩の深い陰影をたたえた表現など、心に残ることばの宝庫となっている。巻末の「季語索引・風と雲の四季ごよみ」も、俳句・短歌愛好者の参考になるであろう。

前著につづいて、この『風と雲のことば辞典』が、読者の支持を得て読み継がれることを期待し、監修の言とする次第である。

二〇一六年九月　　倉嶋　厚

目次

風と雲のことば辞典

監修者序言……………………………………倉嶋　厚　3
凡例……………………………………………………10
本文……………………………………………………11
◆風のコラム
風とは何か12　台風のしくみ30　身の回りの風58
上空からの吹き下ろし74　最先端の気象用語①　特別警報84　風と天気図115　根返り120　ブリザード122
瞬間風速166　「おろし」と「だし」は料理のことば？214
風対応と雪対応で異なる屋根の造り219　竜巻と突風232
フェーン現象246　風の強さ284　資源としての風力発電286
冬の季節風と天気図298　コロンブスはなぜヨーロッパに戻ることができたのか？302　日本の風・世界の風320

ヘクトパスカルとミリバール342

◆雲のコラム

雲とは何か18　雨・雪を呼ぶ雲27　台所で雲を作る112
雲と地球規模の水の大循環130　雲の形の命名140　最先端の気象用語②　高解像度降水ナウキャスト148　最先端の気象用語③　スーパーセル201　ダイヤモンドダスト212
南極でも対流雲213　四季の雲238　雪雲と人工降雪332

風と雲の天気ことわざ……347
参考文献……358
あとがき……岡田憲治　362
季語索引・風と雲の四季ごよみ……370

風と雲のことば辞典

◆凡例

一　本書は、同じ監修者による前著『雨のことば辞典』（講談社学術文庫）の姉妹編として編集した。日本語（古語・漢語・方言・気象用語を含む）の中から現代生活に生きている「風」と「雲」にまつわることばを選び出し、語釈・解説を加え、適宜用例を付した。

二　語釈・解説に際しては、エッセイ的な記述を取り入れ、読んで面白い辞典を目指した。主要な気象用語については、本文中にコラムを別組みした。

三　見出し語は五十音順に配列した。

四　詩歌等の引用に際しては適宜、参照した文献の表記に従った。振り仮名はすべて現代仮名づかいとした。

五　参照文献のうち単行書は『　』で、それ以外の著作は「　」で示した。

六　本文中〈　〉で囲んだ語は見出し項目として掲げてあることを意味する。

七　「風」と「雲」にまつわる主要な熟語・慣用句は本文中に立項し、天気予知のことわざは巻末にまとめた。

八　俳句愛好者の便に資するため、巻末に季語索引を付録した。

九　紙数の制約や執筆者の菲才から、見落としている語、また思い違いの語釈があることと思われるが、お気づきの方にはご批正を賜りたい。

本文デザイン：next door design

あ行

アーチ雲　アーチぐも

〈積乱雲〉などの下に現れるアーチ状、またはロール状の雲。寒冷前線の前面付近の上空にできる積乱雲から吹き下ろす寒気によって発生する。この雲が押し寄せてくると突風が吹き、気温が下がり、雷雨となる。が、短時間で崩れて積乱雲に吸収される。

靄靄　あいあい

雲や霞がゆったりとたなびいているようすをいう。中国六朝《りくちょう》時代の代表的詩人陶淵明《とうえんめい》の詩「停雲《ていうん》」に「**停雲靄靄**《ていうんあいあい》、**時雨濛濛**《じうもうもう》」、動かぬ雲がゆったりとかかり、霧雨がそぼ降る情景を吟じている。「靄然《あいぜん》」もほぼ同様。

あいの風　あいのかぜ

日本海沿岸地方で、東風《ひがしかぜ》を指す。『万葉集』巻十七に「**東風いたく吹くらし奈呉《なご》の海士《あま》の釣りする小舟《おぶね》漕ぎ隠《かく》るみゆ**」があり、「東風」に注して「越《こし》の俗語《くにのことば》に東風を安由乃可是《あゆのかぜ》と謂へり」と。奈呉は現在の富山県高岡市近辺の海岸だとされ、主に越前・越後地方で「あゆの風」と言っていたようだ。のちには北前船《きたまえぶね》の船乗りたちも使い、中央にも広まった。しかし地方によっては北風や北西風を意味するところもあって、風向きはさまざま。ということは、「あい（あゆ）」は風向きのことではないのではないか。また〈やませ〉〈いなさ〉〈ならい〉などという風名が多い中でこの風に限ってなぜ「あいの風」と「風」がつくのだろう。疑問に思った柳田国男は、「あえもの」「心合い」などと同根の古語「あえる・あゆ」に思いをはせた。遠い海から潮に乗せて浜に寄り物を届け「あえる風」を想定したのである（「風位考」）。「饗《あえ》の風」ともいう。夏の季語。

たまはりし矢立だいじにあいの風　柏禎

青嵐　あおあらし

新緑の季節に青葉をそよがせて吹く、爽やかだがやや強い風。また緑におおわれた山の気のこともいう。〈青嵐《せいらん》〉の訓読み。夏の季語。

青嵐一蝶飛んで矢より迅《はや》し　高浜虚子

青北風　あおぎた・あおきた

西日本で秋のはじまりに吹くかなり強い北風をいう。「青北」とも書く。空が青く晴れた空の下を吹き、海の色も青くなる。夏が去り、涼しい秋の到来、この風とともに雁《かり》が渡ってくるところから、〈雁渡《かりわた》し〉と呼ぶ地方もある。秋の季語。

青北風や墓地に迫りし山と海　井上豊

青雲　あおくも

青っぽい色をした雲。青空のことをいうこともある。

風とは何か

風そのものを見ることはできないが、雲が流れるのを見る、旗がはためくのを見る、木の葉や草が揺らぐ音を聞く、肌に当たるのを感じる等、私たちは五感を通じて風の存在を知っている。

気象学では、「風」を「地球上の大気（空気）の流れ」と定義しており、大気の流れを作るのは太陽からの熱（日射）である。地球は太陽からの熱によって暖められているが、陸は暖まりやすく海は暖まりにくいこと、空気は暖まると膨張すること、雲があると熱が遮《さえぎ》られることなどから、空気の温度（気温）は複雑な分布（ばらつき）をしており、さらに地球の自転も加わって空気の温度分布は刻々変化している。

この温度のばらつきから生じる気圧（大気の重さ）の不均一を解消して均質化しようと、気圧が

あおげたならい
静岡県地方や伊豆大島で、秋の晴天に強く吹く北東風をいう。「あおげた」は「青北」だろう。〈ならい〉は冬の強風のこと。

青東風　あおごち・あおこち
夏の土用に吹く東風をいう。一点の雲もない青空の下、東から吹く爽やかな風。初夏に青葉を吹く東風をいうこともある。〈土《ど》用《よう》東《ご》風《ち》〉も同じ。夏の季語。

青東風の朝山拭ふ如きかな　青木月斗

青田風　あおたかぜ
稲が青々と生育した青田をそよがせて吹く風。田植えをしてしばらくは「植田《うえた》」「五月田《さつきだ》」などという。その後稲が生長し、穂が出る前の田を「青田」といい、夏の季語。

木曽《きそ》長良《ながら》揖斐《いび》越えて吹く青田風　松崎鉄之介

煽風　あおちかぜ・あおつかぜ
ばたばたとあおるように吹く風。近松の世話浄瑠璃「薩摩歌」に「**嫌ぢや嫌ぢやもお主《しゅう》の威光、蚊帳《かや》うちあぐる煽風《あおちかぜ》、有明消えて……**」、蒸し暑い初秋の夜半、新米の奉公人、源五兵衛

高い（空気が重い）ところから低い（軽い）ところへ空気が移動する（吹く）のが大気の流れ（風）である。
風は、数千キロメートル以上の距離を吹き続けるスケールの大きな流れから、夏の海岸付近で発生する風〈海風〉〈陸風〉まで、吹く距離・吹き続ける時間のスケールはさまざまである。また、海の波を発生させるのも風である。
風は地表付近では弱いが上空では強く吹いており、日本付近では高度一万メートル付近を西から東に吹いている秒速一〇〇メートルを超える〈ジェット気流〉が有名である。
このように、地球上のさまざまな高さをさまざまな方向にさまざまな速さで動いている大気の流れが風である。

は屋敷の夜回りをしているうちに琉球屋の姉娘小万の部屋に迷いこみ、蚊帳の内に誘い込まれる。気が進まなくても主人の威光には逆らえず、蚊帳を吹き煽った風が常夜灯を吹き消して、あとは恋の闇となる。

煽戸　あおりど

鍵が壊れているのか、風にあおられてバタン、バタンと開いたり閉じたりする戸。寺山修司作詞の「裏窓」（浅川マキ作曲）は、川に面した安アパートの一室だろうか、その裏窓からは、まだ若かった三年前の、しあわせそうな二人が見える。「**だけど夜風がバタン　扉を閉じるよバタン　また開くよバタン……**」。やがてまぼろしは消え、「**裏窓からは　別れたあとの　女が見える**」と閉じられる。浅川マキの気怠《けだる》い名唱に乗って〈煽戸〉の音が暗い川面に残響し、都会の倦怠《けんたい》と哀愁をただよわせる。

煽る　あおる

風の勢いで吹き動かす。また、団扇《うちわ》などであおいで風を起こす。

赤風　あかかぜ

石川県穴水町地方で、非常に強く吹く西風をいう。この風が吹くと海が赤く見えるからという。また、三重県鈴鹿市地方で「あかまにし」と呼ぶ西風をいう。やはりこの風が吹くと海の色が赤くなる。海上は波が立たないが、強風で危険だという（『風の事典』）。

赤城颪　あかぎおろし

群馬県の中央部で、冬に赤城山の方から吹き下ろしてくる北東ないし北西の〈季節風〉。いわゆる上州名物「かかぁ天下と空《から》っ風《かぜ》」の〈空っ風〉で、乾燥した寒風である。

赤雲　あかぐも

富山県五箇山《ごかやま》地方などで、〈夕焼け雲〉のことをいう。

茜雲　あかねぐも

朝日や夕日を映して茜色に輝く雲。〈朝焼け雲〉〈夕焼け雲〉。茜色とは、茜草の根から取った染料で染めた橙《だいだい》色ないしやや沈んだ赤色。

あからしま風　あからしまかぜ

暴風。〈疾風《しっぷう》〉〈はやて〉。「あからしま」は「にわか＝急激」であること。「あかしま風」〈あらしま風〉ともいう。『日本書紀』神武紀に「海《わた》の中《なか》にして卒《にわか》に暴風《あからしまかぜ》に遇《あ》ひぬ」とある。

あがりーかじ

沖縄県地方で、東風のこと。「あがり」だけでも、東風の意。「あがりかぜ」。

あかんぼならい

神奈川県地方など東日本の太平洋岸で、冬に吹く北寄りの風をいう。「あかんぼ」は「赤」の意で空が赤くなるのだろう。〈ならい〉は冬の強風。千葉県地方では、表土を巻き上げて運び、空が赤くなる北風を「あかんぼなれ」と呼ぶ。「なれ」も「ならい」に同じ。

秋陰り　あきかげり

秋の曇り空。〈秋陰《しゅういん》〉〈秋曇り〉ともいう。

秋霞　あきがすみ

秋の霞。霞は春の季語だが、霧、靄《もや》と同じく空中に微細な水滴が浮遊しているため、空がぼんやり煙って、つまり霞んで、遠くがはっきり見通せない状態をいう。本質的には雲と同じ現象。⇩〈霞〉

秋風　あきかぜ

〈秋風〉〈秋の風〉について山本健吉は「秋風一般に言い、またとくに秋の初風を言う場合もあり、晩秋の身にしむような蕭颯《しょうさつ》たる風を言う場合もある」と幅広く捉えている（『日本大歳時記』）。芭蕉の「**石山の石より白し秋の風**」はよく知られているが、日本でも中国でも、昔から詩人たちは、「秋風」は白いと詩《うた》っている。秋の風を白いと感じさせる第一のものは、空の高さであろう。夏の終わりの〈層雲〉や〈雷雲〉の低く垂れ込めた空が一変して、高く明るい空になる。空気が白く乾いていくのだ。秋になると光は斜めに射しこんで、やわらかさを増す。

やわらかな白い光に満ちた秋の野に、草木の葉裏が風に白くひるがえる。秋の季語。

昨日こそさなへとりしかいつのまにいなばそよぎて秋風のふく（『古今集』巻四）

「秋風」なら、やはり佐藤春夫「秋刀魚《さんま》の歌」を引かないわけにはいかない。「**あはれ／秋風よ／情《こころ》あらば伝へてよ／――男ありて／今日の夕餉《ゆうげ》に　ひとり／さんまを食《くら》ひて／思ひにふけると**」と詩いだされ、親交篤い谷崎潤一郎夫人の千代との結婚をいったん許されながら、谷崎の急な変心で一転別離を強いられる。そして、辛い思慕とひとときの団欒《だんらん》の光景が映し出される。「**あはれ、人に捨てられんとする人妻と／妻にそむかれたる男と食卓にむかへば／愛うすき父を持ちし女の児は／小さき箸をあやつりなやみつつ／父ならぬ男にさんまの腸《はら》をくれむと言ふにあらずや**」。だが、千代と女の児は夫と父のもとに帰っていき、ひとり取り残された男は、今宵《こよい》、「**あはれ／秋風よ／情あれば伝へてよ**」のリフレインにのせて、「**さんま、さんま、／さんま苦いか塩つぱいか……**」と詩うのである。

秋風立つ　あきかぜたつ

秋風が吹きはじめること。秋の訪れ。『古今集』は巻三「夏歌」の最後に「**夏と秋と行きかふそらのかよひぢはかたへすゞしき風や吹くらん**」を置き、「秋歌」の冒頭には有名な「**秋来《き》ぬと目にはさやかに見えねども風の音にぞおどろかれぬる**」を配置している。その詞書に「秋立つ日よめる」と記し、夏から秋への移ろいを風によって表現しているのだ。さらに季《とき》は移り、秋は深まり、人びとはもの思う。相愛だった男女の仲が冷めることを「秋風が立つ」という。秋を「厭《あ》き」にかけ、「秋風が吹く」とも。

秋風月　あきかぜづき

旧暦の八月、葉月の別名。ほぼ現行暦の九月上旬から一〇月上旬に該当する。黄金色に稔《みの》った稲に吹く秋風の季節であり、仲秋の名月のころおいである。秋の季語。

朝山や葉月の月のきえのこり　永田青嵐

秋曇り　あきぐもり

どんより曇った秋の空。秋といえば天高く澄んだ青空と白い雲が定番だが、他方で「秋の長雨」というように雨天・曇天の日も少なくない。移動性高気圧が頻繁にやってきて、北寄りの風が吹き、雲が出て空が陰る。変わりやすいは女心（男心も？）と秋の空、なのである。〈秋陰《しゅういん》〉とも。秋の季語。

秋ぐもり河原で洗ふ消防車　大信田梢月

秋の嵐　あきのあらし

秋の暴風。嵐は一般に荒く激しい風のことで、春先に多い〈春嵐《はるあらし》〉に対して秋の烈風をいう。さらに広く秋の暴風雨、台風。「秋の大風《おおかぜ》」も同意。秋の季語。

秋の風　あきのかぜ

秋になって吹く風。冬に向かう季節の移り変わりが感じられることば。芭蕉に、

あかあかと日は難面《つれなく》も秋の風

日はまだ容赦なく照りつけるが、頬をなでていくのはたしかに秋風の気配だ、と言っているから、初秋の風であろう。同じく芭蕉に、

物言へば唇寒し秋の風

つい人の欠点などをあげつらったときは、後味が悪くて思わず唇をすぼめたくなるということのようで、これは晩秋の風か。転じて口は災いの元という意味にも使われている。〈秋風《しゅうふう》〉〈素《そ》風《ふう》〉〈金風《きんぷう》〉などともいう。秋の季語。

秋の雲　あきのくも

正岡子規が「春雲は絮《わた》の如く、夏雲は岩の如く、秋雲は砂の如く、冬雲は鉛の如く」と述べているが（「雲」）、砂のような「秋雲」とは〈巻積雲〉だろう。夏が過ぎて秋になると、大地を照らす太陽の熱が弱まるにつれて岩のような〈積乱雲〉が姿を消し、五〜一三キロメートルの高空で氷の結晶の〈雲粒〉が強い風に流され横に薄く広がる。すると「上下の気温差や風

向、風速の差が大きい面では、水面に立つ細波《さざなみ》のような細かい上下運動が起こり、『いわし雲』、『うろこ雲』になる」（『日本の空をみつめて』）。秋の季語。⇩〈**春雲**《はるぐも》〉⇩**コラム「四季の雲」**

秋の雲立志伝みな家を捨つ　上田五千石

秋の声　あきのこえ

風の音や水音、鳥の声など、秋を感じさせるややものさびしい音・声・響き。空気が澄んでくる秋は、よほど遠くの電車の通過音や祭囃《まつりばや》しの笛・太鼓の音がかすかに耳に届くことがある。静まり返った秋の夜更けには「何物とも知れぬ声が、ジーンと耳に響く」ことさえあるとも山本健吉は言っている（『基本季語五〇〇選』）。〈秋声〉「秋の音」とも。秋の季語。

北上の渡《と》頭《とう》に立てば秋の声　山口青邨（「渡頭」は、渡し場）

秋の初風　あきのはつかぜ

秋にはいって初めて吹く風。ひんやりとして、

雲とは何か（雲が生まれるしくみ）

上空に浮かぶ雲の中身は、水蒸気から生成された水滴または氷の粒（〈氷晶〉）の集まり。水蒸気を含んだ空気が、

1. より低温の空気と混ざって冷やされる。
2. 冷たい地面や海面に触れて冷やされる。
3. 冬の早朝に放射冷却により熱を失って冷やされる。
4. 上昇しながら冷やされる。

など、冷やされることにより雲ができる。山沿いでは水平に吹く風が山にぶつかって上昇流になるため雲が発生しやすい。島の上に雲が発生しやすいのも同じ理由。雲の中は湿度が高く、湿度一〇〇パーセント、あるいは一〇〇パーセントに近い状態と考えるとよい。「3」の場合には地上付近で霧が発生することもある。霧の中身は雲と同

秋の訪れを実感させるそよ風。〈初秋風《はつあきかぜ》〉〈初風〉とも。秋の季語。『古今集』巻四に「**わが背子が衣の裾を吹き返しうらめづらしき秋の初風**」、夫の衣の裾を吹き翻《ひるがえ》しているのは、何とも心ひかれる今年初めての秋風、と。

悪風　あくふう

海上などを吹き荒れて、海路や漁業を妨げる暴風。嵐。『義経記《ぎけいき》』巻四に、兄頼朝に討手を差し向けられ都落ちする義経の船の行く手に、黒雲が湧き大風が吹き始めるのを見た弁慶が、「是《これ》は君の御為《おんため》悪風とこそ覚え候へ」と案ずる場面がある。転じて、悪い風習のこともいう。

この場合の対義語は、美風。

あごきた

「あご」はトビウオ。長崎県平戸地方などでトビウオ漁の初秋に吹く北風をいう。「あご風」ともいう。

朝嵐　あさあらし

朝方、吹き荒れる強風。

じ。また、遠くで見える雲でも、その中に入れば霧の中にいることになる。

気温が高いほど多くの水蒸気を含むことができるし、冬よりも夏の方が湿度が高く雲が発生する機会が多い。夏の午後に発生しやすい〈積乱雲〉（〈入道雲〉）は地面が暖められて上昇気流が発生し、それが上空で冷やされて濃い雲になる現象である。上昇気流が続くと雲が発達して頂が上空一〇キロメートル以上に及ぶこともある。発達した積乱雲は局地的な大雨となって冠水や浸水を起こすようになる。

朝霞　あさがすみ

朝かかる霞。霞とは一般に、雲や霧・煙などで遠景がかすんで見えること。春の季語。⇩〈霞〉

遠里の麦や菜種や朝がすみ　鬼貫

「霞」にはもう一つ意味があり、朝焼け・夕焼けの美しい空を指す。中国のことわざに「朝霞《ちょうか》には門を出《い》でず、暮霞《ぼか》には千里を行く」、朝焼けは雨の前兆だから遠出をするな、夕焼けは晴天のしるしだから千里の旅行も大丈夫、と。

朝風　あさかぜ

朝の風。朝方、風は、海岸では陸から海に向かって、山間部では山から平地に向かって吹く。日の出ごろは、海上よりも陸上、平地よりも山腹の方が気温が低いので、低い方から高い方へ空気が動くのである。

朝北　あさきた・あさぎた

朝吹く北風。朝北風。紀貫之の『土左日記』二月五日の項に「朝北の出でこぬさきに、綱手《つなで》はや引け」とある。〈朝北〉が吹きださないうちに早く船の引き綱を引っぱって出発しよう、とせかしている。この日、貫之の一行は和泉灘《いずみなだ》から小津《おづ》へ北上しようとしていたから、「朝北」が吹き出せば〈逆風〉になってしまうのである。冬の季語。

朝霧　あさぎり

朝立つ霧。霧とは、大気中の水蒸気が冷え、細かい水滴に凝結して空気中に浮遊しているもの。霧のかかる時刻・場所によって〈夕霧〉〈川霧〉などさまざまに呼ばれ、朝立つものが〈朝霧〉。秋の季語。倉嶋厚が「朝霧」の思い出を綴《つづ》っている。少年時代の夏休み、父の生家の信州の聖高原《ひじり》で過ごしたが、毎日のように夕方から朝にかけては、雲の中だった、という。「朝霧」の消えかかるころ、眼下の盆地をおおう〈雲海〉の向こうに北アルプスの山並みが見え、雲海の端は、手前の低い山々の頂近くを、対岸を洗う白波のように上下に動いていた、と（『お天気博士の四季暦』）。信州・柏原《かしわばら》に生家のあった小林一茶の句に、

我宿《わがしゅく》は朝霧昼霧夜霧哉《かな》

朝雲　あさぐも

朝の雲。「晨雲《しんうん》」「朝雲《ちょううん》」とも。正岡子規によれば「晨雲《しんうん》は流るるが如く、午雲《ごうん》は湧くが如く、

暮雲《ぼうん》は焼くが如し」（「雲」）。一方「朝雲暮雨《ちょううんぼう》」といえば、男女が契りを交わすこと。中国・戦国時代の宋玉《そうぎょく》の「高唐賦」に、楚《そ》の襄王《じょう》から高殿の上に漂う雲気について問われ、昔先王は、昼寝の夢の中で巫山《ふざん》の神女と契った、別れのとき神女は、夜明けには〈朝雲〉となり夕方には暮雨となっていつも陽台の下にいると言った、それで廟《びょう》を建て「朝雲《ちょううん》」と号した、とある。

鳥わたる朝雲あはし日の出前　水原秋櫻子

朝曇り　あさぐもり

晴天つづきの真夏でも、早朝どんより曇る日がある。夜の〈陸風〉が朝の〈海風〉に交代する際の温度差によって雲が湧く。山地や盆地では、前日の強い日射しで蒸発した水蒸気が夜間の放射冷却で冷え、一時的に〈層雲〉が発生するからだという。しかし九時ごろになると雲はたちまち消えてかんかん照りとなる。「旱《ひでり》の朝曇り」といわれる現象である。山本健吉は、この季題は句作者たちに好まれ、炎暑の候に作例が多い、と言っている（『基本季語五〇〇選』）。夏の季語。

朝曇松葉牡丹にすぐ晴るる　三宅清三郎

朝東風　あさごち

春の朝、東の方から吹いてくる風。春の季語。〈東風《こち》〉は東風《ひがしかぜ》のことで、春が近づいた兆候と歓迎されるが、漁業者などには〈時化《しけ》〉をもたらす風と警戒された。〈朝東風〉を詠んだ句歌は多くないが、『万葉集』巻十一に、「**朝東風《あさごち》に井堤《いで》越す浪の外目《よそめ》にも逢はぬものゆゑ滝もとどろに**」、遠目にもお会いしたことのないあなたとの噂が、朝東風に吹かれた波が堰《せき》を越えて流れ出すように広まって、とどろく滝の音みたいです、と困惑している。しかし、口ほどではないようにも思える。きまりは悪いけれど、どこかうれしい娘心のように取れないことはない。

朝戸風　あさとかぜ

朝、戸を開けたときに予期せず顔に感じる風をいう。室町時代の歌人正徹《しょうてつ》の『草根集《そうこんしゅう》』に「心

せず入りくる冬の朝戸かぜはげしや衣たちあへぬまに」、朝戸を開けたら予期しない冬の風が強く吹き込んできた、まだ冬着の支度をしていないのに、と。

朝凪　あさなぎ
海岸地方で、朝、一時的に風が吹かなくなる状態。海水の温度と陸地の温度の差によって、海辺では昼間、海から陸に向かって〈海風〉が吹く。夜には逆に陸から海に向かって〈陸風〉が吹く。朝、陸風と海風が交替するとき、一時的に風がやむ。その〈無風〉状態を〈朝凪〉という。「朝和《あさな》ぎ」とも書く。夏の季語。

朝羽振る　あさはふる
朝、鳥が羽ばたくように風が吹いてくること。妻と別れ石見国《いわみのくに》（現在の島根県西部）から上ってくるときの柿本人麻呂の長歌に、「**か青なる玉藻沖つ藻　朝羽振る　風こそ寄せめ　夕羽振る　浪こそ来寄せ**」（『万葉集』巻二）。青々とした玉藻・沖つ藻が、朝風に吹き寄せられ夕波に揺られて相寄るように、馴れ親しんだ妻を置いてきてしまった、と思いやっている。

浅間颪　あさまおろし
冬に浅間山から吹き下ろしてくる乾燥した冷たい〈季節風〉。雪の積もった山腹を〈浅間颪〉が吹き下りると、窪《くぼ》地の上に雪庇《せっぴ》が張り出し、雪原の上に美しい風紋が描き出される。さながら雪の造形美術展だという（栗岩竜雄「浅間に刻まれる雪の造形」より）。

朝靄　あさもや
早朝、立ちこめている靄。〈朝靄〉がかかっている日は、暑くなることが多い。⇩〈靄〉

朝焼け雲　あさやけぐも
日の出の光で赤く染まった朝の雲。さまざまな色からなる太陽の光が大気中を通るとき、昼間は波長が短く散乱しやすい青色が目立ち、青空となる。しかし朝夕は太陽光が斜めに射し長い距離を進むことになるので、青系統の色は散乱し尽くしてしまい、波長が長く散乱しにくい赤色だけが人目に届く。そのため朝焼け・夕焼けとなる。朝焼けは天気が崩れる前兆といわれる。「朝焼け」は夏の季語。

高速路交叉して街朝焼す　村田脩

明日は明日の風が吹く　あしたはあしたのかぜがふく

「今日悲しいことがあっても、明日になればまたいい風が吹くこともある」という励ましのことば。『風と共に去りぬ』のラストシーンで主人公スカーレット・オハラが、自分を奮い立たせるように口にする最後の台詞《Tomorrow is another day》に通じる。このときスカーレットは、自分が本当に愛していたのは長い間執着していたアシュレではなく、諍《いさか》いばかりしていたレット・バトラーだったと思い知る。が、バトラーはスカーレットに愛想をつかし、彼女の前から姿を消したあとだった。しかしスカーレットは、故郷タラの大地を踏みしめながら、自らの再起とバトラーとの再会への祈りをこめて、この台詞を謳いあげる。これまでの大久保康雄訳では、「明日はまた明日の陽が照るのだ」と訳していたが、鴻巣友季子の新訳は、明日になれば、耐えられる。あしたになれば、レットをとりもどす方法だって思いつく。だって、「あしたは今日とは別の日だから」と訳している。このことばの中には、『新約聖書』マタイ伝第六章の「明日のことを思い煩《わずら》うな。明日は明日みずから思い煩わん。一日の労苦は一日にて足れり」が反響しているように思われる。

明日香風　あすかかぜ

奈良県明日香地方に吹く風。「飛鳥風」とも書く。『万葉集』巻一に、明日香宮から藤原宮に遷都したあと、志貴皇子《しきのみこ》が詠じた歌が載っている。「**采女《うねめ》の袖吹き返す明日香風都を遠みいたづらに吹く**」、以前は大路をそぞろ歩く采女たちの衣の袖を華やかにひるがえしていた〈明日香風〉も、都が遠くなり人の姿も消えてしまったので、いまはただ空《むな》しく吹いているばかりだ、と。

徒雲　あだぐも

「徒花《あだばな》」といえば実を結ばずはかなく散ってゆく花のことだから、同じように一時的ですぐ消えてしまうはかない雲をいう。〈浮き雲〉。『夫木抄《ふぼくしよう》』巻十六に「**あだ雲もなき冬の夜の空なればの月の行くこそおそく見えけれ**」、浮き雲一つない冬の夜空だから、今宵は月だけが遅々として、移る気配も見えず照り輝いている、と。

愛宕颪　あたごおろし

京都市の西にある愛宕山から吹き下ろしてくる風。愛宕山は、東にある比叡山《ひえいざん》と並んで京都市民から親しまれている名所。〈愛宕颪〉の嵐が、渡月橋《とげつきよう》を彩る峰々の春の桜や秋の紅葉を吹き荒らすところから、このあたりの山々を「嵐山」と呼ぶようになったという説がある。

仇の風　あたのかぜ

「あた」は、敵、害、悪さ。近世以後は「あだ」。害をなす激しい風。〈逆風〉。船の航路を妨げる〈難風〉。『宇津保物語《うつほものがたり》』俊蔭《としかげ》に、「唐土《もろこし》にいたらむとするほどに、あたのかぜふきて、みつある舟、ふたつはそこなはれぬ」と。こうして多くの人が遭難したが、俊蔭の乗った船は波斯国《はしこく》に漂着する。

厚雲　あつぐも

空を厚くおおっている雲。

穴あき雲　あなあきぐも

一部に穴があいたように見える雲。薄い層状の〈巻積雲〉や〈高積雲〉などで見られる。

あなじ・あなぜ

主として西日本の船乗りや漁業者の間で冬の北西季節風をいう。漢字を当てると「乾風」。冷たく乾燥した強風。瀬戸内海地方で「あなじの八日吹き」などといわれるように、何日も継続して吹く。海は荒れ、海上交通、漁業の妨げとなるので恐れられた。「あな」は驚きの間投詞に由来するともいう。冬の季語。

市はここ人まばらなる乾風《あなじ》かな　津田一鳳

アナバ風　アナバかぜ

山などの斜面を吹き上げる風。斜面上昇風。アナバティック風（anabatic wind）。斜面下降風である〈カタバ風〉（カタバティック風）の反対。日射しを受けた斜面が局所的に加熱されたことによって発生する。谷あいに吹く風は、日中平地から吹き上がってくる〈谷風〉とこの〈アナバ風〉が混じり合った風となる（根本順吉）。⇩**〈カタバ風〉**

あばた雲　あばたぐも

痘瘡《とうそう》（天然痘）が治ったあと皮膚に痘痕《あばた》が残ることがあるが、それに似た形状の雲というのであろう。雨の前兆という。まばらな〈巻積雲〉や〈高積雲〉をいったのだろうが、痘瘡は二〇世紀に絶滅宣言が出ている。死語となることばだろう。

あぶらまじ

東海道沿岸地方で、晩春の穏やかな晴天の日などに、油を流したように静かに吹く南風。漢字で書けば「油南風《あぶらまじ》」。「油風《あぶらかぜ》」「あぶらまぜ」ともいう。〈まじ・まぜ〉は南寄りの弱い風で、山陰地方や九州の一部では〈はえ〉という。春の季語。

油南風《あぶらまじ》マスト黄ばみしギリシャ船　大石晃三

雨風　あまかぜ

雨気《うき》をふくんだ風。また、雨まじりに吹く風。「雨気風《あまけかぜ》」ともいう。〈雨風《あめかぜ》〉といえば雨と風、雨をともなった風。『枕草子』一九七の「三月ばかりの夕暮にゆるく吹きたる雨風」は、雨気をふくんだ風のこと。次の段の風談義で清少納言は「八九月ばかりに、雨にまじりて吹きたる風、いとあはれ」と言い、さらに「暁《あかつき》に、格子・妻戸をおしあけたれば、嵐のさと顔にしみたるこそ、いみじくをかしけれ」と微妙な風の魅力を記している。

牡丹《ぼうたん》に雨風容赦なかりけり　増田湖秋

天が紅粉　あまがべに

紅く染まった〈夕焼け雲〉のことをいう。松永

貞徳の門人安原貞室の『玉海集』に、

下紅葉空にうつすや天《あま》か紅粉《べに》

訛《なま》って「おまんが紅」ともいう。

雨霧　あまぎり

霧のように煙る細かい雨。『万葉集』巻十二に「**思ひ出づる時はすべなみ佐保山に立つ雨霧の消《け》ぬべく思ほゆ**」、あなたのことを思い出してもどうしようもなく、佐保山に煙る〈雨霧〉のようにはかなくなってしまいそうだ、と辛い恋を訴えている。「岩波文庫」版の注釈に、『万葉集』に「雨霧」が詠まれている唯一の作例とある。

天霧る　あまぎる

雲や霧が立ちこめて空一面が曇ること。『万葉集』巻十に「**天霧らひ降り来る雪の消《け》なめども君に逢はんとながらへわたる**」、空一面をかき曇らせて降ってくる雪のように消えてしまいそうな命ですが、あなたに逢いたいばかりに永らえているのです、と。また『新古今集』巻二に「**山高み峰のあらしに散る花の月にあまぎるあけがたの空**」、高い山の峰を吹く風に散っている花びらが月を霞ませている、なんと美しい明け方の雲、と。「天霧らう」「天霧らす」とも。

天雲　あまくも

空の雲のことだが、「天雲の」で「たゆたふ」「別れ」「行く」「よそ」などにかかる枕詞として用いられた。『万葉集』巻十二に「**天雲のたゆたひやすき心あらば我《あ》をな憑《たの》めそ待たば苦しも**」、空の雲のように定まらない気持ちなら、私に当てにさせるようなそぶりはしないでください、お待ちしても苦しいだけです、と男のあやふやな態度に怨み言を言っている。

雨雲　あまぐも

文字どおり雨を降らせる雲で、〈乱層雲〉が代表的な〈雨雲〉。ほかに〈高層雲〉〈層積雲〉〈積雲〉などからも雨は降る。

雨曇り　あまぐもり

今にも雨が降りだしそうな曇り空。

雨空 あまぞら

雨が降りだしそうな空模様。また、雨が降り始めた空。

天つ風 あまつかぜ

天の風。「つ」は「の」の意。空を吹きわたる風。高天原《たかまがはら》を吹く風。『古今集』巻十七に「**天つ風雲のかよひぢ吹きとぢよをとめの姿しばしとゞめん**」。詞書に「五節《ごせち》のまひひめをみてよめる」とあるから、古代の朝廷で新嘗祭《にいなめさい》・大嘗祭《だいじょうさい》のあとの宴席で舞っている舞姫を天女になぞらえ、もっと一緒にいたいから、天の風よ、天女が帰っていかないように雲を吹き寄せ、高天原と地上とを結んでいる道を閉じてしまっておくれ、と。

天飛ぶ雲 あまとぶくも

天空を飛ぶように動いている雲。『万葉集』巻十一に「**ひさかたの天飛《あま》ぶ雲にありてしか君を相見むおつる日なしに**」、はるかな空を飛ぶ雲になりたい。そうすれば一日も欠かさずにあなたを見ていられるから、と。

天叢雲剣 あまのむらくものつるぎ

〈天叢雲剣〉（草薙剣《くさなぎのつるぎ》）といえば、「八咫鏡《やたのかがみ》」

雨・雪を呼ぶ雲

気象衛星が撮影した写真からは雲のてっぺんの高さはわかるが、雨雲と雨を降らせない雲との判別は難しい。これに対して雨雲が電波を反射する性質を利用した気象レーダーは、受信した電波の強さから雨雲を抽出し、その分布や降っている雨の強さを把握することができる。

雨雲のようすは気象庁のホームページやテレビのデータ放送などでリアルタイムのものを確認できるので、外出前に傘が必要か確認するなどの利用が可能。また外出先でもスマートフォンを使って周辺の雨雲の確認も可能。もちろん、自分で空を見て確認することがいちばん確実。

「八尺瓊勾玉《やさかにのまがたま》」と並んで、皇室に伝わる「三種の神器」の一つ。『古事記』上には須佐之男命《すさのおのみこと》が八俣大蛇《やまたのおろち》を退治したとき、その尾から出てきたのが「草薙剣」で、さらに『日本書紀』景行紀には、日本武尊《やまとたけるのみこと》が駿河の焼津あたりで賊に襲われ野の中で火を放たれたとき、迎え火を放ち「草薙剣」で草を切り払って窮地を脱したとされ、注に「草薙剣」の本名は「天叢雲剣」で大蛇のいるところの上には常に〈叢雲〉がかかっていると記されている。一説によれば、「くさ」は「臭」、「なぎ」は「蛇」のことで、「草薙剣」とは「大蛇の太刀」の意。文字の表記から草を薙ぐ逸話が生まれ、中国古来の大蛇の言い伝えと習合したのだろうという。

雨晴らし　あまばらし

雨を降らせていた雲を吹き払い、晴れ間をもたらす風。

余り風　あまりかぜ

〈大風〉が吹いたあとに、その余りのように少し吹く風。暑中にどこからともなく吹いてくる気持ちのよい涼風を〈極楽の余り風〉という。佐佐木信綱に、

谷を越え木《こ》の間越えこしあまり風しだの垂《たり》葉は皆ゆらぐなり（『豊旗雲』）

網の目に風とまらず　あみのめにかぜとまらず

無駄なことのたとえ。「網の目」といえば、「捜査の網の目」などというように標的をつかまえるために細かく張りめぐらされたもののたとえだが、風は網の目を吹き抜けてしまう。役に立たないことをいう。「網の目に風たまらず」とも。

雨返し　あめがえし

秋田県地方などで、雨のあとで吹いてくる冬の北西の〈季節風〉をいう。

雨風　あめかぜ

雨と風。雨まじりの風。〈雨風《あまかぜ》〉と読めば、雨《う》気《き》をふくんだ風。また、雨を酒に、風を餅になぞらえて、辛党の酒も甘党の菓子も両方好むこ

と。「雨風食堂《あめかぜ》」といえば、酒も出し、食事・うどん・ケーキとコーヒーまで何でも食べさせる食堂のこと。

雨風祭り あめかぜまつり

東北地方の遠野などで、立春から数えて二一〇日の台風のころに行う風雨鎮め、収穫祈願の祭り。男女一対の人形を作って笛太鼓で村境まで運んでいき、農作物に被害を与える雨風とともに送り捨てたり焼いたりする。その折の歌を柳田国男は、「**二百十日の雨風まつるよ。どちの方さ祭る、北の方さ祭る**」と伝えている（『遠野物語』）。

雨巻雲 あめけんうん

低気圧や前線、台風などにともなって現れ、天気が悪化する前兆となる〈巻雲〉。〈肋骨雲《ろっこつうん》〉などが代表的な〈雨巻雲〉といわれる。雲が厚くなり〈巻層雲〉から〈高層雲〉に変わって、さらに高度が低くなり〈乱層雲〉になると、雨が近くなる。⇩〈**晴巻雲《はれけんうん》**〉

雨東風 あめごち

雨をともなう東風。春はしばしば日本列島付近を西から東へ温帯低気圧が通り抜ける。この低気圧の中心からは、南東に向かって温暖前線、南西に向かって寒冷前線が伸びる。低気圧の中心が通った地域の北側は、寒気団が優勢な「寒域」となり、雨や雪をともなった東寄りの風が吹く。これが〈雨東風〉である。春の季語。

雨台風 あめたいふう

〈台風〉が発生したときに〈雨台風〉か〈風台風〉かのどちらかの性質があるわけではない。台風が通り過ぎたあと、結果的に雨による被害が多ければ〈雨台風〉といい、風による被害が多ければ〈風台風〉という。梅雨の時期や秋の台風は、気圧配置などの影響で、風よりも大雨による被害が甚大なことがある。一九五八年九月二六〜二八日、東海・関東地方に大雨を降らせて狩野川《かのがわ》を決壊させ、伊豆地方で一〇〇〇人を超える死者を出した狩野川台風は、典型的な

〈雨台風〉であった。⇩〈風台風〉

野積み土管雨台風の声に和し　鷹羽狩行

雨に沐い風に櫛る

あめにかみあらいかぜにくしけずる

⇩〈風に櫛《くしけず》り雨に沐《かみあら》う〉

雨南風　あめまじ

雨をともなう南風。〈まじ・まぜ〉は南寄りの風。春の温帯低気圧が、瀬戸内海地方に〈雨《あめ》東風《ごち》〉を吹かせたあとさらに東に進むと、北西から寒冷前線が近づいてきて、雨を帯びた南風が吹く。これが〈春疾風《はるはやて》〉で、〈突風〉・驟雨《しゅうう》・春雷・〈竜巻〉などを引き起こす。が、二、三時間で駆け抜け、あとに冷たい色合いの青空が広がって北風が吹く。これを「雨南風の北晴れ」という。

あゆ

東の風。「あい」「あゆの風」ともいう。『万葉集』巻十八に、「英《あ》遠《お》の浦に寄する白波いや増しに立ちしき寄せ来《く》あゆをいたみかも」、英遠

台風のしくみ（台風の特性・台風の目・台風一過など）

北西太平洋または南シナ海で発生する熱帯低気圧の中で、中心付近の最大風速が一七・二m／s以上のものを〈台風〉と呼んでいる。

台風は平均して年に二六個程度発生し、そのうち日本に接近する台風は一一個程度、上陸する台風は三個程度である。夏から秋ごろにかけて接近または上陸して、災害につながるような大雨を降らせることが多い。

台風には中心に目と呼ばれる雲がない無風域をともなう場合がある。台風の目に入ると青空や星空が見え風が弱まることから昔は台風が過ぎ去ったと誤解を招くこともあった。目が通り過ぎると、今度はそれまでと反対方向からの吹き返しの風が急に吹き始めるので油断は禁物。目に入ることを嵐の前の静けさと呼ぶこともある。

の浦に寄せてくる白波がますます高く波立ってきたが、東風が強く吹きつけるからだろうか、と。⇩**〈あいの風〉**

荒東風　あらごち

荒く強く吹きつける春の東風。〈強東風《つよごち》〉も同様。春の季語。

荒東風の濤《なみ》は没日にかぶさり落つ　加藤楸邨

（「没日」は「いりひ＝入り日」か）

嵐　あらし

もとは〈山風〉や〈山颪《やまおろし》〉のように、山から平野に下りたところ、または陸から海に出たところで荒々しく吹く風をいった。のちに一般的に強風や暴風を指すようになり、現在では、特に雨をともなう暴風雨をいう。なお、「嵐《らん》」は中国では、〈青嵐《せいらん》〉〈翠嵐《すいらん》〉などというように、山に立ちこめる靄《もや》、山気の意味。

嵐の上　あらしのうえ

地上を嵐が吹くその上の方。『新後撰集』巻四に「**嶺たかき松のひびきに空すみて嵐のうへに月ぞなりゆく**」、嶺の松の梢を鳴らしていた嵐が雲を吹き払い、澄みわたった上空に月が冴え冴えと昇ってきた、と。同様の形容に、嵐の深い内部をいう「嵐の奥」、嵐の吹き進む前方をいう「嵐の末」、嵐の最下部をいう「嵐の底」、嵐の中で寝ることをいう「嵐の枕」などがある。それぞれの用例をあげると「**ならびたつ松**

台風が日本列島付近を速度を上げて通過し北上した後、風雨が収まって雲が去り青空におおわれることを、台風一過、あるいは台風一過の晴天と呼んでいる。転じて、騒動が収まることのたとえにも使われている。

平成二七年（二〇一五年）七月七日から運用が始まった気象衛星「ひまわり八号」は、以前よりも詳細な台風の写真や動画が得られるようになったので、テレビなどに登場する機会が増えている。

のおもては静かにて嵐のおくに鐘響くなり（『風雅集』巻十六）」「ちりはつる後さへ跡をさだめぬはあらしのすゑの木《こ》のはなりけり（『新後撰集』巻六）」「草むすぶ床だにあるる夕ぐれのあらしのそこにこよひだにねん（『夫木抄《ふぼくしょう》』巻三十二）」「ふる郷《さと》を出でしにまさる涙かなあらしの枕夢にわかれて（『新後撰集』巻八）」など。

あらしま風　あらしまかぜ

〈あからしま風〉に同じ。漢字で書けばどちらも「暴風」。⇩**〈あからしま風〉**

荒南風　あらはえ・あらばえ

梅雨の半ばごろの強い南風。〈はえ〉は南の意味で、南風を指すようになった。「新南風《あらばえ》」とも書く。漁民は「あらべ」などとも言った。夏の季語。

和歌の浦あら南風《はえ》鳶を雲にせり　飯田蛇笏

有無風　ありなしかぜ

有るか無いかわからないほどのかすかな風。万葉研究で知られた国文学者・歌人の佐佐木信綱に、

見つつあればありなし風にゆれゆるる薄《すすき》の葉かなわが心かな（『常盤木』）

がある。「ありなし風」とは辞書にも見当たらない語だが、正岡子規が、

ありなしの風か過ぎけん椎の葉の若葉三葉四葉動きてやみぬ

と詠じている。

有無雲　ありなしぐも

有るのか無いのかわからないほどのかすかな雲。鎌倉期の歌僧寂蓮《じゃくれん》法師に「**風にちるありなし雲の大空にただよふほどや此世《このよ》なるらん**」。この歌について幸田露伴は、雲がはかなくこの世が頼みがたいことは周知のことだけれど、「かく美しく歌ひ出されたるを二度三度吟じかへせば、また今さらに、雲のはかなさ、此世のたのみなさを身にしみて覚ゆるなり」と感じ入っている（「雲のいろ〳〵」）。

泡雲　あわぐも

〈巻積雲〉の別名。青く澄んだ秋の高い空に小石を敷き詰めたように浮かぶ巻積雲は、水面にふつふつと沸く泡に見立てられることがある。

暗雲　あんうん

今にも雨の降りだしそうな黒っぽい雲。厚く太陽光線を通さない〈高層雲〉が、〈暗雲〉とか〈黒雲〉と呼ばれることが多い。「暗雲垂れ込める」といえば、不吉な事態や戦争などの起こりそうな気配が迫ること。

あんかじ

沖縄県の鳩間島《はとまじま》地方で、東風をいう。「あらかぜ」の訛音《かおん》かとも思われるが、心地よい風だという。

家風　いえかぜ

自分の家、あるいは故郷の家の方角から吹いてくる風。『万葉集』巻二十に、「**家風《いえかぜ》は日に日に吹けど吾妹子《わぎもこ》が家言《いえごと》もちてくる人もなし**」、故郷を遠く離れて過ごしているわたしのもとに、わが家の方から風は毎日吹いてくるけれど、妻の便りを届けてくれる人はだれもいない、と。

伊恵理　いえり

「祝詞《のりと》」にあることばで、「伊穂理《イホリ》」ともいい、雲や霧がもやもやと立ちこめる状態を意味するとされるが、定説はないようだ。祝詞「六月《みなづき》の晦《つごもり》の大祓《おおはらえ》」に「国つ神は高山の末、短山《ひきやま》の末に上りまして、高山のいゑり、短山のいゑりを撥《か》き別《わ》けて聞こしめさむ」とある。

伊香保風　いかほかぜ

伊香保の方から吹いてくる風。〈榛名颪《はるなおろし》〉。伊香保は、群馬県のほぼ中央部に位置する榛名山の北東斜面にある古来有名な温泉町。『万葉集』巻十四に「**伊香保風吹く日吹かぬ日ありといへど我《あ》が恋のみし時なかりけり**」、「伊香保颪《おろし》」は吹く日と吹かない日があるけれど、わたしの恋は途切れるひまなんてない、と。

細小波　いさらなみ

大気中に浮かぶ細かい水滴。霧や靄《もや》の異名。

「いさら」は、ほんの少しという意味。『関白内大臣家歌合』の四番右に「**いさらなみはれにけらしなたかさごのをのへのそらにすめる月かげ**」、いさらなみは晴れたようだ、高砂（加古川河口の町）から仰ぎ見る峰々の上に昇った月が美しく澄んでいるところをみると、と。ところが歌合の相手方から「いさらなみとは何のことかよくわからない」と異議が出された。作者の仲間の方人《かたうど》が「雲の名前で、万葉集に用例があります」と弁護すると、審判が「では証拠の歌を示してください」と求めた。しかし作者も方人も提示することができず、その結果左方の勝ちとなったという。この記述から、保安二年（一一二一年）当時、「いさらなみ」の意味は周知ではなかったことがわかる。

石置屋根　いしおきやね
屋根を葺《ふ》いてある板や檜皮《ひわだ》が強風で飛ばないよう石を置いて押さえた屋根。江戸時代以前は各地で見られたが、近代以降は、風の強い北陸の日本海沿岸地域や石川県舳倉島《へぐらじま》などの島嶼《とうしょ》部、長野県の一部地域に残っていた。

石起こし　いしおこし
石を吹き飛ばすほどの強風。本格的な春の訪れとなる春分のころ、低気圧が通る日は石が飛ぶほどの暴風雨となることがある。広島県地方では、春の西風を〈岩起こし〉と呼ぶ。⇩〈**彼《ひ》岸《がん》涅《ね》槃《はん》の石起こし**〉

いせち
京都府より西の日本海の漁業者や沿岸航海者の間で、二百十日前後に吹く強い南東風をいう。漢字で書けば「伊勢風《いせち》」。〈玉風《たまかぜ》〉や〈あなじ・あなぜ〉などの〈悪風〉に対抗して、伊勢の神域から吹いてくる風だという。愛知県西春日井郡地方で「伊勢二郎」というのも、太平洋側の伊勢湾の方から吹く風のこと。

颱雲　いたちぐも
〈積乱雲〉の俗称だという。幸田露伴は「雲のいろ〳〵」の中で、雲に決まった形があるわけではないが、土地ごとに通行の名前があるのも事実で、雲が出る方角からつけた名もあれば、「加賀の鼬雲、安房《あわ》の岸雲、播磨《はりま》の岩雲」のように土地の人が雲の形から連想した呼び名もある、と述べている。

一陣　いちじん

風がひとしきり吹くこと。一陣の風。芥川龍之介が能・金春《こんぱる》流の名手桜間金太郎（弓川《きゅうせん》）の「隅田川」を見たときのエッセイに、開演当初の緊迫感について、「僕は一陣の風の中に餌ものを嗅ぎつけた猟犬のやうに、かすかな戦慄《せんりつ》の伝はるのを感じた。……それは経験によれば、芸術的興奮の襲来を予《あらかじ》め警告する烽火《のろし》だった」と書いている。

一朶雲　いちだくも

ひとかたまりの雲。「雲一朶」ともいう。

　冬麗の北アや峰の一朶雲　伊藤郁男

五日の風　いつかのかぜ

⇩〈**五風十雨**《ごふうじゅうう》〉

一掌風　いっしょうふう

微風。そよ風。「一掌」は手のひら一つ分ということで、それほど微《かす》かな風。

一天にわかに掻き曇り　いってんにわかにかきくもり

突然雲が湧いて空一面が暗くなり、天候が急変するさま。天気の急変につづいて異変が起こる描写の常套語。

歌舞伎「鳴神」。雲の絶え間姫が鳴神上人を欺いて雨をとじこめる秘法を破ると「一天にわかに掻き曇り」雷鳴とどろく（明治43年明治座辻番付）

一点風　いってんふう

ほんの少しの風。「一点」は、少し、わずか。

一風　いっぷう
風が一度吹くこと。一吹きの風。

凍雲　いてぐも
冬空に現れる、寒気で凍りついたような雲。空一面をおおう〈乱層雲〉か、畝《うね》状に垂れこめた〈層積雲〉か。「凍《いて》曇り」ともいう。冬の季語。
凍雲《いてぐも》のしづかに移る吉野かな　日野草城

いなさ
おもに中国・四国地方より東の太平洋岸で、海から吹いてくる強い南東、また南西の風をいう。西日本では〈やまじ〉といった。台風の時期の強風で、吹きつのると大時化《おおしけ》になり、船乗りや漁師には海難を起こす〈悪風〉として恐れられた。夏の季語。
朝《あした》なりいなさ強く吹き早咲きのたんぽぽの花を吹きちぎりたり　前田夕暮

いなさ返し　いなさがえし
〈いなさ〉の吹き返し。いなさがいったん吹きやんだあと、再び逆方向から吹いてくる風。

いなだ東風　いなだごち
イナダが獲れるころに吹く東風。春の季語。イナダは、おもに関東でブリ（鰤《ぶり》）の若魚をいい、イナダ－ワラサ－ブリと出世していく。関西ではハマチ（魬《はまち》）。ブリは寒い時季が旬だが、イナダは夏に多く獲れる。

井波風　いなみかぜ
富山県南西部の砺《と》波《なみ》平野南東の八《や》乙女《おとめ》山のあたりから旧井波町に向かって、毎年四～五月ごろ吹き越してくる強い南東風。古来風害をもたらす強風として畏《おそ》れられ、奈良時代の養老四年（七二〇年）には、八乙女山の山頂に風鎮めの風神堂が建てられた。現在でも毎年六月初めにこの風宮《かぜのみや》不吹堂《ふかんどう》で風神を鎮める祭事が行われている。

いなみかぜ
南風。岐阜県地方などで、南の方角から吹く風をいう。徳島県地方でも、南風を「いなみ」という。

戌亥 いぬい

各地で北西風のことをいう。戌亥（乾《いぬい》）は北西。「戌亥大風」といえば、北西季節風のことで、いわゆる〈シベリア風〉である。⇩**〈シベリア風〉**

猪子雲 いのこぐも

イノシシの仔《こ》のような形をした雲。幸田露伴が、源仲正《なかまさ》の「**空払ふ月の光におひにけり走りちりぬるゐのこ雲かな**」という歌は、面白くはないが「夏の夜秋の夜など、雨もたぬ空の晴れたるに、ひとかたまりの雲のゐのこ（猪子）の如く丸く肥えて見ゆるが、月のあたり走り行くは……風情ある雲なり」と言っている（「雲のいろ〳〵」）。この歌によって、〈猪子雲〉が古くからの名前であることがわかる。黒いイノシシに似た〈くろっちょ〉は、雨の前触れとなる、動きの速い黒い〈ちぎれ雲〉。

伊吹颪 いぶきおろし

滋賀県北東部にある伊吹山から吹き下ろす冬の〈季節風〉。岐阜県地方などでは、北西風となる。西行の『山家集《さんか》』中に、「**おぼつかな伊吹おろしの風先に朝妻舟《あさづまぶね》はあひやしぬらむ**」。「朝妻舟」は、琵琶湖東岸の朝妻と大津を結ぶ渡し船。東国から京坂へ向かう旅人が利用した。今ごろ朝妻舟は〈伊吹颪〉に遭っているのではないか、と西行は気づかっている。ただ「いぶき」ともいう。

燻し空 いぶしぞら

物を燃やした煙でいぶしたような暗い曇り空。

芋嵐 いもあらし

秋に里芋の葉を騒がせて吹く強い風。丈高く幅広に生長した里芋の葉は、強風を受けてばたばたとひるがえる。秋の季語。

　百姓の笠とばしけり芋嵐　岡田耿陽

いりかじ

沖縄県地方で西風をいう。「いり」は日の入りで、西。「かじ」は、風。「入り風」。島によっては「いるかじ」「いんかじ」とも。

入雲　いりぐも

北あるいは西北に向かって進む雲をいう。「上り雲」ともいう。反対に南へ向かって進む雲は〈出雲《でぐも》〉、また「下り雲」。⇩〈**出雲《でぐも》**〉

移流霧　いりゅうぎり

暖かい湿った空気が冷たい海水面や地面に流入してきたとき、接触面が冷やされて発生する霧。海上で発生することが多く、〈海霧〉ともいう。⇩〈**蒸気霧**〉

色風　いろかぜ

色のついた風。なまめかしい風。

色無き風　いろなきかぜ

秋風。〈色無き風〉の由来について森澄雄は、『古今六帖』の紀友則《きのとものり》「**吹き来れば身にもしみける秋風を色なきものと思ひけるかな**」の歌に基づいていると言っている。また、中国の五行思想で秋に白を配し、秋風のことを〈素風〉といったのを歌語に直し、華やかな色をもたず、無色透明の中に身にしむような秋風の寂寥感を表したものとしている（『日本大歳時記』）。秋の季語。

姥ひとり色なき風の中に栖《す》む　川崎展宏

岩起こし　いわおこし

広島県地方で、三月ごろに吹く西風をいう。⇩〈**石起こし**〉

岩雲　いわぐも

盛り上がった岩のような形をした夏の雲。〈入道雲〉。幸田露伴が、加賀の〈鼬雲《いたちぐも》〉・安房《あわ》の岸雲などと並べて、「播磨《はりま》の岩雲などは、其土《そのど》の人々の雲の形を然《しか》思ひ做《な》して然《しか》呼び做《な》したるなるべければ……」（「雲のいろ〳〵」）と言及している。

鰯雲　いわしぐも

空一面に白く小さな雲の塊《かたまり》がイワシの群れのように並んだ雲。高度五〇〇〇メートル以上の高空にかかる〈巻積雲〉の一種。秋空の代表的な雲で、この雲が出るとイワシの大漁の兆しだといい、一方で〈時化《しけ》〉の前兆だともいった。

秋の季語。

なほ上に鰯雲ある空路かな　高浜年尾

陰雲　いんうん

空一面を陰々とおおっている〈雨雲〉をいう。〈暗雲〉もほぼ同様。

陰風　いんぷう

冬の風。北風。『雨月物語』菊花の約《ちぎり》に「陰風に眼《まなこ》くらみて行方をしらず。俯向《うつぶし》につまづき倒れたるままに、声を放《はなち》て大《おおい》に哭《なげ》く」とあるが、この場合の〈陰風〉は、むしろ陰気な薄気味の悪い風。

ウィリーウィリー　willy-willy

オーストラリアの内陸部で、地表面が日射で強く熱せられて発生する〈塵旋風〉。一時期オーストラリア付近の強い熱帯低気圧をいうことがあったが、こんにちでは誤用とされる。⇩〈**サイクロン**〉

ウインド・チル　wind-chill

風による冷却効果のこと。風によって体の表面から奪われる熱量は、気温と風速によって決まる。それによって体感温度も影響を受ける。アメリカ陸軍の風冷効果の評価によると、マイナス二〇℃で風速が一五メートルだと、体感相当温度はマイナス五〇℃になるという。⇩〈**風冷力**〉

雨過天晴　うかてんせい

雨がやんで雲が切れ、空が晴れ始めること。中国・金《きん》王朝の第五代皇帝世宗《せいそう》は、首都の開封（のちの南京）に窯を開いて青磁を造らせた。そのとき家臣に、どのような色の青磁をお望みですかと問われると、「雨過天晴雲破処」と答えたという。雨のあとの青空、それも雲が破れてのぞき始めたばかりの青空の色、と。たしかに雨の直後の空を見上げると、切れ始めた暗灰色の雲の隙間からのぞく青空は何ともいえず美しい。こうして焼造された磁器は「雨過天晴青磁」と名づけられ珍重された。しかし、現在までのところ、この青磁は一点も発見されていないという。

浮き雲《うきぐも》

上空の風に吹かれるままに浮かびただよっている雲。擬人化して、主体性のない不安定な生き方のたとえに使われるようになった。

浮き世の風《うきよのかぜ》

はかないこの世、煩わしくてままならない世間の諸事万端を風にたとえていっている。「浮き世」は「憂き世」に通じる。現世を生きていて経験するさまざまな不如意を風にたとえていう。「浮き世の風は冷たい」「浮き世の風が身にしみる」などと。

動かぬ雲《うごかぬくも》

蕪村に、

畑《はた》打つや動かぬ雲もなくなりぬ

という句がある。これを知った倉嶋厚は、〈動かぬ雲〉とはどんな雲だろうと考え、〈吊るし雲〉のことが頭に浮かんだ。〈吊るし雲〉は、山越えの気流が山頂のところで盛り上がり風下側で波打つと、中の水蒸気が凝結して湧く雲。波動の終点では消えていくが、雲の中身は次々に入れ替わっても、雲ができる始点と終点はほとんど変わらない。だから下界からは「動かぬ雲」に見える。蕪村が見ていたのは、冬の日本列島を吹き抜ける〈シベリア風〉が太平洋側の山沿いに作り出した〈吊るし雲〉だったのだろうと思い当たった。〈動かぬ雲〉が見られなくなるのは冬が衰えたしるしであり、春の「畑打ち」の季節が巡ってきたことを示しているのだった（『お天気博士の四季だより』）。⇨**〈吊るし雲〉**

丑寅風《うしとらかぜ》

北東の風。丑寅は北東、鬼門。関東の茨城・埼玉・千葉県地方や、関西の三重・奈良・和歌山県地方などでいう。「丑寅東風《うしとらごち》」とも。

丑の風《うしのかぜ》

北北東の風。「丑」は十二支の二番目で、方位でいうと、真北の「子《ね》」から東へ三〇度、つまり北北東。伊豆諸島の新島地方では「うしならい」ともいい、秋に長く吹く危険な強風だとしている。

薄霞 うすがすみ

春の霞が薄くたなびいている情景。芭蕉に、

春なれや名もなき山の薄霞

という句がある。伊賀から奈良へ至る大和路を行く途中で詠んだ句という。古来、大和三山にかかる〈春霞〉を詠んだ名歌がたくさんある中で、「それを翻《ひるがえ》して《名もなき山》といったところに芭蕉の俳諧がある」と森澄雄が評している（『日本大歳時記』）。下五を〈朝霞〉とするテキストもあるが、〈薄霞〉の方に浅春の感覚がこもっているとの評価もある。春の季語。

薄霧る うすぎる

霧が薄くかかる。南北朝時代の勅撰和歌集『風雅集』の巻八に、「**霜さむき朝けの山はうすぎりてこほれる雲にもる日影かな**」、霜が降りるほど冷えこんだ朝の光の中、山には薄く霧がかかり、〈凍雲《いてぐも》〉の間からは日射しが洩れている、と。

薄雲 うすぐも

空一面を薄くベール状におおう〈巻層雲〉の別名。五〇〇〇メートル以上の上空にでき、太陽や月に〈暈《かさ》〉をかけることがある。

うす雲に輪郭見えて後の月　西豊女

薄曇り うすぐもり

空がうっすら曇っている状態。〈薄曇り〉とは、気象学的には、空を見上げたときの雲の多くが〈上層雲〉である〈巻雲〉〈巻積雲〉〈巻層雲〉からなる場合をいう。以前は〈中層雲〉の〈高積雲〉〈高層雲〉が多い場合を〈高曇り〉、〈中層雲〉の〈乱層雲〉や、〈下層雲〉の〈層積雲〉〈層雲〉〈積雲〉〈積乱雲〉が多い場合を〈本曇り〉といっていたが、現在では使われなくなった。⇩**コラム「雲とは何か」**

薄靄 うすもや

靄が薄くかかった状態。

打ち霞む　うちがすむ
霞が立つ。「打ち」は動詞に付く接頭語で、ちょっとした動作を表したり、語調を整えたりする。「打ち曇る」「打ち霧《き》らす」などと用いる。

卯月曇り　うづきぐもり
「卯月」は、アジサイ科の卯の花が咲く旧暦四月の異称。卯の花は茎が中空のため「ウツギ(空木)」ともいう。このころは降るでもなく晴れるでもなくの曇天の日がつづくことが多いので、このようにいった。「卯の花曇り」とも。夏の季語。

窓開けて墨磨る卯月曇りかな　世古諏訪

鬱勃　うつぼつ
雲や霧などが盛んに湧き起こるさま。胸中に意欲が溢れることにもいう。六朝時代の小説『漢武帝内伝』に「雲彩《うんさい》鬱勃として、尽《ことごと》く香気を為す」とある。「雲彩」は雲の彩り。

畝雲　うねぐも
畑の畝のように規則正しく並んでいる雲。冬の五〇〇～二〇〇〇メートルほどの比較的低空にかかる〈層積雲〉で、暗灰色の〈雲塊《うんかい》〉が、寄せてくる波のように並ぶ。

姥が懐　うばがふところ
風から守られ、南に面して日当たりがよく、乳母の懐にいるような温暖な地形の場所。秋田県、福島県、徳島県など各地にある。「祖母が懐」とも書く。

馬の耳に風　うまのみみにかぜ
⇩〈**馬耳東風**〉

海風　うみかぜ
海上から吹いてくる風。海上で起こる風。海岸地方で晴れた日の昼間、海から陸に向かって吹く風。海より陸の方が早く気温が上がり上昇気流が起きるので、薄くなった空気を補うために海から風が吹き込む。〈海風《かいふう》〉〈海軟風〉ともいう。⇩〈**陸風**〉

湖風　うみかぜ
湖から吹いてくる風。湖面を吹いている風。

湖風や鈴懸《すずかけ》青き鈴さげて　河野美保子

海霧　うみぎり

気温と海水温の差によって海面上に発生する霧。北海道の東部沿岸地方では、春から夏にかけて、南風のもたらす暖かく湿った空気が親潮の寒流で冷やされ、しばしば〈濃霧〉が発生する。これは〈移流霧〉で、地元では「海霧《かいむ》」〈海霧《じり》〉〈ガス〉などと呼ぶ。また冬の日本海では、シベリアからの冷たい気団が暖かい海面上を流れると、湯気のような〈蒸気霧〉が発生する。夏の季語。

湖霧　うみぎり

冷えた空気が湖の上を流れると、湖面から〈蒸気霧〉が立ち昇って湖畔一帯を幻想的に包みこむ。

湖霧に目かくしされて山ホテル　根住龍孫

梅東風　うめごち

梅の咲くころに吹く東風。春先に凍《い》てを解き、春を告げ、梅の花を開かせる風。大宰府に左遷された菅原道真が配所に赴くのを前にして詠んだ「東風《こち》吹かばにほひおこせよ梅花《うめのはな》主《あるじ》なしとて春を忘るな」（『拾遺集』巻十六）はあまりに有名。東風に託して私のいる筑紫に春の香りを送っておくれと呼びかけられた梅の木は、「飛び梅」となって道真のあとを追い、筑紫の邸の庭で花を咲かせたという。春の季語。特に早春の雅語。

浦風　うらかぜ

浦を吹く風。浦は、海または湖が湾曲して陸地に入りこんだ入り江、湾、海辺。⇩〈浜風〉

浦風に小松ケ原の凧《たこ》日和　荒木竜三

浦越　うらこし

海から陸に吹きあげてくる風。「うらこえ」ともいう。

裏白　うらじろ

南寄りの風、また南西の風をいう。麻の葉裏を吹き返す。

浦西風　うらにし

晩秋から冬にかけて、京都府の日本海側、北陸地方などで吹く北西または南西の〈季節風〉。今風にいえば〈シベリア風〉か。海は時化《しけ》て、漁業ができない。

浦西風や貝へばりつく捨て碇《いかり》　神尾うしほ

浦山風　うらやまかぜ

入り江の近くにある山を吹く風。阿仏尼《あぶつに》の『十六夜日記』に、「**知らざりし浦山風も梅が香は都に似たる春の明《あけ》ぼの**」、海辺の山から吹いてくる〈浦山風〉のことは知らなかったけれど、風が梅の香を運んでくるのは都と同じ春の朝だ、との気づきを詠んでいる。

鱗雲　うろこぐも

秋空に、雲の小さな白片が魚の鱗のように美しく並んだ雲。秋の季語。北原白秋の「雲の歌」に、「**水脈《みお》の泡波、うろこ雲**」と歌われている。〈巻積雲〉の一種で、高度五〇〇〇〜一万三〇〇〇メートルの最も高い空にかかる雲。

上霞　うわがすみ

上の方に霞がかかっているようす。鎌倉初期の天台座主慈円《じえん》の歌を収めた『拾玉集』四に、「**かたをかのしだり柳のうは霞ゑにかく物はこれかあらぬか**」、片側が崖になったところに生えている柳の上に霞がかかっているが、絵に描くものはこれだろうか、と。

上風　うわかぜ

草木などの上を吹いている風。『撰集抄《せんじゆうしよう》』に「**秋は猶《なお》夕まぐれこそただならね荻《おぎ》のうは風萩のした露**」、秋はなんといってもものの姿が見えにくくなる夕暮れどきこそ格別、荻の葉の上を吹く風と萩の下におく露、と。「荻の上風」と熟して詠まれる場合が多く、反対に樹木の下などを吹く風は〈下風《したかぜ》〉という。

上曇る　うわぐもる

表面の艶《つや》があせて黒ずむこと。清少納言が〈野分《のわき》〉の翌朝というものはなかなか風情があると述べた有名な文章の中で、「いと濃き衣《きぬ》のうはぐもりたるに、黄《き》朽葉《くちば》の織物、薄物などの小袿《こうちぎ》着て……」、前夜は風が騒いで寝不足だったのだろう、わりと見目の良い女房が、表面の艶が薄れた濃い紅色の衣などを着て、寝起きたまま母屋からちょっと出てくると髪が風に吹かれて肩のあたりに乱れている姿なども心に残る、と微妙な情景を才筆にのせている（『枕草子』二〇〇）。

雲影 うんえい

雲の姿・形。「雲影濤声《うんえいとうせい》」といえば、松《まつ》が枝《え》の形を雲に、梢を鳴らす松風の声を波音になぞらえた表現。「雲影《くもかげ》」とも。

雲翳 うんえい

雲が出て空が翳《かげ》ること。

雲煙 うんえん

雲と靄《もや》や霞。「雲烟」とも書く。宋の詩人顔延《がんえん》之《し》の詩に「**城闕《じょうけつ》に雲煙生ず**」と。「城闕」は城の門で、帝王が居るところを意味する。帝王が住むところには雲や霞がたなびく。「雲烟縹緲《うんえんひょうびょう》」といえば、雲や霞がはるかにたなびき霞んでいるさま。

雲霞 うんか

雲と霞。雲や霞が湧き上がるように、人や物がたくさん集まるようす。『保元物語』巻上に「官軍雲霞のごとく責来《せめきた》り候《そうろう》上《うえ》、猛火既に御所におほひ候」、皇室・摂関家・源平が骨肉相食《は》む死闘を繰り広げた保元の乱の終盤、後白河天皇方の源義朝《よしとも》に火を放たれて院の御所は猛火に包まれた。早く落ち延びようと崇《す》徳《とく》上皇に公卿が言っている。

雲海 うんかい

眼下一面に海のように広がった雲。〈雲海〉は晴天で風の弱い日に現れやすい。山では、「曇りまたは霧」という天気予報がありうるという。なぜなら里から見上げれば山に雲がかかって曇りだが、山にいる人にとっては霧の中だから。霧が上ってくれば山中の人も曇りと感じるだろうし、逆に雲が下に広がれば頭上は青空で

雲海に映る富士山の影。山頂の光輪はビショップ環（写真提供／野島和哉）

眼下は「雲海」となる（『お天気博士の四季暦』）。夏の季語。

雲海や槍のきつ先隠し得ず　下村非文

兵庫県にある竹田城は、〈雲海〉に浮かぶ城として有名である。この雲海は、秋から冬にかけて、よく晴れた早朝に円山川《まるやまがわ》から発生する霧が作る。竹田城は四〇〇年前に築城され、今は石垣だけを残しているが、雲海に浮かぶその姿がペルーのマチュピチュに似ていることから「日本のマチュピチュ」あるいは「天空の城」と呼ばれている。

雲塊　うんかい

ひとかたまりの雲。小さな雲のかけら「雲片」もあれば、熱帯地方では、全長数千キロメートルにもおよぶ巨大雲塊が赤道上をゆっくり移動し、雨季と乾季を作り出している。

雲外　うんがい

雲の外。雲の彼方。〈雲表〉も同じ。

雲客　うんかく

雲の中にいる仙人。山中などに閑居している隠者。また、殿上人《てんじょうびと》も指す。

雲鶴　うんかく

〈雲紋《うんもん》〉の一つで〈飛雲《ひうん》〉と鶴を組み合わせたもの。束帯の袍《ほう》の模様としては親王・太閤が用いた。

雲間　うんかん

雲の間。大空のこと。「雲間の鶴」といえば、大空を飛翔する鶴で、優れた人物のたとえ。

雲鶴文様（『有職古代模様図譜』より。国立国会図書館蔵）

雲気 うんき

湧きたつ雲や霧。『荘子』逍遥游《しょうようゆう》は、藐姑射《はこや》の山に住むという神人について、「五穀を食《くら》わず、風を吸い露を飲み、雲気に乗り、飛《あまが》ける竜を御《あやつ》り、四海の外に遊ぶ」と描いている。

雲脚 うんきゃく

低く垂れ下がった〈雷雲〉などの下部。また、〈雲行き〉のこともいう。〈雲脚《くもあし》〉とも。

雲級 うんきゅう

雲を分類したランク。〈十種雲形〉を「十種雲級」ともいう。

雲形 うんけい

雲の形。〈雲級〉ともいう。世界気象機関では「国際雲図帳」を発行し、雲をその形から〈十種雲形〉として分類している。〈雲形〉には、平板につながって横に広がった層状のものと、離ればなれにもくもくと湧く〈積雲〉状のものとがある。「雲形」の国際記号の添え字に、層状のものには「s」、積雲状のものには「c」がついているので、記号を見れば雲の形を判断することができる。⇩〈**十種雲形**《じっしゅうんけい》〉

雲霓 うんげい

雲と虹。「霓」は虹。

雲向 うんこう

雲が動いてくる方向。八方位で表す。観測者を基準にして、東南の方から動いてくれば、〈雲向〉は東南となる。

雲高 うんこう

雲のいちばん低い箇所を〈雲底〉というが、〈雲高〉は地表から〈雲底〉までの高さをいう。

雲根　うんこん

雲の根源。中国では、雲は山の高いところや山の岩石の間から生まれると考えられていたので、雲を産む元という意味で高山や石を〈雲根〉といった。中唐の賈島《かとう》の詩「李凝《りぎょう》の幽居に題す」に、「**鳥は宿る池辺の樹　僧は敲《たた》く月下の門　橋を過ぎて野色を分ち　石を移して雲根を動かす**」、鳥は池辺の樹で眠りにつき、僧は月下の門を敲く。橋を渡った住居の庭には野趣が配され、高山の「雲根」となる石を移してある、と。この詩を口ずさみながら賈島は、僧（自分）が門を敲けば眠っている鳥が起きてしまうから「僧は推す」とした方がいいか、いややはり「敲く」の方がいいかと手で動作を繰り返しながら歩いているうちに行政長官韓愈《かんゆ》の行列に突き当たってしまった。韓愈の前に引き出された賈島がわけを話すと、しばらく考えていた韓愈は「敲く」の方がよいと言った。これを機縁に詩を論じ合って肝胆相照らした二人は、身分の差を超えた交友を結んだという。「推《すい》敲《こう》」の由来となった故事である。⇩「**雲の根**」

雲際　うんさい

雲の果て。雲が尽きるほどはるかな天空。大橋乙羽《おとわ》篇の『続千山万水』に「彦山に登り、山上より耶馬渓《やばけい》を望み、さらに後方を見れば筑豊の山雲際《うんさい》に聳《そび》え、重畳《ちょうじょう》して雄大の気人を圧せんとす」と。

雲山　うんざん

雲がかかっている遠いかなたの山。

雲散霧消　うんさんむしょう

雲が散り霧が消えるように、跡形もなく消滅すること。

雲霄　うんしょう

「霄」は空。雲がかかる大空。転じて、高い地位のこともいう。『晋書』陶侃《とうかん》伝に「志は雲霄を陵《しの》ぎ、神機独断」、志は空に浮かぶ雲よりも高く、霊妙な謀計を独り決する、と。

雲上　うんじょう
雲の上。「雲上人」とは、清涼殿の殿上《てんじょう》の間に伺候した公卿。

雲水　うんすい
雲と水。空行く雲や流れ去る水のように所定めず、道を求めて諸国を遍歴修行する僧をいう。

雲速　うんそく
雲が動いていく見かけ上の速さ。

雲中　うんちゅう
雲の中。「雲中の白鶴《はっかく》」は、「雲間《うんかん》の鶴」と同意で、高尚な人物のこと。

雲頂　うんちょう
雲のいちばん高い箇所。

雲底　うんてい
雲のいちばん低い箇所。

雲堤　うんてい
まっすぐ長く伸びた土手のような雲。寒冷前線の接近時に〈突風〉をともなって現れる〈疾風《はやて》雲《ぐも》〉が堤防のような形をしており、雷雨や雹《ひょう》をもたらす。

雲表　うんぴょう
雲の上、雲の外のことをいう。『魏志』衛顗《えいぎ》伝に、「雲表の露を得て、以て玉屑《ぎょくせつ》を餐《くら》う」、雲外の露を手に入れれば、不老長寿の仙薬である玉屑を口にすることができる、と。

雲峰　うんぽう
山の峰のように聳《そび》える〈夏雲〉のてっぺん。

雲霧　うんむ
雲と霧。芭蕉は『奥の細道』元禄二年（一六八九年）六月八日に、出羽三山の月山《がっさん》に登ったときのことを書いている。「強力《ごうりき》といふものに導かれて、雲霧《うんむ》山気《さんき》の中に氷雪を踏《ふみ》て登ること八里」、まるで雲の関に入ったようで息絶え身凍《こご》え、頂上に着いたが日没となったので篠笹《しのざさ》の上で野宿した、と。

雲霧林　うんむりん
高温高湿の熱帯の山地にある雲霧帯《うんむたい》に見られる森林。

雲紋 うんもん

織物や紋所、家具調度や建築物などに取り入れられている雲を図案化した紋様。「雲形《くもがた》」ともいう。〈飛雲〉〈雲立涌《くもたてわく》〉〈雲鶴《うんかく》〉など、さまざまな意匠がある。

「東寺雲」と呼ばれ、東寺（教王護国寺）の寺紋として知られる、代表的な雲紋の一つ。

雲竜 うんりゅう

雲に乗って天に昇る竜。

雲量 うんりょう

雲が空をおおっている部分の割合。予報では〈雲量〉によって晴れか曇りかを決める。空全体が雲の場合を「雲量」10とし、見かけ上の割合で0から10まで一一階級に分ける。0～1が快晴、2～8が晴れ、9と10が曇り。ほかに霧などがかかって観測不能な場合は「不明」となる。

雲林 うんりん

低く雲がかかった林をいう。

雲嶺 うんれい

雲がかかった山の峰。

永祚の風 えいそのかぜ

平安中期の永祚元年（九八九年）に吹いた〈大風〉。天台座主だった慈円《じえん》は『愚管抄』の中で、永延三年（九八九年）六月に東西の天に不吉な彗星《ほうきぼし》が出現したため八月に永祚と改元したが、「永祚ノ風サラニ及バヌ天災ナリ」、その年に吹いた〈永祚の風〉は比べるものがないほどの天災だったと記している。また、およそ二五〇年後にまとめられた『撰集抄《せんじゅうしょう》』も、「永祚の風とて、末の世まできこゆる風に、かの釣鐘にはかに落ちて、……命を失ふ人、数あまた侍り」と、後々までの語り草となった大風だったと伝えている。

枝切る風　えだきるかぜ

枝をよぎる風。西行に「**山桜えだきる風のなごりなく花をさながらわがものとする**」、山桜の枝を吹き散らしていた風がすっかりやんだので、花をそっくり自分のものとして心ゆくまで眺めつくすことができる、と。

エフ・スケール　F scale

〈竜巻〉の強度を分類した等級区分。〈藤田スケール〉の略称。⇩**〈藤田スケール〉**

えよーぎた

岡山県西大寺《さいだいじ》の有名な裸祭り「会陽《えよう》」が行われる旧暦一月一五日（現在は二月の第三土曜日）ごろによく吹く風。漢字で書けば、「会陽北風」か。

襟巻き雲　えりまきぐも

襟巻きをしているように見える雲。〈積雲〉や〈積乱雲〉の上に雲がかかると、大きさによって〈頭巾雲《ずきんぐも》〉とか〈ベール雲〉と呼ぶが、雲の頭がベールを突き抜け、首に襟巻きをしたような形になったもの。

煙雲　えんうん

煙と雲。また、雲のように漂う煙。

煙景　えんけい

霞がたなびいている春の麗《うら》らかな景色。「烟景」とも書く。李白の「春夜桃花園に宴するの序」に「況《いわん》や陽春我を召すに烟景を以てし、大《たい》塊《かい》我に仮すに文章を以てするをや」、春は霞たなびく美しい風景で私を遇し、大自然は文章の才を与えてくれているのだから、なおさら春の夜の宴を楽しまずにいられようか、と。「大塊」は大地、造物者。

煙波　えんぱ

水面に波が立ち靄《もや》がかかっていること。「煙波縹渺《ひょうびょう》」は、水面に波が立ち、靄がかかって水と空との境がはっきりしない光景。

炎飆　えんぴょう

夏の暑い風。「朱飆《しゅひょう》」も同意。「飆《ひょう》」は、下から上に舞い上がる〈つむじ風〉。

煙霧　えんむ

微小な乾いた塵が空気中にただよい、遠くが乳白色にかすんで見通せない状態。〈スモッグ〉のこともいう。

追い風　おいかぜ・おいて

後ろから吹いてくる風。船や人間の進行方向に向かって吹く風。〈順風〉。香川県の民謡「金毘《こんぴ》羅船々《らふねふね》」の「**金毘羅船々　追風《おいて》に帆かけて　シュラシュシュシュ**」はよく知られている。⇩**〈向かい風〉**。一方、古くは、衣服にたきしめた香《こう》の匂いを運ぶ風をいった。「追風《おいかぜ》用意」といえば、人が通りすぎたあとによい残り香が漂うよう、着物に香を焚《た》きしめておくこと。

桜雲　おううん

咲きほこる桜が雲のように見えるものをいう。桜の雲。

扇の手風　おうぎのてかぜ

扇を手であおいで送る風。扇の風、扇風《おうぎかぜ》。扇は日本特産だと仏文学者で俳人の平井照敏《しょうびん》が書いている。『万葉集』のころからすでに使われていて、古くは板製の檜扇《ひおうぎ》や紙の扇が使われていた。が、のちにコウモリの羽をヒントに折り畳み式の扇が作られ、「かわほり（コウモリ）」と呼ばれた。中国の扇は明時代に日本の扇をまねたといわれ、それ以前は折りたたみできない団扇《うちわ》形だったという（『日本大歳時記』）。

大風　おおかぜ

強く烈《はげ》しく吹く風。「たいふう」ともいう。『大鏡』五に「なに事も行はせたまふをりに、いみじき大風ふき、なが雨ふれども……」。

大風の萱《かや》の中より狩の犬　田村木国

大風吹けば古家の祟り　おおかぜふけばふるやのたたり

何も欠陥がないように見えても、古い家は暴風雨がくると大きな被害に見舞われる。つまり、人は弱点があると、ふだんはボロを出さないですんでいても、いざとなると窮地に追い込まれることのたとえ。

大北風 おおぎた

「北風」と書いて「きた」と読む。日本各地に吹く冬の北風、また北西風のこと。〈大北風〉はその強いもの。「おおならい」ともいう。冬の季語。⇩〈きた〉〈北風《きたかぜ》〉

大北風にあらがふ鷹の富士指せり　臼田亜浪

大南風 おおみなみ

強烈な南風。関東地方から北の太平洋岸で、春から夏にかけて吹く暖かい南風をつづめて〈みなみ〉というが、その中で特に強烈に吹きつけるもの。夏の季語。⇩〈みなみ〉

日もすがら日輪くらし大南風　高浜虚子

沖風 おきかぜ

沖から吹く風。⇩〈地風《じかぜ》〉

沖雲 おきぐも

沖合の空にかかっている雲。

沖雲をつらぬく日あり漁始　河北斜陽

沖つ風 おきつかぜ

沖を吹いている風。沖の方から吹いてくる風。『万葉集』巻七に、「**若の浦に白波立ちて沖つ風寒き夕《ゆうべ》は大和し思ほゆ**」、若の浦に沖から風が吹いて白波が立ち、風が冷たい夕暮れは大和のことが懐かしく心に浮かんでくる、と。

荻の風 おぎのかぜ

荻の葉を吹き動かす秋の風。古来「招《お》ぐ」といえば神や霊魂を招くことで、「荻」と「招《お》ぎ」を掛けた。秋風が荻をそよがせて立てる葉音を「荻の声」という。秋の季語。

荻の風潮満ちてより静まりぬ　杜野光

風の音や汐に流るる荻の声　幸田露伴

おきはえ・おきばえ

長崎県、鹿児島県地方などで、夏の南西風をいう。「夏のあまり強くない高温の風」という（『風の事典』）。

送南風 おくりまぜ・おくりまじ

旧暦七月の盂蘭盆《うらぼん》過ぎに吹く南風。関西から中国地方にかけての船乗りや漁業者による船方ことばで、お盆にもどってきたお精霊《しょうろ》さまを再び黄泉路《よみじ》に送る風という意味が込められているという。秋の季語。

送りまぜ鋭き萱《かや》のみだれかな　杉山飛雨

御講凪　おこうなぎ

親鸞の命日の旧暦一一月二八日ごろの風のない穏やかな天候。冬の季語。

おしあな

主として九州の海岸地方で、台風にともなう南東の強風を指す。北西風の〈あなじ〉の押し返しだから〈おしあな〉と名づけられ、「風の王」と呼ばれるほど恐れられた、と三谷いちろは特筆している（『日本大歳時記』）。弘安の役の蒙古軍を沈没させた暴強風だという説もある。「おっしゃな」「おしあなばえ」など多くの異称がある。秋の季語。

落ち葉風　おちばかぜ

枯れ葉を吹き散らす秋風。地上の落ち葉を運ぶ風。

お天気雲　おてんきぐも

雨を降らすことのない雲。青空にぽっかり浮かんだ綿菓子のような白い雲。〈積雲〉の中の〈扁平雲《へんぺいうん》〉〈並雲《なみぐも》〉など。「晴天積雲」ともいう。

鬼北　おにきた・おにぎた

北東方向から吹く風。「鬼」は鬼門、つまり丑《うし》寅《とら》の方角で北東。関西・中国地方の船人の間で二月に吹く強い北風をいった。

帯雲　おびぐも

帯状にたなびく雲。富士山の近くに「富士山が帯を結んで、西に切れると晴れ、東に切れると雨」ということわざがある。「富士山が帯を結ぶ」というのは、富士山の中腹二〇〇〇メートルから二五〇〇メートル付近に〈帯雲〉が現れること。日中の日射しで暖められた富士山の斜面に上昇気流が発生し、冷えた水蒸気が水滴となって雲が湧き帯状にたなびく。このときの天気は、強い風もなく日射しがある。「帯が東に切れる」とは、西風が吹きだし移動性低気圧が近づいてきている兆しで、天気が崩れる可能性が高い。逆に西が切れる場合は東風で、高気圧が近づいている兆候だから晴れる確率が高いという。

帯状巻雲　おびじょうけんうん
〈帯状巻雲〉には二種類あり、一つは帯状にかかっている〈巻雲〉。もう一つは、上空の強い〈ジェット気流〉に〈巻層雲〉などが吹き流された〈ジェット気流雲〉をいう。

オフショア　off shore
「off shore」は岸から離れた沖合のことで、沖の海上に陸から吹く風のこと。

おぼせ
兵庫県淡路島、また伊勢、伊豆地方などで、四月ごろの南風をいう。

朧　おぼろ
春の夜、月が〈薄雲〉におおわれ、あたりがぼうっとかすんでいる情景。歌舞伎『三人吉三《さんにんきちさ》廓初買《くるわのはつかい》』の冒頭、巴白浪（三人の盗賊）の出逢いの場のお嬢吉三の名台詞「月も朧に白魚の篝《かがり》もかすむ春の空……」は有名。春の季語。

　別れんとかんばせよする朧かな　飯田蛇笏

朧雲　おぼろぐも
春の夜空の月をおぼろに霞ませる〈巻層雲〉、または〈高層雲〉のこと。空一面に層状に広がり、月に〈暈《かさ》〉をかけたり、曇りガラスを通したようにぼやけた「朧月」にする。雨の前兆ともいわれる。小学四年生の今野美樹さんの作品「お月さん」が、月の三つの姿を詩にしていた。まず、「満月」は食べ過ぎ、次に「三日月」はダイエット中、そしてお月さんは、「**ときどき／雲のコートを着て／きれいに　見せます**」、〈朧雲〉はお月さんがお洒落をするときのよそゆきのコートだといっている（『子どもの詩サイロ』所収）。

おまんが紅　おまんがべに
〈夕焼け雲〉を指す〈天《あま》が紅粉《べに》〉が訛《なま》ったもの。

颪　おろし

山から平野、低地に吹き下ろしてくる風。秋から冬にかけて、山地から太平洋側に吹きつける乾燥した冷たい〈季節風〉。各地で地元の山の名をとって、〈浅間颪〉〈赤城颪〉〈榛名《はるな》颪〉〈筑波颪〉〈伊吹颪〉〈比叡《ひえい》颪〉〈六甲颪〉などと呼ばれる。⇩**コラム「『おろし』と『だし』は料理のことば？」**

おろす

風が吹き下ろす。『千載集』巻五に、「**三室山《みむろやま》おろす嵐の寂しきに妻問ふ鹿の声たぐふなり**」、三室山から斑鳩《いかるが》の里に吹き下ろしてくる風音に、牝を呼ぶ鹿の声が合わさって、秋の寂しさがひとしお深く感じられる、と。

温風　おんぷう

温かい春の風。「温風《あつかぜ》」と読むと、二十四節気・七十二候の一つに「温風至《あつかぜいたる》」があり、立秋直前の晩夏の季語。時節柄、太平洋高気圧から吹き出してくる湿気の多い暖風。

か 行

かーちべー

沖縄県地方で南風をいう。漢字で書けば「夏至南風」。夏至のころ二週間ほど吹き、強く吹くが涼しく、危険は少ないという（『風の事典』）。

怪雲　かいうん

奇怪な形と色をした雲。明治三四年（一九〇一年）に作られた旧制第一高等学校の第一一回紀念祭東寮寮歌の一番に、「**アムール川の流血や／凍りて恨み結びけん／二十世紀の東洋は／怪雲空にはびこりつ**」と。得体のしれない雲が、日露戦争前夜の極東地域の不穏な情勢を予兆させていた。「アムール川の流血」とは、一九〇〇年七月、ロシアのコサック兵が清国の民間人三〇〇〇人を殺害したという事件。

海雲　かいうん

海の上にかかっている雲。

かいしぅかじ

沖縄県の平良《ひらら》・長浜地方などで、台風が去ったあとに反対方向から吹く風をいう。漢字で書けば「返し風」。「カイシヴチュ（返し打ち）」ともいう。台風の返し風。

回雪　かいせつ

風に吹き回され、翻弄される雪。「回雪の袖」というと、風が雪を吹き回すように袖をひるがえして巧みに舞う舞姿のたとえ。

海軟風　かいなんぷう

昼間、海から陸へ向かってそよそよと吹く〈海風〉。〈軟風〉は、肌に心地よく感ずるほどの弱い風。⇩**〈陸軟風〉**

回風　かいふう

地面にほぼ垂直に立ちあがる小さく強い風の渦巻き。街角や学校の校庭などによく起きる。地面が熱せられてできる上昇気流によって発生する。〈つむじ風〉〈辻風《つじかぜ》〉〈旋風〉とも。漏斗《ろうと》状の雲を作らないものをいう。

怪風　かいふう

得体のしれない不思議な風。怪しい風。中国清代・閑斎《かんさい》の小説『夜譚随録《やたんずいろく》』の中に「怪風」という話がある。夕暮れどき甘粛省涼州の砂漠の中の古戦場を塔思哈隊長と三五騎の遊撃隊が移動していた。そのとき、はるか前方に黄色い雲が見えた。たちまち接近してくると、夕日をおおい隠して青黒い数千仞《じん》の山のように聳《そび》え、中に火の星が見えた。何が起きたのか理解する間も逃げる暇もなく、騎馬隊は千万の雷霆《らいてい》のような轟音とともに青黒い山に呑みこまれた。馬が激しく嘶《いなな》き兵たちは色を失い、震える黒い大地にひれ伏して、ただ時が過ぎるのを待つしかなかった。数刻ののち、ようやくあたりに平静がもどった。起き上がった兵士たちのかぶっていた兜《かぶと》はみな吹き飛び、互いに見合わせた顔は血で真っ赤に染まっていた。襲い始めた痛みの中で顔を探ってみると、頬や額に豆粒くらいの大きなものから山椒《さんしょう》の実ほどの小さなものまで、大小の石や砂礫《されき》がめり込んでいた。命からがら馬を駆って本隊にもどると、塔隊長は「山が動いた」と報告した。するとこの土地出身の下士官が「山が動いたのなら、お前たちは生きていない。それは特大の〈飈風《ひょうふう》〉（〈つむじ風〉）だ」と言って笑った。この砂漠では毎年、秋から冬にかけて得体のしれぬ「怪風」が吹き、途方もない災害を残して行くのだ、と。その後数々の危地・歴戦をくぐり抜けた塔隊長は、あれほど獰猛《どうもう》・怪異な風に遭うことは二度となかったが、その顔には長く大小の石が食い込んだ痕が残っていたという。

身の回りの風

身近な風として、夏の海岸付近では日中には海

海風 かいふう

海から陸へ吹いてくる風。〈海風《うみかぜ》〉。〈海軟風〉ともいう。⇩〈**陸風**〉

凱風 がいふう

南風。そよ風。「凱」には善い、和らぐの意がある。万物を養い育てる南風。『詩経』凱風に「**凱風南自《よ》りし、彼《か》の棘心《きょくしん》を吹く**」、南からの風が棘《いばら》の若芽を吹き、若芽はすくすくと成長した、と。「棘心」は育てにくい茨《いばら》の木の芯。「凱風」はそんな茨にも分け隔てなく吹いて恩沢をほどこす。わが母も自分を育てるのに苦労したことであろうと感謝している。

海霧 かいむ

⇩〈**海霧《うみぎり》**〉

貝寄せ かいよせ

貝を浜に吹き寄せる風。大阪四天王寺の聖霊《しょうりょう》会《え》が開かれる旧暦二月二二日ごろに吹く西風をいう。四天王寺の聖霊会では、供花《くげ》の飾りを住吉の海岸に吹き寄せられた桜貝で作ることか

から陸に風が吹き、夜になると今度は逆に陸から海に向かって風が吹くことが頭に浮かぶ。これは日中、日差しにより暖められた地面が空気を暖め、暖まった空気は軽くなって上にのぼるため地面付近では空気が薄くなり（気圧が下がり）、その薄くなった空気を補おうと海の方から空気が流れ込むのが〈海風〉である。逆に夜になると海よりも陸の方が冷えて陸から海に向かって空気が流れ出すのが〈陸風〉である。風の流れが変わる際の一時、風の流れが止まることがある。これが〈凪《なぎ》〉と呼ばれる〈無風〉（あるいは〈微風〉）状態である。

室内に目を向けると、冷蔵庫を開けたときに冷たい空気が室内に流れ出るのも風である。冷蔵庫から重く冷たい空気が流れ出ると、それを補うように室内の暖かい空気が冷蔵庫の上部に流れ込んで庫内温度が上がるため、早くドアを閉めなさいと警告音が出る仕組みになっている。

ら、そのころの西風をいった。「貝寄風《かいよせ》」とも書く。春の季語。
貝寄せや我もうれしき難波人　松瀬青々

海陸風　かいりくふう
〈海風〉と〈陸風〉を総称した言い方。海辺で日中海から陸に吹くのが海風、夜間に逆に陸から海へ吹くのが陸風。⇩**コラム「身の回りの風」**

火雲　かうん
夏の雲。〈日照り雲〉をいうこともある。杜甫《とほ》の詩「三川にて水漲《すいちょう》を観る」に「**火雲は出づるに時無く　飛電常に目に在り**」、天にいつともなく夏の〈入道雲〉がわきあがり、閃《ひらめ》く稲光は途切れることなく目に見えている、と。「水漲」は増水、洪水。

返し風　かえしかぜ
風がいったんやんだあと、再び逆方向から吹く風。台風が通過するとき、〈台風の目〉に入るとぽっかり青空がのぞき蟬《せみ》が鳴き出したりする。が、しばらくすると再びどす黒い〈雲塊〉が空をおおい〈返し風〉が吹いて、前にも増して大荒れとなる。平安時代の『蜻蛉《かげろう》日記』下に、作者藤原道綱母の夫の藤原兼家が一晩泊まって帰った日の「昼つかた、かへしうち吹きて、晴るる顔の空はしたれど」、昼になって吹き返しの風が吹き、雨雲を払って空は晴れ模様になったけれど、作者の気持ちはすぐれず、もの思いに沈むのである。⇩〈**台風の目**〉

薫る　かおる
雲・霧・靄《もや》などが立ちこめる。香気が漂う。

薫る風　かおるかぜ
初夏、爽やかに新緑をそよがせ若葉の香りを運ぶ風。〈薫風《くんぷう》〉の訓読み。芳しい南風。「南薫《なんくん》」とも。⇩〈**風薫る**〉

掻き曇る　かきくもる
〈曇る〉を強調する言い方。「掻き」は動詞について語勢を強める接頭語。「掻き霧《き》らす」なども同じ用法。⇩〈**一天にわかに掻き曇り**〉

鉤状雲　かぎじょううん

主として〈巻雲〉に見られる形で、雲の端が釣り針か勾玉《まがたま》のように「コンマ状」に曲がっているもの。春や秋は日本列島付近の高空を高速の〈ジェット気流〉が吹き過ぎるため、巻雲が流されて鉤状に曲がる。

陰る　かげる

雲が出て、日や月の光がさえぎられ曇る。夕方になり日が傾くこともいう。「翳《かげ》る」とも。

暈　かさ

薄い雲越しの太陽や月の周囲に現れる光の輪。〈巻積雲〉や〈巻層雲〉など薄いベール状の雲がかかった太陽や月は、光が雲の中の〈氷晶〉によって回折《かいせつ》され、太陽や月の周囲に〈暈〉ができる。日・月が「暈」をかぶると、その晩か次の日が雨になる確率は六〇〜八〇パーセントだという（『お天気歳時記』）。「内暈」と「外暈」と二重にできる場合もある。「かさ現象」には、ほかに〈光冠〉〈タンジェント・アーク〉〈幻日《げんじつ》〉などがある。

日の出、日没時などに太陽から垂直方向上方に伸びるようにみえる「太陽柱」も暈の一種（写真提供／高橋永寿）

風明かり　かざあかり

風が吹きだす兆しのように空が明るむこと。「風焼《かざや》け」とも。

連れだちし人はわかれぬ夕さむく風明りする山あひの道に　古泉千樫

風脚　かざあし

風が吹き過ぎる速さ。風速。「風足」とも書く。

風穴　かざあな

風が吹き込む穴。住宅の窓・壁・基礎などに開ける換気孔や通風孔。〈風穴《ふうけつ》〉と読めば、山中や谷間などにあって夏に冷たい風を吹き出してくる洞穴や溶岩トンネルをいう。

風穴をあける　かざあなをあける

「どてっぱらに風穴をあけるぞ」といえば、銃や槍・刀で体に穴をあけるという脅し文句。また、膠着状態や閉塞した組織に新風を送り込むことにもいう。

火災旋風　かさいせんぷう

火事が原因となって発生する火焔の大渦巻き。強風下では大火になりやすいが、火事を熱源として熱対流が起こると、もともとの強風を巻き込み、中心部が渦巻き状の火柱となって立ち上がる。これが〈火災旋風〉。いったん火災旋風が発生すると、周囲からさらに多量の酸素が供給され、火勢が強くなって猛火となる。その最悪のケースが、大正一二年（一九二三年）九月一日の関東大震災のときに起こった。地震による火災に追われた東京下町の大勢の人びとは、公園にするために造成中だった本所の陸軍被服廠あとの空地に避難していた。近くに隅田川を控えた安全な場所と思われた。が、ほっと一息ついていた午後四時ごろ、この場所を巨大な「火災旋風」が襲った。猛烈な〈熱風〉は人びとの家財道具などに燃え移るとともに、人と荷物を巻き上げて荒れくるった。〈旋風〉が去ったあとには、「あちらにもこちらにも、死人の山が幾塊となく出来て……」と証言されているように、ここだけで三万八〇〇〇人を超える犠牲者を出した。〈火事場風〉ともいう。

風色　かざいろ・かぜいろ

風の色。芭蕉に、

　風色《かざいろ》やしどろに植ゑし庭の萩

「風色やしどろに植ゑし庭の秋」の句形でも伝えられているが、どちらがよいかは意見が分かれるところ。手入れも行き届かぬままに雑然と植わっている「萩の花」を吹きこぼして吹く風は、ものさびしい秋の色をしている、と草木の名前を限定した方が明晰になるが、俳句は明晰がいいとは限らない。「風色《ふうしょく》」と読めば、景色とか風景の意。

風招き　かざおき

風を呼び起こすしぐさ、まじない。口をすぼめて息を吹き出す所作。『日本書紀』神代紀下に、火闌降命《ほのすそりのみこと》（海幸彦《うみさちひこ》）と彦火火出見尊《ひこほほでみのみこと》（山幸《やまさち》彦《ひこ》）の兄弟の話が記されている。それによると、弟の山幸彦は、豊猟をねたんだ兄の海幸彦に、弓矢を釣り針と交換させられる。しかし弓矢でも獲物が取れなかった兄は、弟に釣り針を返すよう要求する。だが、針を海で失くしてしまった山幸彦は返すことができない。兄に激しく責められ困っているところを大鰐《おおわに》に海中へ連れていかれる。海の底の宮殿に着くと海神《わたつみ》が現れ、魚の口の中にあった針を探し出してくれる。そして返すときに兄をこらしめる呪文を教えてくれる。「風招《かざおき》を作《し》たまへ。風招は即ち嘯《うそぶき》なり」、つまり兄が海で釣りをしようとしたら〈風招き〉をしなさい、それは口をすぼめて息を吹き出すことで、その合図があれば自分が風を吹き起こし、大波で海幸彦をおぼれさせてしまうから、というのであった。

風押さえ　かざおさえ

風に吹き飛ばされるのを防止するための重し。

風落ち　かざおち

稔《みの》った果実が強風で落ちること。落ちた果実。落果。

風音　かざおと

風が吹いている音。風が物に吹き当たって立てる音。かぜおと。一九九〇年、JR西日本が最高時速三〇〇キロの新型新幹線の開発に取り組むことになったとき、パンタグラフの風を切る音が大きいことが問題になった。当時試験実施部長だった仲津英治は、趣味がバード・ウォッチング。音も立てずに飛来して獲物を捕まえるというフクロウの羽根を研究したところ、鋸《のこぎり》状のギザギザのついた独特な〈風切羽《かざきりばね》〉の作用で空気を拡散し静かな飛翔を可能にしているらしいことがわかった。これをヒントにパンタグラフに同じようなギザギザをつけたところ、三〇パーセントも騒音を減少させることができたという（「形態・構造をまねる――ふくろう・カワセミに学ぶ」）。

風音を高行かせをり花樺《かんば》　石田勝彦

風面　かざおもて

風が吹いてくる正面。〈風上〉。

風折る　かざおる

立烏帽子《たてえぼし》を風に吹き折られたように斜め横に折り、風折烏帽子《かざおりえぼし》にすること。平安時代中期以降、成人男子は、上・中流階級は常に、下層階級の人も外出時には烏帽子をかぶった。一般に六位以下の下級官人は立烏帽子でなく風折烏帽子にした。

風折れ　かざおれ

樹木などが風で折れること。風に吹き折られた樹木。雪の重みで折れた樹木を「雪折れ」というのと同じ。

風折れの枝雪渓に吹き刺さり　橋本鶏二

風垣　かざがき

冬の寒風を避けるために敷地の北側や西側に設置する垣根。主に北海道・東北・北陸地方などで見られる。板・ススキ・竹林・稲藁《いなわら》などで作られ、石垣やコンクリート製のものもある。〈風除《かざよ》け〉「風囲《かざがこ》い」ともいう。冬の季語。

風垣を抽《ぬき》ん出て立つ枯木あり　南野菊月

風隠れ　かざがくれ

風が当たらないようにした物陰。『玉葉集』巻二に、平安中期の花山院による「**木立をばつくろはずして桜花風がくれにぞ植うべかりける**」。花の木をたくさん植えて風の吹く日に詠んだ、との詞書があって、木立の手入れはしていないが、桜は咲いた花が散らないように風の当たらない物陰に植えるべきだ、といっている。

風上　かざかみ

風が吹いてくる方角。弓矢を主武器とした昔の戦闘では〈風上〉を取れるかどうかで勝敗が分かれた。現在のサッカーやラグビーは、前後半でサイドを入れ替え、公平さに配慮している。

　風上に向けてまっすぐ鶴の首　無着成恭

風聞草　かざぎきぐさ

イネ科の多年草の荻《おぎ》のこと。細長い葉が風に吹きなびいて鳴るところからいう。

風切り　かざきり・かぜきり

風向きを知るために船の上に立てる旗など。〈風見《かざみ》〉。〈風切羽〉のこともいう。また冬の強い北西風を防ぐ防風施設を指す地域もある。

風切鎌　かざきりがま

草刈り鎌をつけた竿を風上に向かって立てたり屋根に鎌を取りつけたりして、風害をもたらす悪霊を追い払うまじない。東北地方から中国地方まで広く見られた。法隆寺の五重塔にも〈風切鎌〉がかけられている。この鎌は、鎌倉時代に五重塔に落雷があり火災が発生したのを、四人の大工が死を決して消し止めたあと、西大寺《さいだいじ》の叡尊《えいぞん》が雷除けのためにかけた四本の鎌に由来するという。しかし、その後六〇〇年を経た昭和二二年（一九四七年）当時、当初四本あった鎌がたった一本になっていたので、建物の解体修理のときに集めた古釘で鎌を鍛え、昭和二七年に奉納、復元したものだそうだ（「産経新聞」平成二五年九月二八日付奈良・三重版）。「風切」とも。冬の季語。

　風切は砦の如し月を上げ　今井つる女

風切羽　かざきりばね

鳥の翼の最後方に生えている大きな一列の羽。

風くそ　かざくそ・かぜくそ

島根県出雲市地方などで、風がやむ前に落とし物のように残していった雨をいう。

笠雲　かさぐも

山を吹き越える気流は、山頂のところで盛り上がり風下側で上下に波打つ。この波動が始まるところで中の水蒸気が冷え、凝結して雲ができる。孤立峰の山頂付近によく出現し、富士山の

〈笠雲〉は有名。山頂が笠をかぶったように見えれば「笠雲」で、山から少し離れてできたものは〈吊るし雲〉。レンズ形をしていれば〈レンズ雲〉と呼ばれる。これらの雲は風下側で下降気流により消えていくが、風上では〈雲粒〉が次々にできるため雲の位置はほとんど変わらず、下からは〈動かぬ雲〉に見える。⇩**〈吊るし雲〉**

笠雲や明日に控へし山開き　三浦てる

桜島の笠雲　（写真提供／村井健治）

風雲　かざぐも

強い風が吹き始める前兆となるような雲。強風のときに現れる〈レンズ雲〉などをいう。『義《ぎ》経記《けいき》』巻四に、兄頼朝に追われ海上を船で逃れようとする義経の都落ちが描かれている。時に文治元年（一一八五年）一一月、船の行く手を遮《さえぎ》る暗雲を見た弁慶は「此雲《このくも》の景気を見て候に、よも風雲《かざぐも》にては候はじ」と不安を振り払おうとする。しかし、間もなく車輪のような黒雲が出現する。「是こそ真の風雲よ」とのことばも終わらないうちに、霰《あられ》まじりの大暴風が襲ってきて、船は木の葉のように翻弄されることになる。

風曇り　かざぐもり

風が出て空が曇ること。

大空は風曇りして灰色に夏の干潟は明けにけるかな　尾上柴舟

風車　かざぐるま

色紙やセルロイド製の羽根車に柄をつけ、風で回るようにしたおもちゃ。春祭りの縁日などでよく見かけるところから、春の季語。恐山《おそれざん》の賽《さい》の河原などで見る風車は、親に先立った不孝を詫び賽の河原で石積みをしている子どもたちの霊を慰めるために供えられている。

街角の風を売るなり風車　三好達治

風気　かざけ・かぜけ

風が吹きだしそうな気配。

風越　かざごし・かざこし

風が吹き越していくところ。また、長野県飯田市の西にある、木曾山脈の中の風越山《かざこしやま》のこと。鎌倉時代末期の私撰和歌集『夫木抄《ふぼくしょう》』巻二十に「**吹き乱る風越山の桜花麓の雲に色やまがはん**」、風に乱れる満開の桜が雲の色にそっくりで、まるで山麓に雲がたなびいているようだと華麗な春の景色を愛《め》でている。「風越山」は歌枕として知られる。

風下　かざしも

風が吹き進んでいく方向。「風先《かざさき》」「風の先」「風後《かざじり》」も同じ。

風筋　かざすじ・かぜすじ

風の通り道。風が吹き抜けていく筋。〈風道《かざみち》〉。

風筋を避けて鷺草《さぎそう》の鉢置かる　大野とめ

風立て　かざだて

新潟県岩船郡地方などで、垣根の北や西側に冬の風をよけるために植えてある樹木。

風戸　かざと

風が吹き込んでくる戸口。平安中期の、卑官ながら個性的な和歌で知られた曾根好忠《そねのよしただ》の『好忠集』に、

妹《いも》とわれ寝屋の風戸に昼寝して日高き夏のかげをすぐさむ

風樋　かざどい

風を流し送るための樋。樋は屋根の雨を地上にみちびく筒状の装置だが、鉱山などでは、坑内に空気を通すための〈風樋〉を設置する必要があった。

風凪　かざなぎ

風がやみ、波も静かになること。「風和ぎ」とも書く。

風波　かざなみ・かぜなみ

風によって起こる波。『日本書紀』神代紀下に、失った釣り針を求めて海中に下った彦火火《ひこほほ》出見尊《でみのみこと》（山幸彦）は海神《わたつみ》の娘の豊玉姫《とよたまひめ》を娶《めと》る。やがて出産間近になった豊玉姫は、妹の玉依姫《たまよりひめ》をともない「直《ただち》に風波《かざなみ》を冒して海辺《うみへた》に来《き》到《た》る」と。海辺に産屋を建てた豊玉姫は、自分が子を産むところを見ないでほしいと頼むのだが、彦火火出見尊がこっそりのぞくと、姫は竜の姿に変身していた。のぞかれたことを知って恥じた豊玉姫は、子と夫を捨てて海の中に去ってしまう。「風波《ふうは》」と読むと、風と波。また「風並《かざなみ》」と書くと、風が吹く方角のことで、転じて物事の成り行きや大勢をいう。

風波に殖《ふ》えゆくごとし蓮浮葉　岩田小夜子

重なり雲　かさなりぐも

少し高さを変えて重なってかかっている雲。〈巻雲〉〈巻層雲〉〈高積雲〉などで現れる。〈二重雲〉〈問答雲〉も同様。

風抜き　かざぬき・かぜぬき

空気を通すためにあけた穴。通風口。換気孔。

⇩〈風穴《かざあな》〉

風花　かざはな

冬晴れの空からちらちらと舞い落ちてくる雪。風上の降雪地から山麓の風下地方へ雪片が吹き送られてくる。冬の季語で、「かざはな」「かざばな」ともいうが、「かぜはな」というのが一番美しい。こういう美しい現象には、音声の効果を大事にしたい」と山本健吉は言っている（『基本季語五〇〇選』）。群馬県ではこれを〈吹《ふっ》越《こし》〉と呼ぶ地方があり、霙《みぞれ》のことをいう土地もある。また〈風花〉は、荒天から、あるいは静かな曇り空からちらちらつくことがあるのは、だれにも覚えがあるだろう。曇り空からほんの二粒三粒、顔に落ちかかる小雨のこともいった。

　下京や風花遊ぶ鼻の先　沢木欣一

風はむ　かざはむ

風にさらす。邦訳『日葡辞書』に「Cazafame カザハメ　風にさらす」と。用例として「Yxŏuo cazafamuru　衣裳を風はむる」。

風早の　かざはやの

風が強く吹く土地を歌い出すための枕詞。『万葉集』巻三に「**風早の美保の浦廻《うらみ》の白《しら》つつじ見れどもさぶしなき人思へば**」、風が強い美保の浜辺の白つつじ、眺めていても心が淋しい、死んだ人のことを思うと、と。「美保」は和歌山県にある地名ともいうが、正確にはわからない。強風の吹く土地柄だったのであろう。

嵩張り雲　かさばりぐも

〈層積雲〉などで、灰色の大きな〈雲塊〉が群れをなしてどんより頭上をおおっているものをいう。二〇〇〇〜七〇〇〇メートルの上空にかかる〈高積雲〉に対して、層積雲は二〇〇〇メートル以下の低空にかかる。嵩張った形がいかにも鬱陶《うっとう》しいところから、このように呼ばれるのだろう。

風日待ち　かざひまち・かぜひまち

稲が穂を出し実をつける旧暦八朔《はっさく》あるいは〈二百十日〉前後に、〈大風〉が吹いて農作物に被害が出ないよう祈願する風鎮めの祭事をいう。〈風祭《かざまつり》〉。秋の季語。

風吹烏　かざふきがらす

風に吹きあおられて飛んでいるカラス。転じて、買う気もないのにうろついている冷やかし客や浮浪人を指すことば。風来坊。歌舞伎『助《すけ》六由縁《ろくゆかりのえ》江戸桜《どざくら》』に、助六実は曾我五郎が外郎《ういろう》売りにやつした兄十郎に喧嘩のやり方を教えているところへ吉原通いの遊び人たちが来るのを見かけて、「アレアレ、向ふへ風吹烏、客めらがくるはくるは」とあざける。もっとも最近は「客めら」は差し障りがあるので、ただ「風吹烏がくるわくるわ」と省略されているが。

風吹草　かざふきそう
キンポウゲ科の山野草キクザキイチリンソウ（菊咲一輪草）の別名。キクザキイチゲ（菊咲一華）も同じ。春風の中に一輪ずつ咲く立ち姿が清純・可憐。

風袋　かざぶくろ
〈風神〉が持っている風が入っているという袋。

傘鉾雲　かさぼこぐも
この雲について幸田露伴は、「南の方の天にさしがさを開きたるやうに立つ雲」（「雲のいろ〳〵」）と紹介している。「其《その》雲やがて破れて、その破れたる方より風吹くと聞きたれど」町中に住んでいるからまだ見たことがないのが残念だ、と言っている。上空に向かって成長できる限界の対流圏の圏界にまで発達した〈積乱雲〉が、今度は横に広がって〈鉄床雲《かなとこ》〉となり、やがて風雨をもたらす経過を思わせる。

風間　かざま・かざま
風の絶え間のことだが、風が吹いている最中をいうこともある。また、風雨が激しく漁に出られない〈時化《しけ》〉のときをいうこともある。『土左日記』二月五日の条に、京へ上る苦難にみちた船旅の途中、荒波を立てないようにとみんなで祈ったおかげで波が静まり、京が近づいたしるしのように群れ飛ぶ鷗を見て喜んだ童《わらべ》の歌。「いのりくるかざまともふをあやなくもかもめさへだになみとみゆらむ」、祈ったとおりの風の絶え間かとほっとしたら、どうしたわけか群れ飛ぶ白い鷗までが波に見えてきたようだ、と。

風待ち　かざまち・かぜまち
〈逆風〉では出港できないので、船が港などで〈順風〉を待っていること。順風が吹くまで待機している港を「風待ち港」という。台風から避難する港を兼ねることもある。

風祭　かざまつり・かぜまつり
稲作に被害が生じないよう〈風神〉に祈る風鎮めの祭り。稲の花が咲き実をつけるころの旧暦八朔《はっさく》、あるいは〈二百十日〉前後は台風シーズン。強風が吹けば稲の花は被害を受ける。稲の花には一本の雌しべと六本の雄しべがあり、晴天なら籾《もみ》が開いて雄しべの葯《やく》をすべて放出して受粉する。しかし雨が降ると葯は籾の中に残って傷み、米の品質を低下させる。「風三斗」ということわざがあるが、〈大風〉が吹くと、稲の収穫が一反歩あたり三斗も減るという意味である。奈良県三郷《さんごう》町にある龍田《たつた》大社の風鎮《ふうちん》大祭は古くから有名。〈風日《かざひ》待《ま》ち〉。秋の季語。

風窓　かざまど・かぜまど

風を通すための窓。建物の床下などに通風用に設けた開孔部。

風見　かざみ

風向きを知るために、屋根や船の帆柱などに取り付けた計測器。金属製の鳥や動物に矢印を付けたものを風で回転させて風向きを知る。〈風向計〉「風信器」。⇩〈**風見鶏**〉

風見草　かざみぐさ

枝垂柳《しだれやなぎ》のこと。江戸時代の雑俳に「**柳を植えてから風見はいらぬなり**」とあるように、柳は風の強さや風向きを教える自然の〈風見〉だった。また、梅のことも言った。室町時代の『蔵玉集』には、「梅　香散見草《かざみぐさ》」として「**山里の軒端にさけるかざみ草色をも香をも誰《たれ》見はやさん**」とあり、次に「柳　風見草」として「**あづさ弓はるの梢に風見草のどけき色のうちなびくらん**」とある。

風道　かざみち・かぜみち

風が吹き抜けていく道。〈風筋《かざすじ》〉。〈風道《ふうどう》〉と読むと、主として鉱山や隧道《すいどう》（トンネル）などに穿《うが》った通気用の坑道のこと。

風見鶏　かざみどり

ヨーロッパの聖堂の塔などに取り付けられている雄鶏《おんどり》の形をした〈風向計〉。尖塔に〈風見〉をつけるのは九世紀にローマ教皇が法令で定めたからという。雄鶏が選ばれたのは、夜明けを告げる鶏鳴が悪魔を追い払うからといわれ、また、十字架につけられる前夜、イエスから「汝《なんじ》に告ぐ、今宵、鶏鳴く前に、なんじ三度《みたび》われを否むべし」と言われたペテロが、殺されてもあなたを知らないなどとは言いませんと誓ったのに、イエスの仲間ではないかと疑われると、「我はその人を知らず」と三度否認し、三度めのときに鶏が時を告げる。このとき自分の弱さを自覚したペテロがひどく泣いたという故事に由来するともいわれる。一方、風向きを見てクルクルよく回るので、時勢に合わせて態度を変える信念のない人間のことをあざけっていう。

風見鶏

風向き　かざむき・かぜむき
風が吹いてくる方向。転じて事態の形勢、人の機嫌。気象学的には〈風向《ふうこう》〉という。
風向きの山の向ふの踊唄　加藤睫子

風除け　かざよけ・かぜよけ
風を防ぐこと。風をよけるために設置した垣根や塀。風囲《かざがこ》い。冬の季語。「風除け解く」というと春の季語。⇩〈風垣《かざがき》〉
郵便夫を待つ風除に顔出して　加藤知世子

風脇　かざわき
風の通り道〈風道《かざみち》〉を外れた、わきの方をいう。

火山雲　かざんぐも
火山の噴火による激しい上昇気流でできる、火山物質を含んだ濃密な雲。

かじ
沖縄県の石垣島地方などで、暴風のこと。「かじ」は、「風」の意。

かじうれーん
沖縄県鳩間《はとま》島《じま》地方などで、「風が下りた」の

意。北風から南風に変わったことをいい、天気が良くなることを意味する。⇩〈**かじまあい**〉

火事場風 かじばかぜ
火事現場で、高熱の火炎が原因となって巻き起こる強烈な〈つむじ風〉。⇩〈**火災旋風**〉

かじふち
沖縄県地方で、「風吹き」。暴風。

かじまあい
「風回り」の意。沖縄県鳩間島《はとまじま》地方などで、南風が北風に変わったことをいい、天気が悪くなることを意味する。大時化《おおしけ》になる。沖縄県地方でいう〈かじまあい〉（風回い）は冬の南風のことで、これが吹いたら一人っ子には海を渡る旅をさせるなという言い伝えがある。南風がすぐ北風に変わり大時化となるからだという（『風の事典』）。

かじまやー
沖縄県地方で、〈風車《かざぐるま》〉のこと。旧暦九月七日に行われる九七歳の祝いで、この年齢になると子どもにかえるから、風車をもたせて集落をオープンカーでパレードし長寿を祝うという。「花ぬカジマヤー（花の風車）」。

かじょーさん
沖縄県地方で、風が強い状態をいう。心地よい風よりは強く、しかし台風ほどは強くない程度の風の吹き方。

花信風 かしんふう
花を咲かせる春の暖かい風。「信」は「たより」とか「合図」の意味だから、花便りをもたらす風。中国伝来の「二十四節気」の、小寒《しょうかん》から穀雨《こくう》までの各気に開花する花を告げ知らせる〈二十四番花信風〉のこと。〈花風《はなかぜ》〉。

ガス
北海道地方などで、「霧」、特に〈海霧《うみぎり》〉のことをいう。夏の季語。

ガストフロント gust front
突風前線。ガストは〈突風〉で、フロントは前線。

霞　かすみ

〈霞〉とは一般に、空中を細かい水滴や微小な塵《ちり》がただよっているために空がぼんやりして遠くがはっきり見えない状態をいう。霞も霧も靄《もや》も同じような現象で、本質的には雲と同じ。だが「霞」という語は気象観測用語にはない。空や遠景がかすむ原因には、霧、靄、〈層雲〉、〈巻層雲〉、煙、〈黄砂《こうさ》〉などさまざまあるからだという。

普通は春のものを「霞」、秋のものを「霧」という。『万葉集』巻十九に「**春の野に霞たなびきうら悲しこの夕影にうぐひす鳴くも**」、霞がたなびいてもの悲しく感じられる春野の夕方の光の中に鶯の鳴く声が聞こえる、と。だが、『万葉集』巻五には「**春の野に霧立ちわたり降る雪と人の見るまで梅の花散る**」と「春の霧」を詠んでいる。しかし霧と霞の区別は気分的には明らかで、霧といえば目の前に深く立ちこめるが、霞は遠くにかすかにたなびくものだと山本健吉は言っている（『基本季語五〇〇選』）。霞は春の季語で、霧は秋の季語。

上空からの吹き下ろし

地上の風は、〈海風〉〈陸風〉のような空気が暖められて発生する風よりも、上空から吹き下ろす風の方が強い。

この上空の強い風が山に当たると、山頂の上部に〈笠雲〉と呼ばれる単体の雲が出現し、同じ形で継続することがある。

また、発達した〈積乱雲〉（〈入道雲〉）から冷たく重い風が落ちてきて地面にぶつかると、放射状に広がる〈ダウンバースト〉や一方向に吹く〈ガストフロント〉と呼ばれる〈突風〉が吹き、家屋などに被害が出ることもある。ダウンバーストは被害が放射状に広がり、ガストフロントは被害が一方向に延びる特徴がある。

海の奥かすみのひかるところ隠岐《おき》　篠原梵

〈霞〉にまつわる比喩的な表現

「霞」を愛好する日本人は、霞をさまざまな表現に言い止めて詩歌に詠んできた。

霞の網　かすみのあみ
霞が立ちこめるようすを、網を張るのになぞらえた。

霞の海　かすみのうみ
霞が一面に立ちこめているさまを海にたとえて言った。また、霞のかかった海のこともいう。奈良県の飛鳥に行ったとき目にした「霞の海」について倉嶋厚が書いている。早朝、宿を出てはるかに望んだ畝傍《うねび》、耳成《みみなし》、香久《かぐ》の大和三山や雷丘《いかずちのおか》などは、たなびく「霞の海」に浮かぶ小島のようだった。そして、ふと思い立って、持参していた温度計の感部を車の窓から出してゆっくり登っていくと、みるみる気温が上がり、麓より四～五℃も高くなった。夜冷えて重くなった空気が盆地の底にたまり、冷気湖ができており、霞はその《水面》にたなびいていたのであった、と（『お天気博士の四季だより』）。

霞の奥　かすみのおく
立ちこめている霞の奥の方。「霞の沖」などともいう。

霞の帯　かすみのおび
霞がたなびいているさまを帯にたとえた。

霞の衣　かすみのころも
春を擬人化し、霞を春の着る着物にたとえた言い方。『古今集』巻一に「**春のきる霞の衣ぬきをうすみ山かぜにこそみだるべらなれ**」、春がまとっている霞の衣装は横糸が薄いので、〈山風〉に吹かれると乱れ綻びてしまいそうだ、と。

霞の里　かすみのさと
霞に包まれた村里。

霞の末　かすみのすえ

霞が立ちこめた奥の方をいう。「霞の底」も同じ。

霞の裾　かすみのすそ

春が着ている〈霞の衣〉の下の方。

霞の関　かすみのせき

霞を春が過ぎ去っていくのを止める関所になぞらえていった。南北朝時代の『新拾遺集』巻十八に「**いたづらに名をのみとめて東路《あずまじ》の霞のせきも春ぞ暮れぬる**」、「霞の関」というのは名ばかりで、東国の春が過ぎるのをせき止めてはくれず、春は暮れてしまった、と。この歌にちなんで現在の東京都千代田区霞が関の名が起こったという説もあるが、異論もある。

霞の袖　かすみのそで

春着に見立てた霞の一部をいった。鎌倉時代の『続《しょく》後撰集』巻一に「**さほひめの衣はるかぜなほさえてかすみの袖にあはゆきぞふる**」、春をつかさどる佐保姫の衣をふくらます春風はまだ冷たい。佐保山がようやく霞の衣をまとったけれど袖のところには淡雪が降っている、と春を待ちこがれている。「霞の袂《たもと》」などともいう。

霞の棚　かすみのたな

霞が棚のような形にたなびいているさま。

霞の谷　かすみのたに

霞におおわれた谷間。『古今集』巻十六に「**草ふかき霞の谷にかげかくしてる日のくれしけふにやはあらぬ**」、深草の帝と呼ばれた仁明《にんみょう》天皇が深く霞の立ちこめた谷にお隠れになり、輝いていた日輪が光を失ったのは今日ではないか、と。

霞の褄　かすみのつま

霞を春がまとう衣になぞらえ着物の褄に見立てていう語。鎌倉時代の『続拾遺集』巻一に「**春の着る霞のつまやこもるらんまだ若草の武蔵野の原**」、春霞がかかっている野に霞の衣の褄をとる私の妻もいるだろう、まだ若草が萌え出たばかりの武蔵野の原、と。『伊勢物語』十二の「**武蔵野はけふはな焼きそ若草のつまもこもれ**

り我もこもれり」を踏まえている。

霞の波　かすみのなみ
霞がたなびきうごめくようすを波にたとえた。

霞の洞　かすみのほら
高山の霞がかかった洞穴とは仙人の住《す》み処《か》を指し、さらに上皇の仙洞《せんとう》御所をいう。

霞の籬　かすみのまがき
立ちこめている霞を竹垣をめぐらした籬に見立てていう語。

〈霞む〉の展開

霞む　かすむ
霞がかかってぼんやりし、はっきり見えないこと。『新古今集』巻十二に、「**面影の霞める月ぞやどりける春や昔の袖の涙に**」、昔別れた恋人のことが思い出されてならない春の朧《おぼろ》月夜、涙に濡れた袖の上を照らす月光の中にその人の面影がぼんやりと浮かんできた、といっている。

霞み暮る　かすみくる
霞がかかったまま日が暮れる。『玉葉集』巻二に、「**初瀬山尾上の花はかすみ暮れて麓にひびく入相のこゑ**」、初瀬山の峠の桜が夕霞の中にとけこもうとしている。麓に響いてくるのはどこかから流れてくる晩鐘の音、と。

霞み籠む　かすみこむ
霞が立ちこめること。『枕草子』三に「正月一日は、まいて空のけしきもうらうらと、めづらしうかすみこめたるに」、元日の空はことさら麗《うら》らかに、めったにないほど趣ふかく霞が立ちこめて、とめでたい日柄を寿《ことほ》いでいる。

霞み敷く　かすみしく
霞が一面に立ちこめること。『千載集』巻一に、「**霞しく春のしほぢを見わたせばみどりをわくる沖つしら浪**」、〈春霞〉がかかってつややかな春の青海原を見はるかすと、碧色《みどり》に一体化した海と空を区切っている沖の白波、と。

霞み残る　かすみのこる

そこだけ霞がかからないで残る。『玉葉集』巻二に、「**目に近き庭の桜のひと木のみ霞みのこれる夕暮の色**」、目の前の桜一本だけを霞み残して、あとは庭一面すっかり夕暮れの色、と。

霞み渡る　かすみわたる

一面に霞がかかること。『平家物語』巻十、海《かい》道下《どうくだり》に、「遠山《えんざん》の花は残《のこん》の雪かと見えて、浦々島々かすみわたり、こし方行末の事共思ひつづけ給ふに……」、遠くの山々の桜は残雪のように見え、海辺の湊々や島々は一面春霞に包まれている風景の中で、過去の出来事や今後の運命を思い続けていらっしゃる、と。かつて南都焼き討ちを指揮した平家の公達 平重衡《たいらのしげひら》は、敗軍の将として鎌倉に護送される途中である。

霞初月　かすみそめづき

旧暦一月の異称。春になって霞がかかり始める時節。春の季語。

風　かぜ

風とは気流の流れであり、大気の運動である。太陽の熱で地面や海水が暖められると、接する空気の温度が上がる。暖まって軽くなった空気は上昇するから、空気が薄くなり気圧が低くなる。そこへ気圧の高い周囲から空気が流れ込む。この気圧の差で起こる空気の動きが「風」である。〈季節風〉や〈海陸風〉など大気の気圧差によって生じる風がある一方で、〈偏西風〉や〈貿易風〉のように地球の自転を受けて発生する大規模な大気の環流もある。地球を取り巻いている大気は常に運動状態にあり、一瞬も止まることがない。太陽エネルギーは、北極・南極と赤道地帯、陸と海、山と谷との間に、常に寒暖のアンバランスを作り出している。つまり地球の表面には、下から空気を暖める熱源区域と冷やす冷源区域が生じ、その間に対流が起こる。それに地球の自転や地形の影響が加わって移動する気流が風である。⇩コラム

「風とは何か」

風の来て柊《ひいらぎ》の花こぼるる日　平賀幸子

風青し　かぜあおし

初夏、新緑をそよがせて渡ってきた風が、青葉の色と薫《かお》りに染まっているように爽やかに感じられること。〈青嵐《あおあらし》〉に通じ、夏の季語。

面・籠手《こて》の中に少年青嵐　中尾寿美子

風当たり　かぜあたり

風が吹きつけてくる強さ。転じて、社会や世間から受ける批判や追及。

風入れ　かぜいれ

風にさらして湿気をとること。奈良・正倉院で毎年一〇月から一一月ごろに行われる御物《ぎょぶつ》の曝《ばく》涼《りょう》は〈風入れ〉として秋の季語になっている。

風入や五位の司《つかさ》の奈良下り　正岡子規

風唄　かぜうた

〈風唄〉という語は辞書に見えない。詩人の伊藤信吉が少年時代の追憶を書いたエッセイの中で「**風々　吹くな　西の山が燃えるぞ**」「**風々山へ行って　鬼の飯を食って来い**」という子ども時代の囃《はや》しことばを紹介し、それはわらべ唄とは違う「風唄」だったと記している。「風々吹くな」と聞くと、口をついて出るのは、野口雨情作詞の「シャボン玉」。生後わずか七日で亡くなった雨情の娘への気持ちが託されているといわれるが、長女の死はこの詩より十数年も前のことだから直接は関係ないのではないかともいわれている。どうだろうか。昔は幼子の死は今よりずっと多かった。

シャボン玉飛んだ／屋根まで飛んだ／屋根まで飛んで／こはれて消えた
シャボン玉消えた／飛ばずに消えた／生まれてすぐに／こはれて消えた
風、風、吹くな／シャボン玉飛ばそ

風枝を鳴らさず　かぜえだをならさず

世の中が静かに治まって太平なありさま。前漢の桓寛《かんかん》が編纂した財政議論の書「塩鉄論」水旱《すいかん》の「天下太平にして、……雨は塊《つちくれ》を破らず、風は条《えだ》を鳴らさず。旬にして一雨」による。⇩〈**五風十雨**〉

風が落ちる　かぜがおちる

風がやむこと。

風薫る　かぜかおる

初夏の爽やかな風が吹くさま。新緑や水の上をわたる風が、匂うように爽やかに感じられるのを言う。室町時代の連歌師里村紹巴《さとむらじょうは》の『連歌至宝抄』に、「風薫ると申《もうす》は南の風吹《ふき》て涼しきを申候《もうしそうろう》。昔琴を弾き候へば風かほりたる由《よし》候」と。『日本大歳時記』は、初夏の南風で「語感としては青嵐《あおあらし》よりも弱いやわらかい風である」と言っている。夏の季語。⇩〈**薫風**《くんぷう》〉

風かをる朱欒《ザボン》咲く戸を訪《と》ふは誰《た》ぞ　杉田久女

風が固い　かぜがかたい

島根県出雲地方で、風が寒いことをこう表現することがある。

風が変わる　かぜがかわる

風向きは時々刻々変化し、急激に変わることもある。海岸地方で、〈海風〉から〈陸風〉に変わることはよく知られているが、風向きが急変するのは寒冷前線の通過時などで、短時間に九〇度変わることもある。

風が立つ　かぜがたつ

風が吹きはじめること。『万葉集』巻十一に「**古衣《ふるころも》　打《う》棄《つ》つる人は秋風の立ち来る時に物思《ものも》ふものそ**」、着なれた服をあっさり捨ててしまうような人は、秋風が吹きはじめるころにしみじみ物思いにふけることになるだろう、と。岩波文庫版の注釈者はこれを「古着を捨てるようになじんだ妻を捨てるような人は、老後に寂しい思いをするのだと、その妻自身が怨む歌」と読み解いている。風が吹き出すことを〈風が立

つ〉と表現するのは、なにかゆかしく感じられる。立原道造の「のちのおもひに」の初連に、

夢はいつもかへつて行つた　山の麓のさびしい村に／水引草に風が立ち／草ひばりのうたひやまない／しづまりかへつた午さがりの林道を

と詩《うた》われている。水引草は蓼科《たでか》の秋草。

風が吹けば桶屋が儲かる　かぜがふけばおけやがもうかる

ありえない僥倖《ぎょうこう》を当てにする愚かさを嗤《わら》うことわざ。また、一つのきっかけから意外な結果が生まれることのたとえにもいう。強風が吹くと土埃《つちぼこり》で眼病になり盲人が増える。江戸時代は盲人は三味線を弾いて門付《かどづ》けをする者などが多かったので三味線が売れ、三味線の皮にされる猫が減る。猫が減ると鼠が増えるから台所の桶や箱がかじられ桶や箱が売れる、という理屈である。江戸中期の浮世草子『世間学者気質《かたぎ》』が初出とされるが、『東海道中膝栗毛』二編にも、弥二さん喜多さんが蒲原《かんばら》の木賃宿で同宿した巡礼からこの話を聞くくだりがある。「風が吹いたによって箱屋」ともいう。

風茸　かぜぎのこ

鹿児島県肝属《きもつき》郡地方で、台風のあと山に生えてくる椎茸をいう。

風草　かぜくさ・かぜぐさ

日本各地の渓谷や山の斜面などに普通に見かける高さ三〇～五〇センチメートルほどのイネ科の多年草。夏から秋にかけ、枝分かれした茎に赤紫の小さな花穂《かすい》をつける。葉の付け根のところがねじれており、葉先で裏表が逆転しているところから「裏葉《うらは》草《ぐさ》」ともいう。斑《ふ》入りのものもあり、光沢のある細くやわらかな葉が風に翻る姿の美しいところから園芸種としても人気がある。〈風草〉という名、また〈風知《ふうち》草《そう》〉（風知《かぜしり》草《ぐさ》）の異名の由来は、風によく揺れる葉や花穂の姿が涼しげで懐かしいからであろうか。あるいは反転する葉の折れ目から、その年の台風の

大きさや多寡《たか》が知れるといういわれのゆえであろうか。夏の季語。

風雲　かぜくも

風と雲、あるいは風に吹かれて流れる雲。また風が吹き始める前兆となる〈風雲《かざぐも》〉。

風クラスト　かぜクラスト

風で吹かれて固くなった積雪の表面の層をいう。積雪が日射しで溶け、夜になって強風を受けて凍り、さらに強い風圧によって表面を削り取られながら固くなった状態。強風が吹きつける冬山の斜面や尾根に形成される。

風定め　かぜさだめ

漁業者などが、一定の日の風の具合によってその年の風向きや天候を占うこと。旧暦六月二〇日、一〇月一〇日、一〇月二〇日など、地方と時代によって占う日は異なる。たとえば山口県大島地方では、東風なら雨が多く、西風なら寒く雪の多い冬になるとされた。

風冴ゆる　かぜさゆる

冬の凍りつくような冷気の中を、身を切るような寒風が吹くことの形容。冬の季語。

風冴えて魚の腹さく女の手　石橋秀野

風死す　かぜしす

夏の盛りに、吹いていた風がぴたっとやんで、耐えがたい蒸し暑さを感じる状態。特に盛夏の関西方面の海岸地帯で見られる現象だと、石寒《いしかん》太《た》はいっている（『日本大歳時記』）。「瀬戸の夕《ゆう》凪《なぎ》」（〈讃岐《さぬき》の夕凪〉）の身の置きどころがない暑さに閉口する声は多い。しかし、この無風状態を好む人もいないわけではない。井上靖の詩集『遠征路』の中に「夏」と題する詩がある。

四季で一番好きな夏だ。夏の一日で一番好きなのは昼下がりの一刻《ひととき》――、あの風の死んだ、もの憂い、しんとした真昼のうしみつ刻だ。

人の好みはそれぞれである。夏の季語。

風死して刻をとどめぬひろしま忌　国友栃坊

風蕭蕭として易水寒し　かぜしょうしょうとしてえきすいさむし

風はものさびしい音を立て、易水の水は寒々と流れていく。中国・戦国時代、秦の始皇帝を暗殺しに出発する荊軻《けいか》が、易水（河北省西部の川）のほとりで見送りの燕《えん》の太子丹《たん》に、別れとともに決死の覚悟を告げて吟じた詩の一節（『史記』刺客伝）。対句の後半は、「**壮士一たび去って復《ま》た還らず**」、益荒男《ますらお》である自分は一たびここを出で立てばもはや再び還ることはない、と。

かぜしらせ

大分県竹田市地方で、〈風草〉のことをいう。漢字で書けば、「風知らせ」。

風涼し　かぜすずし

盛夏のころ、わずかな風でも涼しく感じる様子。晩夏になると、南太平洋の高気圧が弱まるとともに、大陸の高気圧から涼しい風が吹き始める。夏の季語。

八万の毛穴に滝の風涼し　正岡子規

風戯え　かぜそばえ

風と戯れているように揺れ動くこと。天気雨を「そばえ」というように、風がふざけていると見立てたのだろう。平安時代末の藤原為忠による『為忠家後度《ごど》百首』風前雪に「**木《こ》の間より露吹きまぜて散る花はかぜそばへするみぞれなりける**」、木々の間から風に乗って露まじりに散ってくる花のようなものは、風と戯れている霙《みぞれ》だなぁ、と。

風台風　かぜたいふう

雨量が少なめで風による被害が大きい台風のことを、過ぎ去ったあとでいうことば。一般に、進行が速い大型台風は〈風台風〉になりやすく、真夏に日本列島に近づく台風に多い。昭和二九年（一九五四年）九月二六日、青函連絡船の洞爺丸を転覆させ、一一三九名の人命を奪った台風一五号は典型的な風台風であった。⇩

〈雨台風〉

風立ちぬ　かぜたちぬ

堀辰雄の小説の題名。フランスの詩人ヴァレリーの詩「海辺の墓地」の中の一句「風立ちぬ。いざ生きめやも」を表題とした。当時はまだ不治の病だった結核の療養をする婚約者に寄り添う小説家の、サナトリウムで、死を見つめる生の高揚と緊張を、季節を通して自然の移ろいの中で描いた詩的かつ前衛的な作品。

風立て　かぜたて

稲穂のくずを両手につかんで、少しずつ揺り落としながら風で飛ばし、まだ残っていた籾《もみ》を選《え》りわける作業。「穂立て」「庭立《にわだち》」「塵《ちり》立て」ともいう。

風津波　かぜつなみ

気圧が下がり海面が盛り上がったところへ満潮が重なると、海面はいっそう高くなる。そこへ強い風が吹き、海水が陸地にどっと流れ込んで起きる高潮を〈風津波〉とか「暴風津波」とい

最先端の気象用語①

特別警報

「特別警報」は、平成二五年（二〇一三年）八月三〇日から気象庁が発表を開始した警報である。

気象庁は、これまで大雨、地震、津波、高潮などにより重大な災害の起こるおそれがあるときに、警報を発表して警戒を呼びかけていた。これに加え、これらの警報の発表基準をはるかに超える豪雨や大津波等が予想され、重大な災害の危険性が著しく高まっている場合、新たに「特別警報」を発表し、最大限の警戒を呼びかけることとなった。

「特別警報」が対象とする現象は、一万八〇〇〇人以上の死者・行方不明者を出した東日本大震災における大津波や、わが国の観測史上最高の潮位を記録し、五〇〇〇人以上の死者・行方不明者を

う。昭和三四年（一九五九年）九月二五日、二六日に伊勢湾周辺を襲った「伊勢湾台風」は、このような高潮によって五〇〇〇人以上の死者・行方不明者を出した。⇩**コラム**「**最先端の気象用語①　特別警報**」

風とお客は夜とまる　かぜとおきゃくはよるとまる
風は寒暖の差、気圧の差によって、気圧の高い方から上昇気流で大気が薄くなった方へ向かって吹く。日が落ちると寒暖の差が小さくなるので大気が動かなくなり、風がやむ。この現象を言い表したことわざ。「西風（北風）と夫婦喧嘩は夜やむ」などともいう。

風通し　かぜとおし・かざとおし
室内などに風が吹き通ること。エアコンが普及する前のわが国では、夏が近づくと襖《ふすま》などを外して風の通りをよくし、夏座敷に模様変えした。一方で比喩的に「風通しが悪い会社」などと、組織の中の情報共有の善し悪しをいうのにも用いる。夏の季語。

出した〈伊勢湾台風〉の高潮、紀伊半島に甚大な被害をもたらし、一〇〇人近い死者・行方不明者を出した「平成二三年台風第十二号」の豪雨等が該当しており、雨の場合は五〇年に一度に相当する大雨が降った場合、あるいは地盤の緩みが五〇年に一度に相当する場合に発表される。地盤の緩みが一〇年に一度の雨で土砂災害による死者の九割が発生していることから、さらにハイレベルである「特別警報」が発表された段階では、すでに災害が発生していてもおかしくない。
「特別警報」が発表された場合、住んでいる地域は極めて危険な状況にあるため、周囲の状況や市町村から発表される避難指示・避難勧告などの情報に留意し、ただちに命を守るための行動をとることが必要である。
「特別警報」が発表されていないからといって安心することは禁物である。「特別警報」の前に段

風通しよし西洋の弥次郎兵衛　久保田万太郎

風と共に去りぬ　かぜとともにさりぬ

マーガレット・ミッチェル作のアメリカの長編小説。原題は《Gone with the Wind》。一九二六年から一〇年間かけて執筆され、一九三六年に出版された。題名は、南北戦争による南軍の敗戦とともに、アメリカ南部白人層の黒人奴隷制に立脚した貴族的文化が消え去ったことを意味しているといわれる。一九三七年にピュリッツァー賞を受賞。一九三九年にハリウッドで映画化され、ヴィヴィアン・リー扮する主人公スカーレット・オハラとクラーク・ゲーブル扮するレット・バトラーの愛憎を軸とする重厚華麗な歴史ドラマが人気になった。

風無草　かぜなぐさ

枝垂柳《しだれやなぎ》のこと。柳は少しの風にもそよいで風向きや風の強さを知らせるところから〈風見草〉とも呼ばれるが、〈風無草〉という異名はどこに由来するのだろう。人には無風と思えるほどの微《かす》かな風にも反応してなびくところを、洒落て逆説的に名づけたのであろうか。室町時代の歌集『蔵玉集』春に「**松にのみ音は軒ばの風な草糸には露もみだれぬるかも**」、松の梢を音た

階を追って発表される、気象情報、注意報、警報を活用して、早め早めの行動をとることが大切。「特別警報」は避難所のような安全な場所で聞くものと理解していただきたい。

大雨に関する「特別警報」が発表された際は、経験したことのないような甚大な災害が今にも起きそうな、あるいは起きてしまっている状況なので、屋内にいる場合は建物のより高い階に移動するとか、崖から離れた部屋に移動するなど、ただちに命を守る行動をとっていただきたい。「特別警報」発表後も雨が降り続けるとさらに危険度が増すので、この数十年間災害の経験が無い地域に住んでいても決して油断はできない。

てて渡った風が、軒端の枝垂柳のところでは糸のような葉においた露を吹き乱しているなぁ、と。

風なぐれ　かぜなぐれ・かざなぐれ

三重県志摩地方などで、風のために海面が波立つ現象をいった。「なぐれる」とは、横にそれる、売れ残るなどの意。風が残していった波浪の意味か。

風雪崩　かぜなだれ

傾斜地の古い積雪の上に積もった新雪が、春先の強風と気温の上昇のために滑り落ちる現象。

風鳴り　かぜなり

風が物に当たって立てる音。

餅焼くやいつも風鳴る楢林　大嶽青児

風に草靡く　かぜにくさなびく

草は、風が吹くままになびき伏す。転じて、民衆が権力者の命ずるままに従順なさまのたとえ。

風に櫛り雨に沐う　かぜにくしけずりあめにかみあらう

髪を風でとかし、雨で洗う。入浴などするいとまもなく、風雨の中を身を挺して奔走し、さまざまな辛苦を体験すること。「櫛風沐雨《しっぷうもくう》」「雨に沐《かみあら》い風に櫛《くしけず》る」とも。『荘子』天下篇には、「甚雨《じんう》に沐《もく》し、疾風《しっぷう》に櫛《くしけず》り」とある。「風に櫛《くしけず》り雨に浴《ゆあみ》す」「櫛風浴雨《しっぷうよくう》」ともいうが、これだと「風で髪をとかし、雨で体を洗う」意となる。

風に晒す　かぜにさらす

風に当てて湿気などをとること。「風に曝《さら》す」とも書く。⇩〈**風入れ**〉

風に順いて呼ぶ　かぜにしたがいてよぶ

風上から風下へ向かって呼ぶと声がよく届くように、形勢の進む方向に沿って行動すれば、容易かつ迅速に物事を処理できるというたとえ。『荀子』勧学にあることば。すなわち、「風に順《したが》ひて呼べば、声は疾《つよ》さを加《ま》すには非ず、而《しか》るに聞く者は彰《あきら》かなり」と。

風にそよぐ葦　かぜにそよぐあし

風を受けるとすぐそよぎなびいてしまう葦のように、強い者の言いなりになる定見のない人びとのたとえ。『新約聖書』マタイ伝第十一章のイエスのことばに基づく語。牢獄に囚われた預言者ヨハネがイエスのうわさを聞いて弟子を遣わし、「来《きた》るべき神の子とはあなたですか」と尋ねさせると、イエスは自らなした奇蹟を示したうえで群衆たちに向かい、「なんじらは何を眺めんとて野に出でし、風にそよぐ葦なるか」と人びとの信念のなさをとがめる。そして「マラキア書」に神の子が出現する道を準備する預言者と記された者こそバプテスマのヨハネである、と告げる。

風に付く　かぜにつく

風に乗せて届ける。風の便りにことづけること。『千載集』巻十八に「**百種《ももくさ》の　言の葉しげく　ちりぢりの　風につけつつ　聞こゆれど**」、和歌は「出雲八重垣」の歌から起こったといわれ、そのあとに多くの言の葉・和歌作品が続いたと散りぢりの風の便りに聞こえてくるが、と。

風に実の入る　かぜにみのいる

風に雨がまじり始めること。愛知県知多地方では風まじりに降る小雨のことを〈風の実〉という。雨を風が生んだ実とみているのだ。

風に柳　かぜにやなぎ

柳が風を受け流すごとく、相手の言い分に逆らわないよう、ほどよく応対することのたとえ。〈柳に風〉とも。

風の脚　かぜのあし

⇩〈**風脚《かざあし》**〉

風の息　かぜのいき

気候環境学の吉野正敏によると、風がまるで息をしているように、強く吹いたり弱く吹いたりするさまをいう、と。英語ではガスト（gust）といい、風速・風向の不規則な変動のこと。主として地表付近の風に生じ、上層の風ではガストは比較的小さいという。

日もすがら風の息聞き冬籠り　藤津英子

風の色　かぜのいろ

草木などがそよいでいるようすから知られる風の気配のこと。『玉葉集』巻四に「**八重葎《むぐら》秋のわけ入る風の色を我さきにとぞ鹿は啼《な》くなる**」、びっしり繁った八重葎を分けて秋風が吹き入る気配に、自分が先と鹿が妻を求めて鳴いている、と。

風の音　かぜのおと

風が吹いている音。〈風音《かざおと》〉。『古今集』巻四の冒頭歌「**秋来《き》ぬと目にはさやかに見えねども風の音にぞおどろかれぬる**」はよく知られている。吹きはじめた風の音によって、夏から秋への移ろいを表している。麦島勇輝くん（四歳当時）の詩「かぜのおと」に、みみをおさえたり、おさえたてをはなしたりすると、「**かぜのおとと／〃かぜのおとがしないおと〃が／するよ**」とあった。選者の川崎洋氏いわく「〃かぜのおとがしないおと〃というのは大発見です。さっそくやってみました」（『こどもの詩　1990～1994』）。

風の訪れ　かぜのおとずれ

風が吹き出すことを人の訪れにたとえて言ったことば。

風の香　かぜのか

匂うような夏の〈薫風〉。夏の季語。だが、古来、「**東風《こち》吹かばにほひおこせよ梅の花主《あるじ》無しとて春を忘るな**」（『大鏡』）、「**さつきまつ花たちばなの香をかげば昔の人の袖の香ぞする**」（『古今集』巻三）など、梅の香を運ぶ春風、橘《たちばな》の香を吹き送る夏の風、時には雪の香りをのせた冬の風などさまざまな匂いをふくんだ風をいった。

風の香も南に近し最上川　芭蕉

風の形　かぜのかたち

風は、目に見えない。風は、無色・無味・無臭の空気の流れだ。しかし私たちは、稲田がいっせいになびいたり、木の葉がさやぎ梢が揺れ、見えない何かが顔を吹き過ぎていくことで風を感じている。風そのものは見えなくても、空を鯉のぼりが泳ぎ白い雲が流れ、あるいは冬の舗道を枯れ葉がそそ走りいくとき襟を掻き合わせながら、風の存在を実感している。だから、世界中の詩人たちが、見えない風に感動して詩を口ずさんできた。英国の画家で女流詩人のクリスティーナ・ロセッティは、「**誰《だあれ》が風を見たでせう？／僕もあなたも見やしない、／けれど木《こ》の葉を顫《ふる》はせて／風は通りぬけてゆく**」と詩《うた》った（西条八十《さいじょうやそ》訳詩）。日本の小さな詩人も、「風の形」を発見した驚きを、愛らしいことばにしている。小学三年生岸本大くんの詩「風の形」――「**池の水面のね／なみのある所とない所／それって／風のふいている所と／ふいていない所／それって／風の形なんだよ**」。選者の長田弘のコメント。「風は姿をもたない。でも、風は風の通り道に、風の形をのこしてゆく。木のざわざわ。池のさざなみ」（『２０２人の子どもたち』）。

風の神　かぜのかみ

風をつかさどる神。ギリシア神話のアイオロスは、ゼウスから風の支配権を委ねられた風の神。小アジア北西部のアイオリア島に住み、風を洞穴または革袋の中に閉じ込めていた。トロイア戦争に勝利したオデュッセウスが帰国の途中で島に漂着したとき、アイオロスは、オデュッセウスが故郷に帰るための〈順風〉である西風以外の風を封じ込めた革袋を贈る。だがオデュッセウスが寝ているあいだに、金銀か酒が入っていると疑った部下が袋を開けたため、あらゆる風が吹き出て大荒れとなり、船は再びアイオリア島に吹き戻されてしまったという。⇩〈風神〉

風の神祓い　かぜのかみはらい

江戸時代以前、風邪《かぜ》が流行すると仮面をかぶり鉦《かね》や太鼓をたたいて家々を回って、風邪の疫病《やくびょう》神《がみ》を祓《はら》い清めると称し金品をもらい歩いた門付《かどづ》けのこと。

風の神祭　かぜのかみまつり

〈風害〉を免れて豊作になるよう〈風神〉に祈願する祭り。⇩〈風祭《かざまつり》〉

風の聞こえ　かぜのきこえ

風の便りに聞くこと。風聞。うわさ。

風の子　かぜのこ

冬の寒風の中でも元気いっぱい遊んでいる子ども。江戸初期の笑話・奇譚集『醒酔笑《せいすいしょう》』に、子どもをなぜ〈風の子〉と言うか誰でも知っているようで知らないが、そのわけは、「夫婦《フーフー》のあひたの子なればなり」と。気候環境学者の吉野正敏は、人間は本来、大人も含めてみな「風の子」だと言っている。それは、もし風が吹かなければどうなるかを考えてみればわかる。汚染した空気のよどみはひどくなり、世界は不衛生極まりない場所となる。たとえば「中世のヨーロッパの都市は、ゴミの収集も行われず家庭からも汚物は狭い路地に捨てられ、衛生状態が非常に悪かった。これがコレラやペストが大流行する温床となった。この原因のひとつはヨーロッパは、一般的に風が弱く、さらに建築物の増加によって風通しが悪くなったことにある」と。また、大気の汚染を防ぐ風の役割も重要で、人間は風があるから健康に生きていけるのだという（『風と人びと』）。

風の先　かぜのさき

⇩〈風下〉

風の三郎　かぜのさぶろう

岩手県気仙郡・山形県西置賜《にしおきたま》郡・同上閉伊《かみへい》郡・新潟県東蒲原《ひがしかんばら》郡地方などで、〈風の神〉や風の妖怪のことをいう。小屋を作って祀《まつ》り、風除けを願う。「かぜのさむろー」「風の又三郎」などともいう。

風の寒さ　かぜのさむさ

二月・三月は、一月より気温は上向きなのに寒く感じるという人が多い。これは風の吹く日が多くなるためと考えられる。風速は一メートル増すごとに体感温度を一〜二℃下げるといわれる。「**春は名のみの風の寒さや……**」（「早春賦」）の歌詞の実感がいっそう強く感じられる時期だ。

風の三月　かぜのさんがつ

英語のことわざに、「March winds and April showers bring forth May flowers」がある。「風の三月と雨の四月が、花の五月をはこんでくる」というのである。

風の柵　かぜのしがらみ

風で吹き寄せられた木の葉や小枝が、柵《さく》のようになって川の流れをせき止めている状態。『古今集』巻五に「**山河に風のかけたるしがらみは流れもあへぬ紅葉なりけり**」、山川に柵《しがらみ》が掛かっているが、風で散って流れなくなった紅葉の柵なのだ、と。

風の下水　かぜのしたみず

風に吹かれた枝葉から落ちる雫《しずく》をいう。『夫木《ふぼく》抄《しょう》』巻九に「**涼しさはいづくもとはじ山里の松よりおつる風の下水**」、涼しさはどこから来ても歓迎だ。ましてや山里の松の枝葉から風に吹かれて滴り落ちた雫、と。

風の調べ　かぜのしらべ

「調べ」は音楽を奏でたり詩歌を詠じたりすること。風が自然に立てる颯々《さつさつ》とした音を楽器が奏でる美しい響きのように聞きなした。

風の末　かぜのすえ

風が吹いていく先の方向。「風先《かざさき》」〈風下〉「風《かざ》後《じり》」もみな同じ。

風の清掻　かぜのすががき

「清掻（菅掻）」とは、和琴《わごん》の基本的な奏法で、六弦全部を一気に弾奏し、手前から三番目と四番目の弦の余韻を残すような演奏法のこと。清々しい風が吹きぬけていくような爽やかな余韻をいう。

風の姿　かぜのすがた
風が柳の枝などを揺らして吹くようすを詩的に形容した語。風姿《ふうし》。

風の戯え　かぜのそばえ
⇩**〈風戯《かぜそば》え〉**

風の玉　かぜのたま
香川県広島地方で〈つむじ風〉のことをいう。三重県度会《わたらい》郡地方では、強烈な風、また大阪地方では、南から吹き込む強風の通路をいう。⇩**〈玉風《たまかぜ》〉**

風の手枕　かぜのたまくら
気持ちのよい風に吹かれてうたた寝すること。またゆるやかな風の中で恋人の腕枕でまどろむ至福のひととき。「風の手枕、月のさ筵《むしろ》」と対にして、風の音を枕辺に聞きながら月光をまとって眠る風雅をいう。藤原定家の『拾遺愚草』員外に「**やどからにせみの羽衣秋やたつ風のた枕《まくら》月のさ筵《むしろ》**」、戸口を貸してほしい、蝉の羽のように薄い夏衣に秋風が立ったので、風の音を聞きながら月の光の下で眠ることにしよう、と。

風の便り　かぜのたより
風が吹き送ってきたようなほのかな便り。『古今集』巻一に「**花の香を風のたよりにたぐへてぞ鶯さそふしるべには遣《や》る**」、花の香を風に添わせて吹き送り、鶯を谷から里へ誘い出す便りにしよう、と。「風便り」〈風の使い〉とも。また、どこからともなく伝わってくる消息、うわさのこと。風聞、〈風信〉。

凧《たこ》きれてはかなき風の便りかな　横井也有

風の使い　かぜのつかい
〈風の便り〉に同じ。

風の伝　かぜのつて
どこからきたのか発信人が不明の風聞。『源氏物語』蓬生《よもぎう》に、生まれは高貴な姫なのに赤鼻の不器量な容貌で光源氏を驚かせた末摘花《すゑつむはな》は、今は落ちぶれた暮らしの中で「風のつてにも、わが、かくいみじき有様を聞きつけ給はば、かならず、訪《おとな》ひ出で給ひてむ」、風の便りにでも、私がこんなみじめな境遇にあることを源氏がお聞きになれば、必ず訪ねてきてくださるだろう、と純真に待ち続けている。⇩〈**風の便り**〉

風の手　かぜのて

風が物を吹き動かすところから、擬人化して風に手があるといった。

風の電話　かぜのでんわ

二〇一一年五月九日付「朝日新聞」の社会面に「風の電話ボックス」の記事が載った。岩手県大槌《おおつち》町吉里吉里《きりきり》地区に住む庭師の佐々木格《いたる》さんは、知人から不要になった電話ボックスを譲り受け自宅の庭に設置していた。二〇一一年三月一一日、佐々木さんは自宅にいて大津波が海岸に襲いかかるありさまを目撃した。観光ホテルの窓が打ち破られ、松林が倒れ、車や建物が流された。数えきれないほど多くの人たちが、かけがえのない家族や友人を失い、心に大きな悲しみを抱えて耐えている。最後にせめて一言だけでも伝えたかったことばがあるはずだ。亡くなった人たちと心を通わせることのできる場を作りたい。そう考えた佐々木さんは、震災から一ヵ月後、庭に置いていた電話ボックスに線のつながっていない黒電話とノートを一冊置き、「風の電話ボックス」と名づけた。電話機のわきに「風の電話は心で話します　静かに目を閉じ　耳を澄ましてください　風の音が又は浪の音が　或《ある》いは小鳥のさえずりが聞こえたならあなたの想いを伝えて下さい」と記した。「風の電話」のうわさは徐々に広まり、テレビで何度も紹介された。数年後にはのべ一万人以上の人たちが「風の電話ボックス」を訪れた。訪ねては来たものの、ためらって電話ボックスの中に入れない人、受話器を手に取っても何も話せずただ泣きつづけているだけの人も。……今は会えなくなった大切な人に静かに話しかけたあと、人びとは傍らのノートに自分の思いを綴って帰っていくという。

風の塔　かぜのとう

ギリシアのパルテノン神殿のあるアクロポリスの丘の麓に建っていた、風向きを知らせる八角の石塔。

風の音の　かぜのとの

遠く聞こえる風の音のようだとの意から「遠き」にかかる枕詞。また、消息だけが聞こえて姿は見えないことの形容。

風の流れ　かぜのながれ

東京在住のキャメロン・ベッカリオ（Cameron Beccario）が、東京都環境局と国土交通省国土政策局の公表データを使って、東京都内の一六二七ヵ所に吹く風の風向と風速をヴィジュアル化し公開している。その「東京都風速（Tokyo Wind Speed）」には〈風の流れ〉が美しいほど精細に捉えられている。

風の名前　かぜのなまえ

風は〈いなさ〉〈東風《こち》〉〈ならい〉〈はえ〉〈まじ〉〈やませ〉などと、風向別また地方別の名前がつけられている。大別すると、①瀬戸内・西日本型、②日本海型、③東日本太平洋型、の三つに分類でき、名前の総数は二一四五あるという（『風の事典』）。

二〇〇〇年に急逝した現代詩人辻征夫《つじゆきお》に「風の名前」という作品がある。風との軽妙な対話が愉しい。「**……微風のマリー／隙間風のジューン／ミセス秋風／（マタサブロウはどうしている？）／（知らないわ）／吹きさらしの／暮らしである**」（『辻征夫詩集成』）。

風の匂い　かぜのにおい

風は無色、無味、無臭の空気の流れだが、色について〈風色《かざいろ》〉〈色風〉などとさまざまな表現があるように、匂いについても〈風薫る〉〈薫風〉〈風の香〉などという。

薫風を入れて酢をうつ飯《いい》まろし　古賀まり子

群馬県の小学四年生乙部友紀子さんの詩「風」――「**風は　いろいろなにおいを／運んでくる／ラーメン屋のにおいや／花や葉のにおいも運**

んでくる／私たちが知らない空気のにおいも」。そして、風は、とうめいのじゅうたんにのせてにおいを運んでいるのかな、と詩《うた》っている（『こどもの詩』）。

風の伯爵夫人　かぜのはくしゃくふじん

イタリア・シシリー島のエトナ山の近くの空にかかるたいへん美しい形の〈吊るし雲〉の愛称。⇩**〈吊るし雲〉**

風の花　かぜのはな

アネモネのこと。『風のはなし』Ⅰ（伊藤学編）にギリシア神話のアネモネの伝説が紹介されている。アネモネは、ギリシア語で風を意味する「アネモス」から転じて〈風の花〉を意味するようになった、と。もともと美しい妖精《ニンフ》であったアネモネは、花の女神フローラの愛人の西風の神〈ゼピュロス〉に愛されたため、嫉妬したフローラによって花の姿に変えられてしまう。春風がひと吹きすると花が開き、もう一度吹くと花びらを散らす、はかなくも美しい「風の花」の精霊なのだ。

アネモネ

風の祝　かぜのはふり

〈風の神〉に仕える神官。「風の祝子《はふりこ》」とも。また、〈風神〉を祀《まつ》って風を鎮めること。農作物を風害から守る神事。わが国で最初に風鎮めの神事が行われたのは持統天皇五年（六九一年）のことだといわれる。平安時代後期の藤原清輔の歌論書『袋草紙《ふくろぞうし》』に源俊頼の和歌「**信濃なる木曾路の桜咲きにけり風のはふりに透間《すきま》あらすな**」、桜が咲いたので風守《かざもり》の神職に花を散らす風の吹き出す隙間をふさいでもらおう、が載っている。

風の日　かぜのひ

台風が頻繁に襲来する〈二百十日〉ごろ、旧暦八月一日（八朔《はっさく》）のこと。堀口大学の詩「自らに」の中に「**風の日は風を好まう**」というフレーズが出てくる。

雨の日は雨を愛さう。／風の日は風を好まう。／晴れた日は散歩をしよう。／貧しくば心に富まう。

作家林京子は、この詩を「繰り返し口ずさんでいると、荒れた心も素直に、無理を希まなくなる」と書いている（「雨の日は雨を愛そう」）。

風の吹き回し　かぜのふきまわし

そのときの成り行き次第で、気持ちなどが影響を受けることのたとえ。物のはずみ。「どうした風の吹き回しか、今日はご機嫌がすこぶる悪い」などと使う。

風の宝庫　かぜのほうこ

わが国は、〈台風〉〈竜巻〉〈局地風〉〈突風〉など〈風の宝庫〉であり、その結果、〈風害〉の宝庫ともなっている。広大なユーラシア大陸の東岸、つまり〈偏西風〉の風下にあるという地理的位置によって寒冷前線が発達する地域ゆえに、突風の発生する確率が高くなる。熱帯で発生した大型小型の低気圧は、容易に北上して日本列島を襲う。さらに国土が狭いわりには海に囲まれ、比較的高い山脈があるという複雑な地形が〈局地風〉を発生させ、さらに夏冬それぞれに吹く〈季節風〉が風の宝庫の立て役者となっている。

風の盆　かぜのぼん

もともとは盂蘭《うら》盆《ぼん》の祖霊を祭る行事であったものが、風害を防ぎ豊作を祈願する〈風祭〉と習合したものと考えられている。風鎮めの行事は、信州を含む全国各地で旧盆ないし旧暦八月一日の八朔《はっさく》などに行われてきた。毎年九月一～三日に富山市八尾《やつお》町で行われる「おわら風の盆」は近年特に有名になった。八尾の〈風の盆〉も、盆踊りだったのが、明治以降九月初めに定着したようだ。「おわら風の盆」を全国的に有名にしたのは、胡弓《こきゅう》や三味線による「越中おわら節」の哀調を帯びた旋律の魅力と、編み笠を目深に被った男女の優雅な踊り姿に加えて、高橋治の小説『風の盆恋歌』とそのドラマ化によるところが大きい。胡弓の音が流れる「風の盆」の夜に忍び逢う二人、たがいに心を通わせながら離れればなれに二〇年の歳月を過ごした男と女がたどる危うい恋の旅路を哀愁深く描き出した。「越中おわら節」のあまたある歌詞の中に、「**二百十日に　風さえ吹かにゃ／早稲《わせ》の米食《く》うて　おわら　踊ります／唄で知られた　八尾の町は／盆が二度来る　おわら　風の盆**」と。秋の季語。

人混みのどこかに胡弓風の盆　川上季石

風の前の塵　かぜのまえのちり

この世の物事はすべてはかなくもろいものであるということわざ。また、危険がすぐそこに迫っているのを気づかないでいることのたとえにいう。〈風前の灯〉〈風吹く塵〉「風の前の雲」ともいう。

風の紛れ　かぜのまぎれ

風の中に入り混じるように、見分けがつかなくなること。『源氏物語』手習《てならい》に、自分（薫《かおる》）と匂宮《におうのみや》との間で板挟みになり、耐えきれずに自殺を図ったものの一命を助けられ、出家してしまった浮舟と、「末の世には、黄《き》なる泉のほとりばかりを、おのづから、かたらひ寄る風の紛れも、ありなん」、こののちいつか黄泉《よみ》の国で語らい合うように風が吹きまぎれるようなことがあったとしても、もう浮舟を自分のものに取り返すようなことはしないだろう、と薫は千々に思い乱れる。

風の又三郎　かぜのまたさぶろう

岩手県・新潟県地方などで、風の化身、風の妖怪を「風のサブロー」「風の又三郎」などと言い伝える。その民俗伝承を踏まえて宮沢賢治が著した童話。〈大風〉が吹く日に転校してきた赤毛の少年高田三郎を、風の化身「又三郎」ではないかと疑いながら、畏怖と親しみをこめて迎え入れる村の子どもたち一郎、嘉助、耕助らの姿を郷土色豊かに描く。ある日みんなは一郎の兄から馬の番をしているように言われる。ところが逃げ出した馬のあとを必死に追いかけているうちに、嘉助は疲労困憊して草の中に倒れこんで眠ってしまう。その夢うつつの中に出現した又三郎は、ガラスのマントを着てガラスの靴をはいた得体のしれない恰好《かっこう》をしていた。風がどんどん吹いてくると「いきなり又三郎はひらっとそらへ飛びあがりました。ガラスのマントがギラギラ光りました」。そんな神秘をまじえた素朴な交情ののち、再び風が吼《ほ》えるように吹きすさんだある朝、一郎と嘉助が登校すると、先生から「高田さんは昨日、お父さんといっしょに、もう外《ほか》へ行きました」と告げられる。「やっぱりあいづは風の又三郎だったな」と嘉助が叫ぶと、教室の窓ガラスはまたがたがたと鳴るのだった。

風の実 かぜのみ

愛知県知多郡地方で、風に混じって降る小雨をいう。雨を風が生んだ実と見ている。

風の岬 かぜのみさき

「何もない春です」と歌われた襟裳《えりも》岬（北海道）、「**津軽海峡冬景色**」の竜飛《たっぴ》岬（青森県）など、日本列島の最果てには、一年中風が絶えない〈風の岬〉が少なくない。襟裳岬には風をテーマにした「風の館」という展示館がある。特別荒れ模様の天気ではないときでも、秒速一〇メートル超の強風が吹くこともまれでなく、オートバイなどで海沿いの道を走行していると風でハンドルを取られ、路肩から断崖へ転落しそうな恐怖を感じることもあるという。

風の道 かぜのみち

風の通りやすい地形というものがあり、川に沿ったところは〈強風〉〈突風〉〈竜巻〉などの

〈風の道〉になりやすいという（『風の世界』）。

風宮　かぜのみや

伊勢神宮の外宮《げくう》である豊受《とようけ》大神宮の別宮の一つ。記紀神話で伊弉諾尊《いざなぎのみこと》・伊弉冉尊《いざなみのみこと》の子で〈風の神〉とされる級長津彦命《しなつひこのみこと》（級長戸辺命《しなとべのみこと》）を祀っている。鎌倉時代の二度の蒙古来襲のとき、神威を示して猛強風を吹かせ、蒙古軍を壊滅させたといわれる（⇩〈**神風**〉）。また、奈良県生駒郡三郷《さんごう》町にある龍田《たつた》大社も古来風の神を祀る神社として知られており、毎年七月の第一日曜日に五穀豊穣を祈願する風鎮《ふうちん》大祭が行われる。

風の宿り　かぜのやどり

風が宿っているとされる場所。風を擬人化して、その住みか。

風博士　かぜはかせ

坂口安吾が昭和六年（一九三一年）に発表した前衛的なナンセンス・ノベルの題名。主人公の〈風博士〉は、源義経が成吉思汗《ジンギスカン》になって欧州を席巻し、晩年ピレネー山中に隠棲してスペイン・バスク地方を開闢《かいびゃく》したという世界史の秘事を突き止めた大研究家だ。その業績に異を唱えたのが無毛赤色の突起体である蛸《たこ》博士で、風博士は蛸博士に殺意のバナナの皮を戸口に仕掛けられたばかりか、妻を寝取られてしまう。憤然決起した風博士は、禿頭の蛸博士が世を欺くためにかぶっていた鬘《かつら》を奪って反撃する。だが蛸博士は予備の鬘をかぶって現れ、何のダメージも受けない。これによって敗北を自覚した風博士は、遺書を残して自殺する道を選ぶ。風博士の自殺は、一七歳の少女との結婚式の当日、深く期待していた結婚式をすっかり忘れてしまったことを知らされて慌てた博士が、名状しがたい叫び声をあげて扉に突進することで決行される。開いた形跡のない戸口から博士の姿は一瞬にして消失してしまう。階段の下に一陣の〈突風〉が舞いくるうばかりで、偉大なる博士は風になってしまったのだ。そして、作品の最後のオチは、……読者ご自身でお確かめを。とまれ『風博士』は、仇敵同士の風・蛸両博士の闘いを描いたいわく言い難い一場の迷夢・白昼夢、あるいはシュールな幻想的笑劇《ファルス》なのである。

風破窓を射る　かぜはそうをいる
「破窓」は破れた窓。穴のあいた窓から風が吹き込むような貧しい暮らし。晩唐の詩人杜荀鶴《とじゅんかく》の詩「旅中病臥」に「**風破窓《はそう》を射て灯《ともしび》滅し易く、月疎屋《そおく》を穿《うが》ちて夢成り難し**」と。「疎屋」は、月光が射しこむようなあばら家。

風は虎に従う　かぜはとらにしたがう
虎は風を従わせることによってさらに威力を増す。⇨〈**雲は竜に従い、風は虎に従う**〉

風は吹けども山は動ぜず　かぜはふけどもやまはどうぜず
周りが混乱に陥っても、泰然として動じないようす。

風光る　かぜひかる
〈風光る〉とは、風にそよぐ木々の葉が日射《ひざ》しを受けて輝くことと説明している本が多いが、山本健吉は、葉だけに限らず、うらうらと晴れた春の日に〈軟風〉に揺らぐ風景全体のまばゆいような明るさを「風が光る」と感じたのだと言っている。春の季語。

風光るつがひ白鳥首からめ　高橋好子

風不吹堂　かぜふかんどう
強風で〈風害〉に見舞われないよう、各地に建てられている風鎮めのための風神堂。⇨〈**井波《いなみ》風《かぜ》**〉

風吹草　かぜふきぐさ
福井県に、カタクリのことを〈風吹草〉と呼ぶ地方があるという。

風吹く塵　かぜふくちり
〈風の前の塵〉〈風前の灯〉と同意。「風待つ露」とも。

風振る領巾　かぜふるひれ
風を吹き起こす呪力のある領巾。『古事記』中に「天之日矛《あめのひぼこ》の持ち渡り来し物は、玉津宝《たまつたから》と云ひて、珠二貫《たまふたつら》、また浪振る領巾《ひれ》、浪切る領巾、風振る領巾、風切る領巾」と。

風星　かぜぼし
石川県輪島市地方の漁業者の間で、オオイヌ座のシリウスのことをいう。この星が出るころによく風が吹くから、と。西高東低の冬型の気圧配置の、夜明け前ごろの北西風であろう。その色味からシリウスを「青星」という地方は能登半島をはじめ各地にある。

風まかせ　かぜまかせ
風の吹くのに任せて行動すること。クモは暖かくて風の弱い小春日和の日を選んでお尻からするすると糸を出し、風に飛ぶ糸に乗って新天地を目指す。ウンカやチョウやトンボも〈風まかせ〉の旅に出るものがある。安西冬衛《ふゆえ》の一行詩「春」（『軍艦茉莉《まり》』）に、

てふてふが一匹韃靼《だったん》海峡を渡つていつた。

風巻　かぜまき
鹿児島県の屋久島や徳之島地方で、物を巻き上げて吹く〈つむじ風〉のことをいう。

風枕　かぜまくら・かざまくら
山脈の上空にかかる枕のような形の雲。風が山々を越えて吹くとき、頂上部の上空で水蒸気が冷えてできる。広い範囲にわたる雲で、現地では強風が吹く目安としている。名前の由来は、結い上げた日本髪が寝ている間に崩れないよう、昭和の初期ごろまで女性が使っていた枕に形が似ているからという（吉野正敏「風を歩く」）。

風交じり　かぜまじり・かざまじり
風にまじって雨や雪などが降ること。

風待ち草　かぜまちぐさ
春風とともに花開く、梅の異称。

風待ち月　かぜまちづき
旧暦六月の異称。現行暦の七、八月にあたり、酷暑にあえぎながら風が吹くのを待望している。「風待《かざま》ち」といえば、一般には船出によい〈順風〉を待っている意味だが、〈風待ち月〉

は、日本の夏の耐えがたい蒸し暑さの中で、風が吹いてくるのを願う月という意味。打ち水や葭簀《よしず》、風鈴などで暑さをしのぐしか手のなかった暮らしが偲《しの》ばれることば。

風回　かぜまわし

熊本県玉名郡地方で、風が吹いてくる〈風向き〉のことをいった。〈風位〉。

風持草　かぜもちぐさ

荻《おぎ》の別名。荻は薄《すすき》によく似ていて風になびく姿がまるで霊魂を「招《お》ぐ」、つまり招いているように見えるところからその名があるといわれる。風との縁から「風聞草《かぜききぐさ》」などの異名もある。室町時代の『蔵玉集』秋に「**遠近《おちこち》に吹きすぐる音《ね》は聞ゆれど風もち草ぞ音もたゆまぬ**」、遠く近く風の吹き過ぎる音が聞こえるけれども、荻の葉がたてる音も弱まる気配はない、と。

風矢来　かぜやらい

矢来は仮の柵《さく》。風を防ぐ囲い。福島県南会津地方などで、冬に出入りする土間の前につけた風除けの庇《ひさし》をいう。

風渡る　かぜわたる

風が、草の葉や木々の梢をそよがせながらゆっくり移動してゆくこと。

　風わたる音の遠さの冬木立　飯田京畔

風を入れる　かぜをいれる

湿気などをとるために、外気にふれさせること。また、衣服をくつろげ、団扇《うちわ》や扇子であおいで涼をとること。「風を通す」。⇩〈**風入れ**〉

風を切る　かぜをきる

風上に向かって勢いよく進む。「肩で風を切って歩く」「矢が風を切って飛ぶ」。

風を食らう　かぜをくらう

劣勢を予知してすばやく逃げ去る。「風を食らって逐電《ちくてん》した」。

風を吸い露を飲む　かぜをすいつゆをのむ

神人《しんじん》（仙人）が人間の食べるようなものを食さず、風と露で命をつないでいるさまをいう。

『荘子』逍遥游《しょうようゆう》に「藐《はるか》な姑射《こや》の山に神人の居《す》める有り。……五穀を食《くら》わず、風を吸い露を飲み、雲気に乗り、飛《あまが》ける竜を御《あやつ》り、四海の外に遊ぶ」とある。

風を捕らえる　かぜをとらえる

つかまえどころのないこと。「風をつかむ」〈雲をつかむ〉も同意。「風をつかむような話」といえば、言っている内容に何の説得力も実現性もないこと。

風を遣る　かぜをやる

長野県伊那地方で、稲穂を風で飛ばし籾《もみ》を選りわける作業をいう。⇩〈**風立て**〉

かぜんみち

奈良県十津川地方で、常に風が吹いているところをいう。漢字で書けば「風ン道」。

下層雲　かそううん

地表から二〇〇〇メートル以下の空の下層に生じる雲。〈層積雲〉〈層雲〉〈積雲〉〈積乱雲〉などをいう。以前は〈下層雲〉に分類されていた〈乱層雲〉は、雲の頂が七〇〇〇メートルにも達することがあるため〈下層雲〉から外された。⇩〈**十種雲形**《じっしゅうんけい》〉

片雲　かたぐも

一かけらの雲。〈ちぎれ雲〉。⇩〈**片雲**《へんうん》〉

カタバ風　カタバかぜ

たとえば南極大陸の氷床で冷やされ重くなった冷気が、傾斜面に沿って滑り落ちるように猛烈な勢いで吹き下りる風。斜面下降風。カタバティック風（katabatic wind）の略称。日本の南極観測隊のみずほ基地では、毎秒一〇メートル以上の〈カタバ風〉が、地吹雪をともなってほぼ一年中吹いているという。⇩〈**アナバ風**〉⇩コラム「**南極でも対流雲**」

かつぎ

平安時代ごろから、女性が外出するとき顔をかくすために頭から衣をかぶったが、その「かつぎ（衣被《きぬかず》き）」の形に似て、〈積雲〉や〈積乱雲〉の上にかかる〈薄雲〉をいう。

かで
「風」の方言。広島県地方、千葉県袖ケ浦地方など、各地でいう。

角の雲　かどのくも
南西から北東に動いて行く雲。幸田露伴『水上《すいじょう》語彙《ごい》』に「此雲《このくも》六月土用内に多く行くは七八月に大風吹く兆《きざし》」と。

鉄床雲　かなとこぐも
〈雄大積雲〉や〈積乱雲〉が発達し、雲頂が高度一万一〇〇〇メートルを超えて対流圏と成層圏の境界まで達すると、それ以上上方に成長できなくなり水平に広がる。その形が金属を載せて成型するときに台として使う鉄床に似ているところから名づけられた。「鉄鉆《かなとこ》雲」とも書く。朝顔の花のような形になったときは「朝顔雲」ともいう。夏の季語。

鉄床雲（写真提供／気象庁）

下風　かふう
〈風下《かざしも》〉。「下風に立つ」といえば、相手におくれをとること。

火風　かふう
火と風。炎を上げて吹きつける風。『太平記』巻三十九に、伊勢神宮の〈風宮《かぜのみや》〉の神殿から赤い雲が湧き出すと、その光の中から夜叉《やしゃ》羅刹《らせつ》のような青色の鬼神が顕《あらわ》れ、「火風その口より出《い》でて、沙魚《しゃぎょ》を揚げ大木を吹き抜く」、口から火炎風を吐き出し、カワギスが口から砂を吐き出すように砂を吹き上げて大木を根こそぎ吹き飛ばした、と。

俄風　がふう
予期していないのに突然吹く風。⇩〈俄風《にわかかぜ》〉

鎌鼬　かまいたち
野良などで〈つむじ風〉にあった直後、頬や脛《はぎ》に鎌で斬ったような切り傷を受けていることがある。痛みも出血もなく、古くはつむじ風に乗ってやってきた妖獣の〈鎌鼬〉の仕業だと信じられていた。が、実際はつむじ風による瞬間的な真空状態によって皮膚が裂けたものだと説明されている。新潟・長野・飛驒地方など各地に言い伝えがあり、〈風神〉が太刀を構える「構《かま》え太刀《たち》」に由来する名称だという説もある。〈鎌風〉も同じ。冬の季語。

　鎌鼬男は宙に裏返り　橋本鶏二

鎌風　かまかぜ
〈旋風〉。冬の季語。⇩〈鎌鼬《かまいたち》〉

神荒れ　かみあれ
旧暦一〇月の晦日《みそか》に見舞うという荒天。旧暦一〇月は出雲《いずも》地方（島根県の東部）以外では神無《かんな》月《づき》だが、出雲大社に神が集まる出雲地方では神《かみ》在月《ありづき》である。晦日になって神々が出雲大社から引き揚げるときに暴風雨が吹き荒れると考えられた。「神帰りの荒れ」ともいう。

神風　かみかぜ
神が吹かせる厳粛な風。「かむかぜ」ともいい、「神風の」は伊勢の枕詞。『新古今集』巻十に「**神風の伊勢の浜荻《はまおぎ》折り伏せて旅寝やすらむ荒き浜辺に**」、伊勢の浜荻を折り敷いてあの人は殺風景な浜辺でひとり旅寝をしているのだろうか、と。また、危機を救うために神が吹かせると信じられた風。特に一三世紀後半の二度の蒙古襲来（文永の役・弘安の役）に際し、元《げん》の軍船を襲って壊滅的な被害を与えた〈大風〉のことをいう。さらに第二次世界大戦中の日本海軍の神風《しんぷう》特別攻撃隊の一般的な呼び方となった。転じて人命を軽んずるような無謀なドライバーのたとえに用いられる。しかし史実では「文永の役」における蒙古軍の撤退は、文永一一年（一二七四年）の現行暦でいうと一一月二六日であり、すでに台風シーズンが去ったあとだったことから、「神風＝台風」説は疑問視されている。別の理由で撤退の決定がなされたあと、撤退の途中を大型の〈低気圧〉が襲ったというのが事実に近いといわれる。七年後の「弘安の役」の場合は、弘安四年（一二八一年）の現行暦で八月二三日、九州南部から京都方面にかけて激しい暴風雨が通過したことが史料に明らかで、時節柄台風が元軍を壊滅させたことは間違いないようだ。

かみかぜ・しもかぜ

北前船《きたまえぶね》の船乗りなどが使った風向きをいう船方ことばから。都（京都）を中心としているので、「かみかぜ」は、日本海側の福井県以北では南風か南西の風、「しもかぜ」は北風か北東の風をいう。漢字で書けば「上風・下風」。一方、南四国・西九州一帯では「かみかぜ」は東寄りの風で、「しもかぜ」は西寄りの風となる（『風の世界』）。

かみけ

南の風。漢字で書けば「上け」。『俚《り》言《げん》集覧』に「上ケ　カミケは南風なり　下ケは北風也　ケは風也」とある。が、九州や四国では、北風や北東風を「かみけ」というところもあるという。「かみげ」とも。

神立風《かみたつかぜ》

旧暦一〇月に吹く西風。〈神渡し〉。冬の季語。

雷雲《かみなりぐも》

雷・稲妻・驟雨《しゅうう》を引き起こす雲。雷は、夏も冬も〈積乱雲〉で起こることに変わりはない。やや古い統計だが、雷の本場の群馬県前橋市の平均雷日数は、春（三・四・五月）一・九日、夏（六・七・八月）一四・八日、秋（九・一〇・一一月）三・〇日、冬（一二・一・二月）〇・一日で、圧倒的に夏が多かった。一方、北陸の金沢では、春二・六日、夏七・六日、秋六・九日、冬一一・四日で、秋から冬にかけて多くなっている。これは日本海側の地方に共通の傾向で、冷たい〈シベリア風〉が相対的に暖かい日本海を吹き抜けるときに発生する〈時雨雲《しぐれぐも》〉や〈雪雲〉が〈雷雲《かみなりぐも》〉になるからである（『お天気博士の四季だより』）。⇩〈**雷雲**《らいうん》〉

『子どもの詩　1985～1990』に、四歳のきたづめてつや君の作品「かみなり」が載っていた。「**かみなりってさ／くもの上で／ねてるんかね／コロコロいびきかいて／……／でもさ／あかちゃんのおには／いびき　かかないよね**」。そうか、ゴロゴロという雷鳴は鬼のいびきだったんだね。選者の川崎洋さんいわく、「なんだか、のんびり、ほわーんとした気持ちになりました」。

神渡し　かみわたし

出雲《いずも》大社に集まる神々を渡し送る風という意味で、旧暦一〇月に吹く西風をいう。伊豆、鳥羽地方の漁業者の間の船詞《ふなことば》（航海用語）からという。〈神立風《かみたつかぜ》〉とも。冬の季語。

遠山に雪もたらしぬ神渡し　吉田巨蕪

からし落とし　からしおとし

長崎県地方でかつて〈春一番〉のことをいった。このころに咲く菜の花（芥子菜《からしな》）を吹き落とす烈《はげ》しい南風である。

からちぅー

沖縄県池間島地方で、海から湧いてくる塩辛い霧をいう。漢字で書けば「辛霧」か。

空っ風　からっかぜ

冬に日本列島の中央山脈を越え、太平洋側の平野部に吹き下りる強い風。「空風《からかぜ》」とも。雨や雪をともなわない乾燥した強い寒風。上州（群馬）や江戸（東京）の名物。「嚊《かかあ》天下と空っ風」は特に有名で、群馬県地方は古来、絹織物の名産地として知られ、養蚕に携わる女性の地位が高かった。北西から山越しに吹き下ろしてくる冬の乾燥した〈烈風〉とともに上州名物とされた。「乾風《からかぜ》」とも書く。冬の季語。⇩**コラム「風と天気図」**

雪は来《こ》でから風きほふ空凄《すご》し　曾良

雁渡し　かりわたし

初秋に吹く北風。もとは伊豆や伊勢の船方ことばだという。これが吹くと急に秋らしくなり、空や海が青々と澄んで雁が渡ってくる。西日本では〈青北風《あおぎた》〉という。秋の季語。

朝市に煮貝の匂ふ雁渡し　石原八束

たそがれの無縫の海を雁渡し　小檜山繁子

（「無縫」は天衣無縫の無縫で、縫い目がないように平らな〈夕凪《ゆうなぎ》〉の海のことだろう）

カルマン渦　カルマンうず

風や水流のような流体の中に物体がある場合、流体が物体を通過した直後の左右に規則正しくできる渦巻き。強風の吹く日に電線がうなり、木の梢が鳴るのはこの「カルマン渦」の作用にもよる。

川嵐　かわあらし

夕方などに、川辺の草や川面を騒がせて吹き起こる強い風。

川おろし　かわおろし

川上の方から強く吹きつけてくる風。「川颪」「川下ろし」とも。平安後期の歌人藤原清輔の『清輔集』に「**ひさぎおふるあそのかはらの川おろしにたぐふち鳥の声のさやけさ**」、久木の生えているあその河原から吹いてくる「川おろし」にともなって聞こえてくる千鳥の鳴き声のなんと爽やかなことか、と。

川風　かわかぜ

川面を吹きわたる風。川筋に沿って吹いてくる風。また、川上から吹いてくる〈川おろし〉の風。正岡容《いるる》作の浪曲「天保水滸伝」の一節、「**利根の川風袂《たもと》に入れて　月に棹さす高瀬舟**」は、玉川勝太郎の名調子で一世を風靡《ふうび》した。江戸っ子の国文学者池田弥三郎に、相撲帰りの〈川風〉について書いた文章がある。「一月場所の川風は寒く冷く、九月場所の川風は残暑の湿気をはらんでいる。相撲帰りの川風は、五月場所のそれにとどめをさす」（『行くも夢　止まるも夢』）と。この「川風」は、もちろん隅田川の風。

川風に吹かれ佃《つくだ》の春浅き　中谷静雄

川霧　かわぎり

寒気が強まり、川の水温が相対的に温かくなったとき、水面から立ち昇る霧。

川霧や中州に鳥の羽音して　白石正躬

かわせ

愛媛県地方で、春の強い南西風、南から風向きが変わってくる風をいう。

川原風　かわらかぜ

川原の方から吹いてくる風。また、川原を吹いている風。

寒雲　かんうん

冬空に寒々と垂れこめた雲。また、冬の青空に現れては消える凍ったような白雲。〈凍雲《いてぐも》〉ともいう。冬の季語。

寒雲の片々たれば仰がるる　楠本憲吉

閑雲　かんうん

空にゆったり浮かんでいる雲。

寒霞　かんがすみ

寒のさなかにかかる霞。〈冬霞〉ともいう。冬の季語。

環水平アーク　かんすいへいアーク

太陽に〈巻層雲〉がかかったとき、下側部分がほぼ水平に虹色に輝く光学現象。まれにしか出現しないが、明るく輝いてたいへん美しい。二〇一五年（平成二七年）五月二二日、神奈川、静岡、奈良県などで観測されて話題になった。

神立　かんだち

〈神立〉は一般には雷や雷鳴を意味するが、静岡県田方《たがた》郡地方では、雷をともなう夏の〈疾風〉をいうことがあるという。

神立雲　かんだちぐも

夕立をともなう〈雷　雲《かみなりぐも》〉。雷雲《らいうん》。〈神立〉は雷、また雷鳴のこと。雷雨や夕立を指す地域も多い。

環天頂アーク　かんてんちょうアーク

〈巻層雲〉がおおっている空に、天頂を丸く囲むように現れる虹。雲の中の〈氷晶〉による光学現象で、虹を逆さにしたような弧を描くので「逆さ虹」とも呼ばれる。たいへん美しいが、普通の虹と違って頭のてっぺんに現れるので気づきにくい。

環天頂アーク（写真提供／松本積）

寒凪　かんなぎ

寒の最中の風が収まった穏やかな天気。「冬《ふゆ》凪《なぎ》」「凍凪《いてなぎ》」ともいう。冬の季語。

寒凪や障子張りてより空蒼き　渡辺水巴

閂雲　かんぬきぐも

武家屋敷などの門の閂《かんぬき》のような、横に長くかかっている雲のこと。富士山の山腹などにかかる〈横雲〉。

環八雲　かんぱちぐも

東京で夏の日中、環状八号線の道路上空に列となって発生する〈積雲〉。一九八〇年代に気象研究家の塚本治弘によって報告され、〈環八雲〉と呼ばれている。その後の研究によって「環八雲」は、①日本付近が高気圧におおわれた日中、②東京湾からの海風と相模湾からの海風が環状八号線付近で収束し、③環八沿いに強いヒートアイランドが形成されて人気汚染物質を含む上昇気流が発達する、などの条件がそろったときに発生する積雲と推定されている（「環八雲が発生した日の気候学的特徴」）。なお「環八雲」は、第三京浜道路の川崎インター付近で、横浜横須賀道路上空にかかる「横横雲」と呼ばれる「ヒートアイランド雲」に接続しているという（『雲と風を読む』）。

寒風　かんぷう

文字どおり、冬に吹く寒い北風、または西風。「さむかぜ」ともいう。吉丸一昌作詞の小学唱歌「早春賦」――「**春は名のみの　風の寒さや／谷のうぐいす　歌は思えど／時にあらずと　声もたてず／時にあらずと　声もたてず**」は、身を切るような〈寒風〉の中の春の喜びを歌って心に残る。〈冬の風〉「凍《い》て風」なども同じ。冬の季語。

寒風のぶつかりあひて海に出《い》づ　山口誓子

乾風　かんぷう・からかぜ

「かんぷう」と読めば、真夏に吹く乾いた熱風で、夏の季語。「からかぜ」と読めば、乾燥した冬の北西の季節風の〈空っ風〉〈あなじ〉を指し、〈時化《しけ》〉の原因となる〈悪風〉。冬の季語。

台所で雲を作る

意外に思われるかもしれないが、家の台所で雲や雨に似た状況（水の循環）を作ることができる。

やかんに水を入れて沸騰させると口から白い湯気が出るのが見える。この白い湯気はやかんから出る水蒸気が周囲の空気によって冷やされてできる、いわゆる飽和してできる「雲」に相当する部分である。注意深く見ると、やかんの口と白い蒸気の間に透明の空間がある。この部分が湿度はあっても雲が存在しない、いわば地上部分である。冷たい水を入れたコップを白い湯気に近づけるとコップの外側に水滴が付く。これが雲の中でできる雨に相当する部分である。つまり、空気に含まれる水蒸気が少なくても、その空気が冷やされることにより湿度一〇〇パーセントとなって雲や雨

奇雲　きうん

珍しい形の雲。李白の詩「江上皖公山《がんこうざん》を望む」に「**奇峰に奇雲出《い》づ**」、珍しい形をした山に奇妙な形の雲がかかった、と。

帰雲　きうん

帰っていく雲。古来中国では、雲は朝、山の洞穴から湧き出し、晩にはまたそこに帰っていくものと考えられていた。盛唐・杜《と》甫《ほ》の「返照」に「**返照江に入りて石壁に翻《ひるがえ》り、帰雲樹を擁して山村を失す**」、川面で反射した夕日が石壁に揺らめき、山に帰っていく雲が樹々を包んで、山里が見えなくなってしまった、と。

疑雲　ぎうん

疑惑の雲。疑いを雲にたとえた。

危険半円　きけんはんえん

熱帯性低気圧や台風の渦が移動するとき、北半球では進行方向に向かって右側（東側）の半円部分をいう。台風は巨大な空気の渦であり、上から見ると反時計回りに強風が吹いている。進行方向の右側では、台風自身の風と台風を北上させている風の向きが重なるため、いっそう猛烈な風となる。この〈危険半円〉内に入った建物や樹木は倒壊する恐れ、船舶は流される恐れが増すので、特に注意しなければならない。⇩

コラム「根返り」

気霜　きじも

寒い朝の白い息をいう。吐いた息が白いのは、呼気の水蒸気が冷やされて凝結し、一瞬、霧に

ができるという仕組みを示している。

やかんから吹き出す水蒸気

なるから。この〈気霜〉や沸騰したやかんからの白い湯気は、私たちのいちばん身近にある雲だといえる。宇宙飛行士の毛利衛《まもる》さんによれば、南極大陸では零下何十度の寒さなのに、息を吐いても白くならないそうだ。その理由は霧を作る元の凝結核となるエアロゾル（aerosol＝浮遊粒子物質）が少ないからだという（『日本の空をみつめて』）。

季節風　きせつふう

季節によって異なる方向に吹く風。海と陸との気温差・気圧差、また地球の自転の影響を受けながら、半年周期で反対方向に吹く。東アジアやインド、東南アジアに著しい現象で、夏は海から陸へ、冬は陸から海へ吹く。〈モンスーン〉ともいう。日本列島では、冬はシベリア高気圧から日本海を渡って吹いてくる北西風、夏は太平洋高気圧（小笠原気団）にともなって海から吹く南西風となる。日本の四季を特徴づける風。冬季の〈季節風〉は日本海の沿岸地域を豪雪で悩ませる。なお、夏と冬とを吹きわける〈季節風〉の複雑な構造を解明し整然と体系づけたのは本書の監修者の倉嶋厚で、その所論は根本順吉らとの共著『季節風』第七章「大気還流と季節風」に詳しい。

季節風気候　きせつふうきこう

熱帯気候の一つで、夏は高温多湿の雨季、冬は低温少湿で乾季となる。雨季には海から吹いてくる〈季節風〉の影響で多量の降雨がある。インドおよびインドシナ半島の西岸など東アジア一帯やアラビア海の沿岸に見られる。〈モンスーン気候〉ともいう。

きた

〈北風《きたかぜ》〉。「北風」と書いて「きた」と読む。日本各地に吹く冬の北風、また北西風のこと。「北《き》風《た》」が冬の季語として好まれるようになったのは大正・昭和に入ってからで、さらに〈朝《あさ》北《きた》〉〈大北《おおぎ》風《た》〉「夕北《ゆうぎ》風《た》」「荒北《あらぎ》風《た》」などとの表現が好まれるようになったのは、北風《きたかぜ》では「駄

目を押すようなくどさ」を感じるからであろうと山本健吉は言っている（『基本季語五〇〇選』）。冬の季語。⇩〈北風《きたかぜ》〉

北《き》風《た》あたらしマラソン少女髪撥《は》ねて　西東三鬼

北打　きたうち

北風のこと。「打つ」はたたく、勢いよく当たる意だから、打ちつけるように北から吹く〈疾風〉といったニュアンスか。

北颪　きたおろし

冬、山から吹き下ろしてくる乾いた冷たい北風。冬の季語。⇩〈**颪**《おろし》〉

男は耐へ女は忍ぶ北下ろし　福田甲子雄

北風　きたかぜ

北から吹いてくる冷たい風。おもに冬の風をいう。冬の日本列島は、北西のアジア大陸に高気圧、東南の太平洋上に低気圧が発生し、いわゆる「西高東低」の気圧配置となる。風は高気圧から低気圧に向かって吹くため、冬の本州では、北または北西の〈季節風〉が吹く。日本海を渡ってくる間に湿気を帯び、中央山脈に当たって日本海側に雪を降らせ、山を越えた太平洋側には乾燥した強風を吹きつける。冬の季語。巽聖歌《たつみせいか》作詞の唱歌「たきび」に、「かきねの　かきねの　まがりかど／たきびだ　たきびだ　おちばたき／あたろうか　あたろうよ／きたかぜぴいぷう／ふいている」。〈朔風《さくふう》〉ともいう。

獄の門出て北風に背を押さる　秋元不死男（作者は新興俳句運動の渦中で治安維持法違反に問われ、投獄されたことがある）

風と天気図

小学校や中学校の理科の教科書にしばしば登場する「西高東低」は、冬の日本付近の典型的な気圧配置を示すことばであり、冬の天気予報の解説でもしばしば登場している。

北しぶき　きたしぶき
冬に北から吹きつける激しい風雨。冬の季語。

北つむじ　きたつむじ
北から吹いてくる〈つむじ風〉。つむじ風は、渦のように巻きながら吹き上げる〈旋風〉。

北吹き　きたふき
北から吹きつけてくる風。北風。動詞に用いて「北吹く」は冬の季語。

北山颪　きたやまおろし
北にある山地から吹き下ろす風。特に京都の北方にある船岡山・衣笠山などの北山から吹き下ろす風をいう。「きたやおろし」とも。

きのこ雲　きのこぐも
火山の噴火や大量の火薬の爆発によってできる、巨大なきのこ形の雲。日本人にとっては、昭和二〇年（一九四五年）八月六日と九日、広島と長崎に落とされた原子爆弾による〈きのこ雲〉として、目と心に焼き付いている。どす黒い〈積乱雲〉状をし、爆煙や塵などの固形微粒

西高東低の気圧配置の場合、天気図上には大陸上に高気圧あるいはHのマーク、日本の東には低気圧あるいはLのマークが描かれ、高気圧から低気圧に向かって北西から南東に強い風（冬の〈季節風〉）が吹くのが特徴である。

　風が吹くだけでなく、大陸上の乾いた風が日本海を通過する際に海から水蒸気を吸い上げ湿った風になって〈雪雲〉を発生させ、その雪雲が北陸の山々にぶつかって雪を降らせ、乾燥した風はさらに山を越えて関東平野に達し〈空《から》っ風《かぜ》〉と呼ばれる。北関東の利根川上流部に設置されたダムの周辺には冬の間に雪が積もり春以降に解けてダムに流れ込む。つまり、春に水を放流しても雪が解けて再びダムを水で満たすので、ダムには倍の貯留量があるという意味で「雪ダム」ということばが使われる。

　これに対して、梅雨の季節から夏にかけては日

子や水滴を含み、驟雨《しゅうう》を降らせることがある。広島では直後に大量の放射能を含んだ「黒い雨」が降った。長崎市に原爆が投下されたのは昭和二〇年八月九日午前一一時二分だった。投下地点の南南東約四・五キロの長崎測候所では、原爆投下後も観測は続けられ、「火災 smoking rings KN 発生 am」と記録された。KNとは「積乱雲」のことで、「原子爆弾に伴う『きのこ雲』とよばれるものであろう」と。当時の中村勝次長崎測候所長の報告によれば、「八月九日正午過ぎ、積乱雲は天にちゅう(沖)し、測候所の北東方の西山方面より東方にかけて濃黒灰色の幕のようで火焔が映じて暗紅色を呈していた」。また測候所員正崎国光の証言によれば、強烈な閃光のあとは死の世界のような静寂がおとずれ、ふと見上げた「長崎市の上空に小さなまるい輪の波が動いているのです。波でなく雲だったのですが雲というより砂浜に寄せる白いさざなみそっくりなのです。

本の南に、東から西に向かって太平洋高気圧が広がる。太平洋高気圧から噴き出す風は、高気圧のへりを南から西へと廻って西日本に向かって流れ込む。この風は南の暖かく湿った空気を運び込むため、風が流れ込む西日本を中心に雨が降ることが多い。日本列島に前線が横たわっているときは降雨時間が長くなって大雨となり、時には災害をもたらす集中豪雨となる。

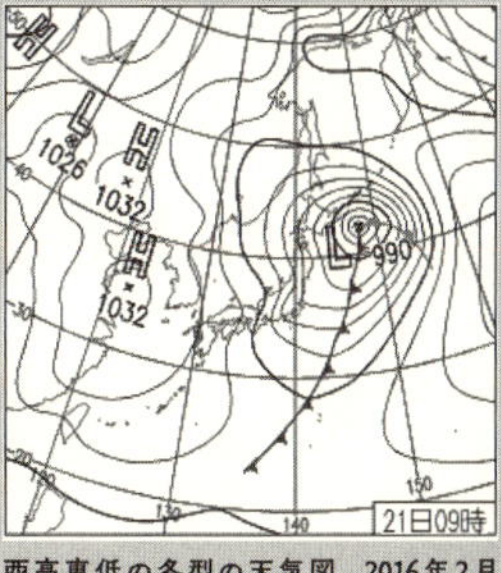

西高東低の冬型の天気図。2016年2月21日午前9時（気象庁ＨＰより）

……白いさざなみの雲が広がったところに巨大でグロテスクで陰惨な色彩のきのこ雲が不気味に浮いていました」（『長崎海洋気象台100年のあゆみ』）。

木の芽流し　きのめながし

木の芽どきに吹く南風、また長雨。夏の季語。

黍嵐　きびあらし

重く稔った黍の穂を揺るがして吹く晩秋の風。黍は穂が重く幅広の葉も風を受けてザワザワと大きくそよぎ、嵐の襲来を思わせるような劇的な風情がある。黍を倒さんばかりに吹く、冬間近を告げる強い〈季節風〉。〈芋嵐《いもあらし》〉も同意。秋の季語。

潦《にわたずみ》走るもおなじ黍あらし　山口誓子（「潦《にわたずみ》」は雨が地上に水たまりを作り流れているもの）

君の風　きみのかぜ

王者の徳を表しているがごとき、勢いがよく快い風。中国戦国時代の楚《そ》で、屈原《くつげん》とともに「屈《くつ》宋《そう》」と併称された宋玉《そうぎょく》の『風賦』の記述に基づくことば。楚の襄《じょう》王が、涼風は人びととともにその快さを味わうことができると言ったのに対して、風にも大王の〈雄風《ゆうふう》〉と庶人の〈雌風《しふう》〉とがあると諂《へつら》った大夫宋玉の言による。

キムラス雲　キムラスうん

「キムラス」（「キュムラス」とも）はラテン語の「cumulus」で〈積雲〉のこと。丸山薫は「雲」という作品の中で、「**陸上で風の姿は見えないが／海の上でははつきり見える／けふもキムラス雲の下を駈けまはつて／跣足《はだし》の風達が叫んでゐる**」と詩《うた》っている。そして、「キムラス雲＝入道雲なり」と注している。

逆風　ぎゃくふう

自分が進もうとしているのとは逆方向に吹きつけてくる風。〈向かい風〉。⇩〈**順風**〉

急風　きゅうふう

急に激しく吹き起こり、短時間でやんでしまう強風。〈はやて〉〈陣風〉〈迅風《じんぷう》〉。

卿雲　きょううん
⇩〈**卿雲**《けいうん》〉

峡雲　きょううん
峡谷にかかっている雲。

狂雲　きょううん
嵐の前触れか、風雲急を告げるように乱れ飛ぶ雲。天皇の落胤《らくいん》だといわれる室町時代中期の禅僧一休宗純は、「狂雲子」と号して孤高・奔放な風狂の生涯を送り、その漢詩文集を『狂雲集』と名づけた。

暁雲　ぎょううん
明け方、東の空にかかる雲。

莢状雲　きょうじょううん
山を越えた風が風下側で冷えてできる豆の莢《さや》のような形をした雲。〈吊るし雲〉の一種で、〈莢《さや》雲《ぐも》〉ともいう。

狂飆　きょうひょう
すさまじく吹き荒れる暴風。「飆」は烈《はげ》しい〈つむじ風〉。アンデルセン著・森鷗外訳『即興詩人』に「狂飆波を鞭《むち》ちてエネエアス人はリユビアの瀲《なぎさ》に漂へり」、猛りたつ暴風が海面を鞭打つように波立たせて、エネーアスをリビアの海岸へ押し流した、と。

強風　きょうふう
強い風。〈ビューフォート風力階級〉7の風。樹木全体が揺れ動き、歩行することが困難になる強さの風をいう。気候環境学の吉野正敏は、風が人間に与える影響について、毎秒五メートル以下なら風はむしろ快適だが、五メートルを超すと次第に歩行に障害が出てくる。毎秒一〇メートル以上になると歩調は乱れ、直進しようとしても〈風の息〉のために歩けず、毎秒一五メートル以上になると、直進はもはや困難で、安全歩行の限界となる、と書いている（『風の世界』）。

協風　きょうふう
穏やかな風。「協」には、和らぐという意味がある。反対語は〈厳風〉。

か行

狂風　きょうふう
激しく吹き荒れる風。

驚風　きょうふう
激しく吹く風。「驚」は動きが急で荒々しいこと。『三国志』の英雄、魏《ぎ》の曹操《そうそう》の子で、豊かな詞藻《しそう》に恵まれながら兄文帝に疎まれた曹植《そうしょく》。その悲運の詩人が不遇の友「徐幹《じょかん》に贈る」詩に、「**驚風《きょうふう》白日を飄《ひるがえ》し　忽然《こつぜん》として西山《せいざん》に帰る　円景光《ひかり》未だ満たず　衆星粲《さん》として以《か》つ繁《しげ》し**」、強風が陽光を白く吹きひるがえすと、日はたちまち西の山影に沈み、替わって昇ってきた月は未だ満月ではないけれど、夜空には多くの星々がキラキラと瞬《またた》いている、と。そう詩《うた》いだし、やがて終節では、後ろ盾となって友の逆境を救うことのできないわが身の不甲斐なさを詫びて閉じられる。

暁風　ぎょうふう
明け方に吹く風。〈朝風《あさかぜ》〉。「曙風《しょふう》」〈晨風《しんぷう》〉「旦《たん》風《ぷう》」などとも。

喬木は風に折らる　きょうぼくはかぜにおらる
丈の高い木は風を受けて折れやすい。同様に地位・名声に恵まれた者は、人から妬《ねた》まれ攻撃されやすいことのたとえ。〈高木は風に折らる〉

根返り

〈台風〉や〈竜巻〉のような強風によって樹木が揺れ根元周辺の地面がぐらついて樹木が倒れる現象。倒れなくても、その後の雨で樹木が倒れたり樹木の周囲で土砂災害が発生することもある。平成三年（一九九一年）に大分県日田市で発生した「根返り」は広範囲にわたって樹木が倒れて地盤が緩み、その後の雨により広い地域で土砂災害が発生した。

紀伊半島や房総半島など海からの強い風が当たる場所では、斜面に生えている木が揺れて土砂と一緒に崩壊したり落石が発生することがあるた

〈大木は風に折られる〉ともいう。

暁霧　ぎょうむ

夜明けに立ちこめる霧。

清川だし　きよかわだし

山形県庄内地方の清川付近で春から秋にかけて吹く〈局地風〉のこと。出羽山地に挟まれて流れる最上川の渓谷は、奥羽山脈から日本海に向かって吹く風の通り道になっており、平野部への出口となる清川付近は古来、風が集まる場所として知られている。一年を通して安定した風力が供給される庄内町では、近年〈風力発電〉が盛んになっている。

局地風　きょくちふう

限られた地域で、高い頻度で吹く風。住んでいる人びとの暮らしや農業・漁業などに大きな影響を与える。〈地方風〉ともいい、吉野正敏『風の世界』には、〈清川だし〉〈広戸風〉「寿都《すっつ》だし」「羅臼《らうす》風」「ルシャ風」「十勝風」「オロマップ風」「日高しも風」「生保内《おぼない》だし」「三面《みおもて》だ

め、道路の管理団体や鉄道会社は、雨が降っていなくても強風が続いた場合には点検や見回りを行っている。

■強風と人間の歩行への影響

（東京大学・村上周三ほかの研究より）

瞬間風速	歩行	その他
五メートル以下	正常	女性は髪・スカートが多少乱れる　風を顔に感じる
五～一〇メートル	少々歩調が乱れる　意思どおりに歩きにくい	髪が乱れ、衣服がはためく　新聞は読みにくい
一〇～一五メートル	歩調が乱れる　歩行軌跡が乱れる	ほこりや紙・ビニールなどが舞い上がる　髪が乱れる
一五～二〇メートル	意思どおりに歩けない　風に飛ばされそうになる	傘がさしにくい　髪が風に流される
	直進は困難、安全歩行の限界	
二〇メートル以上	歩行は困難で危険	

し」〈井波《いなみ》風〉「平野《ひらの》風」「やまじ風」「わたくし風」「やまえだ」「まつぼり風」など、多くの〈局地風〉が紹介されている。

極風　きょくふう

地球の南北両極で吹いている風。⇩〈**極偏東風**〉

極偏東風　きょくへんとうふう

南極・北極の対流圏の下層を東から西へ吹いている風。極付近では日射が少なく気圧が低いため上空に中緯度方面から空気が流れ込む。そのため地上の気圧は高くなっている。この「極高気圧」から吹き出す風は地球の自転の影響（コリオリの力）で東風となり、これを〈極偏東風〉という。〈極風〉ともいう。

巨風　きょふう

中国で南風のことをいう。南風、そよ風のことを〈凱風《がいふう》〉ともいうが、「凱」の字に「豈」を当て、字形がさらに崩れて「巨」になったといわれる。

ブリザード

南極や北極で見られる「暴風雪」のこと。降雪がない場合は〈地吹雪〉と呼ばれる。降っている雪やいったん積もった雪が強風により舞い上がって視界を遮《さえぎ》って危険なことから、南極・昭和基地では視程（水平方向での見通せる距離）一キロメートル未満、風速一〇メートル／秒以上の状態が六時間以上続いたときを〈ブリザード〉とし、外出制限などの安全対策を行っている。

■南極・昭和基地で定めているブリザードの基準

A級ブリザード	視程100m未満	風速25m／s以上	継続時間6時間以上
B級ブリザード	視程1km未満	風速15m／s以上	継続時間12時間以上
C級ブリザード	視程1km未満	風速10m／s以上	継続時間6時間以上

霧らう きらう

霧や霞が立ちこめる意味の古語。「霧《き》る」の未然形に継続・反復の接尾語「ふ」が付いた形。『万葉集』巻二に、「**秋の田の穂の上に霧らふ朝霞いつへの方《かた》に我《あ》が恋やまむ**」、秋の田の稲穂の上にかかっている朝霞のように、私の先の見えない恋はいつになったら晴れるのだろうか、と。秋の田にかかる「霞」といっている。同じく「霧る」の派生語「霧らす」は「霧る」の未然形に他動詞化する接尾語が付いた形で、霧や雪などが空を一面曇らせること。

霧 きり

大気中の水蒸気が冷え、細かい水滴に凝結して空気中に浮遊しているもの。あたり一面に煙のように立ちこめ、幻想的な雰囲気をかもす。本質的には雲と同じだが、〈霧〉は地表に接している。〈霞〉も同様の現象。気象観測上は、水平方向に一キロメートル以上離れた物体がはっきり見えない場合を〈霧〉、一キロ先でも見える場合は〈靄《もや》〉としている。『万葉集』巻五では、「**春の野に霧立ちわたり降る雪と人の見るまで梅の花散る**」と「春の霧」を詠んでいる。しかし、平安時代以後の詩歌では、春に立つのが〈霞〉で、秋は〈霧〉と歌い分けるのが普通。発生する場所により〈山霧〉〈海霧〉〈川霧〉「盆地霧」「都市霧」、また時刻により〈朝霧〉〈夕霧〉〈夜霧〉などという。近年の東京では、〈霧〉が少なくなったといわれる。気候の

なお、南極・昭和基地の場合、〈ブリザード〉が吹くと北風のため気温が上昇し、湿った重い雪が基地の建物をおおうことになる。このため、〈ブリザード〉が去ったあとには、速やかに越冬隊員全員参加による出入り口（非常口）の確保のための雪かき作業が行われる。また、〈ブリザード〉がもたらした雪を集めて溶かした水は昭和基地で使う貴重な水資源になっている。

温暖化と、暖房用燃料が石炭から石油・電気に移行したことにより、冬の大気中で霧に凝結する際の凝結核（エアロゾル）が減少したせいだと見られている。詩歌では、接頭語「さ」をつけて〈狭霧《さぎり》〉などともいう。秋の季語。

霧ながら大きな町へ出《い》でにけり　移竹

〈霧〉にまつわる比喩的な表現

霧の海　きりのうみ

霧が一面に立ちこめた光景を海にたとえた。また、霧が立ちこめた海。昭和初期の文部省唱歌「牧場《まきば》の朝」に、

ただ一面に　立ちこめた／牧場の朝の　霧の海

霧の香　きりのか

香を焚《た》いているように霧に包まれているさまをいう。⇩〈**霧不断の香を焚く**〉

霧の声　きりのこえ

湧き上がる霧の中で、耳をすますと音がするように感じたのだろうか。あるいは深い霧の中で、どこかでささやく神秘的な声を聞き取ったのか。現実を越えた文学的な表現。「霧の音」とも。

白樺を幽《かす》かに霧のゆく音か　水原秋櫻子

霧の雫　きりのしずく

霧が物にふれると水滴にもどり、雫となって付く。

霧の下道　きりのしたみち

霧がかかっているあたりの道。戦国期の歌人東《とうの》常縁《つねより》の『常縁集』に「**月に行くさよの中山なかなかにあけてはくらき霧のしたみち**」、月光を頼りに夜道の小夜の中山の難所をたどってきて、夜が明けてきたものの、なかなか明るくならない朝霧の下の道、と。

霧の帳　きりのとばり

立ちこめた霧を帳に見立てたことば。「帳」

は、区切るために部屋の中に垂らした幕。「霧の幕」ともいう。『夫木抄《ふぼくしょう》』巻十に「**七夕のよとでの姿たちかくすきりのとばりに秋風ぞふく**」。「よとで」は「夜戸出」で、夜、戸口へ出ること。七夕の宵、訪ねてくるはずの人を出迎えに門口に出ていると、霧が身を包み隠し涼しい風が吹いてきた、と。

霧の籬　きりのまがき

霧が立ちこめているさまを竹垣のようにいった。「霧の垣」とも。

霧の紛れ　きりのまぎれ

濃い霧に物がまぎれて見分けにくいこと。『夫《ふ》木抄《ぼくしょう》』巻十四に「**あまの原きりのまぎれに日はくれてたなかの里に鶉《うずら》鳴くなり**」、日が暮れすっぽり霧に包まれてしまった村里のどこかで「ぴっちょっぴぃ」と鶉の鳴く声がする、と。

霧の迷い　きりのまよい

霧が深く立ちこめて、物が見分けにくいこと。『源氏物語』野分《のわき》に、嵐が吹き荒れた日の翌日、父の光源氏とともに中宮のもとを訪れた夕霧が命じた女の童の、「撫子《なでしこ》などの、いとあはれげに吹き散らさるる枝ども、取り持《もち》てまゐる、霧のまよひは、いと、艶《えん》にぞ見えける」、風でいたわしく吹き倒された撫子の枝などを折り取ってくるようすが、立ちこめた霧にぼんやり紛れて、なんとも風情あるすがたに見えた、と。

霧襖　きりぶすま

深く立ちこめている霧を、視覚を遮る襖《ふすま》障子に見立てていった。

「霧がかかる」の古語「霧る」の展開

霧る　きる

霧がかかる。霞む。『万葉集』巻一に、「……**霞立つ　春日《はるひ》の霧《き》れる**　ももしきの　大宮所　見

れば悲しも」、霞が立ち春の日中《ひなか》にぼんやりしている大津宮の荒れ果てた跡を見ていると悲しくなる、と。

霧り合う　きりあう
霧があたりに立ちこめる。『夫木抄《ふぼくしょう》』巻二に、「**はれやらぬ雪気の雲にきりあひて曙《あけぼの》さむききさらぎの空**」、雪の気配を含んだままの曇り空に霧が立ちこめてきて、春なお寒い朝まだきの如月《きさらぎ》の空、と。

霧り曇る　きりくもる
霧が湧きぼんやりとしか見えなくなる。平安前期の歌人凡《おおしこうちのみ》河内躬恒《つね》の『躬恒集』に「**霧り曇り道も見えずもまどふかないづれか佐保の山ぢなるなむ**」、霧がかかりぼんやりして道が見えない、迷ってしまうな、どちらが佐保山に行く道だろうか、と。

霧り暗む　きりくらむ
東京都奥多摩地方で、霧が深く立ちこめて暗くなった状態をいう。

霧り塞がる　きりふたがる
霧が立ちこめて、あたりがすっかり閉ざされたようになる。転じて、涙が湧いて見えなくなることにもいう。『源氏物語』夕霧に、柏木の未亡人の落葉の宮に恋心を募らせていた夕霧は、宮が身を寄せていた山荘に乗り込み、拒む宮の傍らで夜通し口説き続ける。が、思いは果たせず、その翌朝、「ひぐらしの声におどろきて、山の陰、いかに霧りふたがりぬらん。あさましや。今日、この御返事《かえりごと》をだにと」、蜩《ひぐらし》の鳴き声で宮が目覚めた山陰は、今ごろどのように霧が閉ざしているであろうか。我ながらあきれるようなことをしてしまった。今から返事の文だけでも差し上げないと、と夕霧は墨を磨《す》りにかかる。

霧り渡る　きりわたる
隅々まで霧が立ちこめる。

霧穴 きりあな
霧が湧き出すといわれる穴。

霧荒れ きりあれ
霧がかかって天気が悪いこと。観光で訪ねた海や山などで出くわすことがある。

霧荒れも由布の旅情と受けとめて 河野路代

霧動く きりうごく
霧が油然《ゆうぜん》と湧き上がり、また動いていくようす。

霧隠れ きりがくれ
霧にまぎれて姿が隠れること。霧を起こして姿を隠すこと。

霧雲 きりぐも
山などで霧のように薄くぼんやりと湧く雲。地表に最も近いところに現れる〈層雲〉の場合が多い。

霧籠め きりごめ
霧が立ちこめて、あたりをすっぽりおおい隠す。

霧雨 きりさめ
立ちこめた霧や〈層雲〉などから煙るように降るごく細かい雨。気象学的には、水蒸気が上空で細かい水滴や〈氷晶〉になって浮かんでいるのが雲や霧で、地表まで落ちてくるのが雨や雪。雨粒の直径が一〜三ミリメートルもあるのに対して、〈霧雨〉の直径は〇・五ミリメートル未満とされる。落下速度は秒速三〇〜八〇センチメートルぐらいで、雨の五分の一から一〇分の一の遅さだという（『お天気博士の四季暦』）。「糠雨《ぬかあめ》」「小糠雨」ともいう。秋の季語。

噴火口近くて霧が霧雨が 藤後左右

霧時雨 きりしぐれ
時雨のように急に降りだす〈霧雨〉。秋の季語。

霧時雨富士を見ぬ日ぞおもしろき 芭蕉

霧雫 きりしずく
水蒸気が冷え凝結して空中を浮遊している霧粒が、水滴となって木や石に付いたもの。「霧の露」とも。

川舟の菰《こも》に残るや霧の露　馬来

霧状雲　きりじょううん

霧なのか、ぼうっとして空との境界がはっきりしない層状（ベール状）の雲。〈巻層雲〉〈層雲〉などで見られる。

霧立人　きりたちひと

霧が隔てているように、どこか打ちとけないところのある人。『八雲御抄《やくもみしょう》』巻三に「きりたち人　へだてたるよし也」とあるところから、霧がかかったようで近づきがたい隔意のある人のことをいったのだと思われる。

霧月夜　きりづきよ・きりづくよ

霧が立ちこめている月夜。

霧月夜美しくして一夜ぎり　橋本多佳子

霧迅し　きりはやし

霧が飛ぶように速く動いていくようす。「霧走る」とも。

杉の秀《ほ》の見え隠れして霧迅し　石川月歩

霧冷え　きりびえ

霧がかかって気温が下がること。「霧寒し」とも。

霧寒し日蔭のかつら袖につく　暁台

霧不断の香を焚く　きりふだんのこうをたく

霧がいつも立ちこめて、香煙を焚《た》いているがごとくである。『平家物語』灌頂巻《かんじょうのまき》大原御幸に、平清盛の娘で前皇后だった建礼門院が住まいする寂光院《じゃっこういん》を後白河法皇が訪れたときのありさまは、「甍《いらか》やぶれては霧不断の香をたき、枢《とぼそ》落ちては月常住の灯《ともしび》をかかぐ」、屋根瓦が割れたあばら家にはいつも霧が流れ込み、さながら香煙を焚いているようで、扉が朽ち落ちた部屋には夜通し月光が射しこんで、常夜灯を灯しているようだ、と。

觔斗雲　きんとうん

孫悟空と三蔵法師で知られる中国の伝奇読み物『西遊記』で、悟空が操《あやつ》る架空の雲。神仙術で一跳びすれば、瞬時に一〇万八〇〇〇里を行くという。

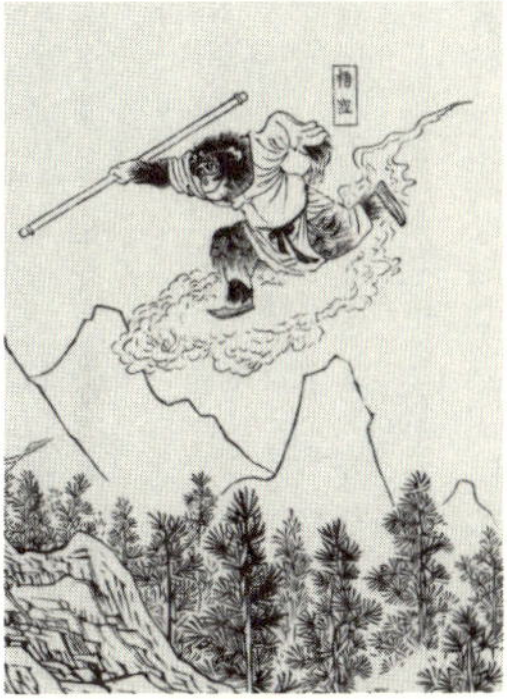

觔斗雲を操る孫悟空（『水滸伝：附・西遊記．三』より。国立国会図書館蔵）

銀の裏地　ぎんのうらじ

雲のこちら側は暗くても反対側は輝いているように、不幸の反面には必ず幸福もあるという意味のことば。散歩道で黒い雲の縁だけが銀色に光っているのを見て、「どんな雲でも銀の裏地が付いている（Every cloud has silver lining）」という英語のことわざを思い出した、と（『日本の空をみつめて』）。

金風　きんぷう

秋風《しゅうふう》、ないし西風を意味する。古代中国の哲理「陰陽五行説」では、万物は「陰・陽」の二気から生じ、天地の異変・人事の吉凶は「木《もく》・火《か》・土《ど》・金《ごん》・水《すい》」の五行の消長によると説明される。「金」は秋で、「金」に剋《か》つ「火」は夏を象徴する。〈金風〉は秋風の異称で、秋の季語だが、俳句的でないのか、例句は見当たらない。

空濛　くうもう

〈霧雨〉が煙って、ぼんやりと暗いようす。朝《ちょう》衡《こう》（阿倍仲麻呂の唐名）の詩に、「**朝雨《ちょうう》空濛として薄霧の如し**」と。

草霞む　くさかすむ

草原に霞が立っている。春の季語。

草霞み水に声なき日ぐれかな　蕪村

葛の裏風　くずのうらかぜ

葛の葉裏を白く返して吹く秋風。葛の葉は幅広で、風によく翻る。『古今集』巻十五に、「**秋風の吹きうらがへすくずのはのうらみても猶《なお》うらめしきかな**」、初句から三句までは「裏見／恨み」を呼び出す序詞《じょことば》。恨んでも恨みきれないと責めている。『拾遺集』巻四に「**神無月《かみなづき》時雨しぬらし葛の葉のうら焦がる音《ね》に鹿もなくなり**」、時雨《しぐれ》に濡れて葛の葉も「うら焦がる＝裏濃かる」さまにすっかり紅葉しているが、鹿も妻に思い焦がれて鳴いている、自分と同じように、と。初め白い葛の葉裏も、秋が深まると赤く濃く色づくのである。

くだり

北海道から東北・日本海沿岸地方で、夏の南風のことをいった。上方から蝦夷地へ下る松前船の帆をはらませる南寄りの風。昔は京都を中心にしていたから、都の方角から吹いてくる風は〈くだり〉で、逆向きの〈のぼり〉は東寄りの〈あいの風〉。したがって京都より南の四国・愛媛県地方では、北風を「くだり」ということもあった。石川県七尾地方では、台風のとき被害をもたらす南ないし南西の風を「くだりかじゅ（下り風）」といった。夏の季語。⇩〈**のぼり**〉

雲と地球規模の水の大循環

地球を取り巻いている大気（空気）の九九パーセントを占める窒素と酸素の分布割合は高度や地域にかかわらず、窒素七八パーセント、酸素二一パーセントでほぼ一定である。ところが、構成割合はわずかな二酸化炭素や水蒸気などの分布割合は地域により異なり、また刻々と変化している。二酸化炭素が増えて地球温暖化の原因となっているのは有名だが、ここではもう一つの水蒸気の振る舞いについて紹介する。

大気を構成している気体の中で唯一見ることができるのが水蒸気である。といっても常時見ることができるわけではない。見えるのは気体である水蒸気ではなく、水という液体、あるいは氷という固体になったときである。雲は水蒸気が凝結した小さな水の集まりであり、軽いため空気中に浮

苦は色変える松の風

くはいろかえるまつのかぜ

生きる場所は変わっても、苦労や不如意は変わらずついて回るというたとえ。出典については「**浪の音聞かじと入りし山の奥に苦は色かへで松風ぞ吹く**」という古歌をあげる説がある。海辺に暮らして波の音がうるさいから山奥に引っ越してみたが、今度は風が松の枝を吹き鳴らす音が耳に障る、というのである。

颶風

ぐふう

激しく恐ろしい〈大風〉。主として海上に発生する暴風。字を分解すると「具」は大きいこと。巨大な〈つむじ風〉。中唐の文章家韓愈《かんゆ》の詩「江陵に赴く途中翰林三学士に寄する」に「**颶《ぐ》起る、最も畏《おそ》る可し**」と。以前は、温帯低気圧の発達したものを「温帯颶風（温帯旋風）」、熱帯低気圧を「熱帯颶風」といった。四方から吹き合わさって強烈になった「熱帯颶風」が台風である。

いて白い雲として見える。

　また、水蒸気は地球上に存在する水の中で○・○○一パーセントとわずか（つまりほとんどが海・川・池に水として存在）であるが、海や川、池から蒸発して大気中を自由に移動し、再び雨となって地球上に降り注ぐという地球規模の循環をしている。この循環により地球上の大気の熱も差が小さくなるように移動し、気温が極端に変化しないようコントロールされている。

　海や川などの水が蒸発して水蒸気となり、上空で冷やされて雲・雨・雪（つまり水）に戻り地表に降って川や海に流れ込む。このような水の状態と水蒸気の状態を繰り返すのが水の循環であり、地球規模など大きなスケールで考える場合には「水の大循環」と呼ばれる。

　空気中に存在する水蒸気の分布は、たとえば冬の太平洋側は少なく、梅雨時期は多いように、季

雲《くも》

何らかの原因で大気が上昇すると、上空は気圧が低いため体積が膨張する。この「断熱膨張」によって気温が下がると、大気中に保持できる飽和水蒸気量は減少し、余分な水蒸気は凝結して微小な水滴や氷の粒となり浮遊する。これが〈雲〉である。このとき、水蒸気は凝結核（エアロゾル aerosol　浮遊粒子物質）に触れて雲粒になる。エアロゾルとは土埃、火山灰、工場の排煙、海のしぶきが蒸発して残った塩分等々の微小な粒のこと。エアロゾルがなければ、水蒸気は吸着する核がないから、雲も霧もできない。

「雲」は古来、多くの詩歌に詠われてきた。『万葉集』巻一に「**三輪山を然《しか》も隠すか雲だにも心あらなも隠さふべしや**」、三輪山をあのように隠してしまっている雲であっても、せめて気遣いはあってほしい、隠してよいということはないだろう、と。

節や天気によって絶えず変化している。さらに、水蒸気は天気を変化させる熱というエネルギーをともなっている。典型的なのは台風が南の海上で水蒸気として蓄える熱エネルギー（動力源）である。

　空気中に含有できる水蒸気の量は気温によって決まっており、気温が高いほど増える。

「雲」は水が成分だから、総質量は数十トンにも達する。そんな重いものがなぜ浮かんでいるのか。水滴や氷の粒は空気よりは重いが、微小なので重さのわりに表面積が大きく、空気の抵抗があるから落下速度は遅い。そのうえ風や上昇気流を受けるとさらに落下速度は遅くなり、浮かんでいるように見える。雲は発生する高度によって〈上層雲〉〈中層雲〉〈下層雲〉に分類され、形から〈巻雲〉〈層雲〉〈積雲〉などに分けられる。地表付近の空気が冷えて発生する

「霧」も原理的には「雲」である。⇩**〈十種雲形〉**

「雲」の形をさまざまなものにたとえた表現

雲の帯　くものおび

山腹などにたなびく長い〈横雲〉を帯に見立てていう。また日本の梅雨前線の雲を気象衛星から見下ろした雲画像では、中国南部を経て、遠く東南アジアからインドまで連なる長大な雲の帯が見える。

雲の垣　くものかき

雲が立ちこめるさまを垣根にたとえた。

雲の梯　くものかけはし

雲を天の高所に差し渡した掛け橋に見立てた語。『落窪物語』一に、「**天の川雲のかけはしいかにしてふみ見るばかりわたしつづけむ**」、天の川まで踏んでいけそうなほどの雲の掛け橋を、どのようにして渡しつづけたのだろうか、と。

雲の衣　くものころも

雲を衣服に見立てていうことば。また、七夕の夜の織女の衣を雲にたとえた語。『万葉集』巻十に「**天の川霧立ち上る織女《たなばた》の雲の衣の反る袖かも**」、天の川に立ち上っている霧は、風に翻っている織姫の雲の衣の袖だろうか、と。

雲の帳　くものとばり

雲がかかるようすを、部屋などを仕切る帳にたとえたことば。

雲の波　くものなみ

寄せくる波のように〈雲塊《うんかい》〉の列が並んでいる雲。尋常小学唱歌の「鯉のぼり」の初連は、「**甍《いらか》の波と雲の波／重なる波の中空《なかぞら》を／橘《たちばな》香る朝風に／高く泳ぐや鯉のぼり**」。

雲の波路　くものなみじ

雲が湧きたつさまを寄せてくる波になぞらえた。『新勅撰集』巻六に「**冬の夜はあまぎる雪**

にそらさえて雲の波ぢにこほる月かげ」、今宵の空は細かい雪が煙るように舞って冷たく冴え渡り、波のごとく寄せくる雲の合間からは照り輝く凍ったような月影、と。

雲の根　くものね

中国では雲は高山や岩の間から湧くと考えられており、山や石を雲の素という意味で「雲根《うんこん》」といった。しかし、平野の上でも雲は生まれる。大地から立ち上る上昇気流が〈積雲〉を作り、地表から〈雲底〉までの部分を、見えないけれど「雲の根」という（『空の名前』）。

雲の袴　くものはかま

雲が山の中腹から裾の方にかかっている状態をいう。鎌倉時代の仏教説話集『沙石集』に、富士山を雲が立ちめぐるようにかかっていたのを見て供の小法師が口ずさんだとして、

富士の山雲のはかまをきたるかな

雲の羽衣　くものはごろも

天女の羽衣のように美しい雲。平安後期の公卿、源雅兼《まさかね》の『雅兼集』に「七月八日」の題詞で「**久方の天の川波あけたてばぬれてやかかる雲の羽衣**」、牽牛《けんぎゅう》が天の川を棹さして渡る七夕の夜が明けたので、今朝の空にかかっているのは波しぶきで濡れた織女の天衣のような美しい雲、と。

雲の林　くものはやし

雲が林立するように群がっているさまを「雲の林」とたとえた。『後撰集』巻七に「**木《こ》のもとに織らぬ錦の積もれるは雲の林の紅葉なりけり**」、木々の下に織っていない錦が積もっているのは、空にかかる雲の林から降ってきた紅葉なのだなぁ、と。一方〈雲林《うんりん》〉といえば、雲がかかった林のこと。

雲の原　くものはら

一面に広がる雲を草原にたとえていった。『宇《う》津保《つほ》物語』に「**もろともに思ひそめてしむらさきのくものはらをもひとりみよとや**」、一緒に見上げて初めて心が通い合ったあの紫色の美し

い草原のような雲を、今は一人で見なさいとあなたは言うのですか、と。

雲の舟　くものふね

舟の形をして動いていく雲。

雲の籬　くものまがき

雲を人や物を隔てる籬にたとえていった。〈雲の垣〉とも。

雲合　くもあい

雲が出たり消えたりすること。空模様。

雲脚　くもあし

雲が漂い流れていくようす。動いていく雲の速さ。〈雲脚《うんきゃく》〉ともいい、「雲足」とも書く。また、雲から降っている雨や霧が、「雲の脚」のように見える場合をいうこともある。

雲焙り　くもあぶり

奈良県南大和地方などで、雨乞いのために山の上で火を燃やすことをいった。「雲焼き」とも。兵庫県神崎郡地方に伝わる雨乞いは、〈雲焙り〉とか「千駄《せんだ》焚《た》き」といわれ、たくさんの薪《たきぎ》を焚いて降雨を祈ったという。

雲居　くもい

雲のあるところ、すなわち空。特に、遠い地平線に接するあたりの空。転じて、宮中や皇居のことをいった。『万葉集』巻七に、「**遠くありて雲居に見ゆる妹が家に早く至らむ歩め黒駒**」、遠くて雲の果てにあるように見える妻の家に早く着きたいから急いで歩け、黒駒よ、と。「雲居の空」「雲居の波」「雲居の峰」などともいう。

雲居路　くもいじ

雲の中の月などが通る道。鳥なども渡る。〈雲《くも》路《じ》〉ともいう。

雲が入れる　くもがいれる

兵庫県加古郡地方で、雲が北あるいは西へ動いていくことをいう。天気が崩れる前兆だという。逆に雲が南あるいは東に移るのは天気が良くなる前兆で、「雲が上《のぼ》る」という。

雲返る風　くもかえるかぜ

雨風がやんだあと、残っている雨雲を吹き払う風のことをいう。『更級日記』「子しのびの森」に、「日ぐらし雨ふりくらいたる夜、雲かへる風はげしう打《うち》吹きて、空はれて月いみじうあかうなりて」と。

雲学　くもがく

雲と風の関係、前線・気圧と〈雲形〉の配置などを研究する学問分野。

雲隠れ　くもがくれ

雲の中に隠れて見えなくなること。また、人が行方をくらますこともいう。『拾遺集』巻十三に「**逢ふ事はかたわれ月の雲がくれおぼろけにやは人の恋しき**」、逢っているのは、半月が雲に隠れて朧《おぼろ》になるようなあやふやな想いで恋しているのではありません、と。

雲がつかえる　くもがつかえる

岡山市地方で、雲がひしめくように空いっぱい広がることをいう。

雲切　くもきり

山梨県中巨摩《なかこま》郡地方でアマツバメ、福岡県地方ではウミツバメのことをいう。雨模様のどんよりした雲を切り裂くように飛び交うようすからついた名前か。

雲霧　くもきり

雲と霧。⇩〈雲霧《うんむ》〉

雲切波　くもきりなみ

東京都八丈島地方で、五月ごろの静かな波をいう。

雲切れ　くもぎれ

雲が切れて晴れること。雲の絶え間。

雲気　くもけ

雲が動くようす。曇り。

雲下がる　くもさがる

青森県八戸市地方で、雲が低くたれこめてきて、天気が悪くなることをいう。

雲定め　くもさだめ

福井県丹生《にゅう》郡地方では旧暦一月二〇日を〈雲定め〉の日とし、この日に雲が北から出ればその年は北風が多く吹き、南から出れば南風が多く吹くとした。また同県大野市地方では、旧暦四月二〇日と一〇月二〇日を「風定め・雲定め」の日として、虫害や積雪等の予報をしていた。

雲路　くもじ

月・星が渡り、鳥が飛ぶ雲の中の道。〈雲居《くもい》路《じ》〉とも。『日本書紀』神武紀に「瓊《に》瓊杵尊《にぎのみこと》、天関《あまのいわくら》を闢《ひきひら》き雲路を披《おしわ》け」て行幸したと書かれている。

雲透き　くもすき

〈薄雲〉を透かして上空を見るように、薄明かりの中で物を透かして見ることをいう。

雲雀　くもすずめ

愛知県地方で、ヒバリのことをいう。

雲立涌　くもたてわく・くもたてわき・くもたちわき

〈雲紋《うんもん》〉の一つで、立涌の間に雲を配したもの。

雲立涌文様

雲粒　くもつぶ

地上や海上で暖められた空気が空に昇って冷えると、中の水蒸気が凝結して微小な水滴や〈氷晶〉となる。これが雲の元となる〈雲粒〉だ。〈雲粒〉が空に浮かんでいれば雲で、落ちてくれば雨や雪になる。浮かぶ〈雲粒〉と落ちる雨滴の違いはその大きさにある。〈雲粒〉一個の直径は一ミリメートルの二〇分の一から五〇〇分の一で、〇・〇一ミリメートル以下のものが多い。〈雲粒〉が何千も集まって、ようやく一滴の雨になる。雨は海や地上に落ちて一巡することになる。⇩コラム「雲と地球規模の水の大循環」

雲と雨 くもとあめ

雲を大別すると、横に広がっていく層状の雲と、上に伸びてゆく塊《かたまり》状の雲に分けられる。層状の雲は、広い範囲で空気がゆっくりと上昇するときにできる。このような雲から降る雨は、広い範囲にほぼ一様にシトシトと降る地雨《じあめ》となる。一方、塊状の雲は、一部の空気が勢いよく上空に昇る〈対流雲〉。その代表は〈積乱雲〉で、内部では毎秒数メートルから十数メートルの強い上昇気流が発生し、雨は狭い範囲に短時間ザーッと降ってはパッと止む驟雨《しゅうう》となる。

雲と宗教 くもとしゅうきょう

イギリスの「雲を愛《め》でる会」の創立者ギャヴィン・プレイター＝ピニーは「雲は天と地のあいだにあって、聖なるものと俗なるものを分ける申し分のない宗教シンボルだった」と述べている（『「雲」の楽しみ方』）。『旧約聖書』出エジプト記第一三章では、神は雲の柱のような形に現れて道を教え、モーゼに語りかける。『新約聖書』使徒行伝第一章には、十字架に架かったのち復活したイエスは、弟子たちの見ている前で「天に上げられ、ひとむらの雲が弟子たちの目からそれを覆い隠した」と記されている。また『コーラン』には、アッラーが空から水を降らせ枯死した大地を蘇生させる「雨の裡《うち》に、風の吹き変りの裡に、天地の間にあって賦役する雲の裡に」神の徴《しるし》を読みとることができるはず、と記されている。一方ケニアとタンザニアのマサイ族の創造神ンガイは、怒っているときには赤い雲に、機嫌のよいときには黒い雲になって現れるという。

雲と泥 くもとどろ

天に浮かぶ雲と地にぬかるむ泥と、隔たりが大きいこと。「雲泥の差」。

雲鳥 くもどり

愛媛県地方で、ムクドリのことをいう。

雲直し　くもなおし

高知県長岡郡地方で、暴風が吹いたあと天気が回復する前に、雲の動く方角が変わって降りだす雨をいう。

雲に梯　くもにかけはし

とても叶わぬ高い望み。特に身分違いの恋についていう。

雲脱ぐ　くもぬぐ

おおっていた雲が消えて山や樹々などが姿を現すこと。

蛍烏賊《ほたるいか》干す日雲脱ぐ剣岳　吉沢卯一

雲の色　くものいろ

日常目にするのは〈白雲〉〈黒雲〉〈赤雲〉が多いが、「漢和辞典」を引いてみると、〈青雲〉〈緑雲〉〈紫雲〉〈紅雲〉〈黄雲〉など、文字どおり色とりどりにある。青雲は「青雲の志」、紅雲は赤い雲、また花が咲き乱れるさま。紫雲は盛徳の君子の世にたなびくという美しい紫色の雲。そして緑雲は美女の豊かな黒髪や青葉の茂りのたとえ。

雲の浮波　くものうきなみ

風で波打つように見える雲。謡曲「羽衣」の冒頭部に、**「風向かふ、雲の浮き波立つと見て、雲の浮き波立つと見て、釣りせで人や帰るらん」**、風に吹かれた雲が波立つのを見て、波が荒いと思い釣りをしないで帰ろうとするのか、と釣り人の足を思いとどまらせようとしている。

雲の歌　くものうた

北原白秋に〈雲の歌〉というユニークな童謡詩がある。豊かな語彙を駆使して、たくさんの雲の名前と個性を描写している。**「青空高う散る雲は／織《ほそ》い巻雲《まきぐも》、真綿雲、／鳥の羽《は》のやうな靡《なび》き雲、／白い旗雲、離れ雲。（巻雲）」**と歌い始まり、**「レエス雲・氷《こおり》雲・うろこ雲・高い層《かさ》雲《ぐも》・帷雲《とばりぐも》・葡萄鼠《ぶどうねずみ》の霧の雲・水と天《そら》との間《あい》の雲・風の層雲《かさぐも》・わかれ雲・棚の雲・寒い黒雲、冬の雲・雷雲《いかずちぐも》・早《ひで》り雲・暴風雨雲《あらしぐも》」**とたどった末に、「**迅《はや》い飛び雲、日の光、（片乱雲）／それでも雨雲、乱れ雲、／霙《みぞれ》がふります、雪がふる、／ぱらぱら霰《あられ》もころげます。（乱雲）**」と歌い収める。「十種雲形」を歌い込んだ、雲の博物誌だ。

雲の返し　くものかえし

風雨がやんだあと、雨雲を吹き払うように逆方向から吹く風のことをいう。「雲返る風」ともいう。『栄華物語』根あはせに、「**春雨にぬれて帰らん桜花雲のかへしの嵐もぞ吹く**」、春雨に濡れながら帰ろう、桜や雲を吹き返す嵐が吹いてくると困るから、と。

雲の掛け布団　くものかけぶとん

昼間温まった地表の暖気が、夜間天空に放散してしまうのを抑える夜の雲のこと。月夜や星降る夜は放射冷却のために冷え込みが強くなる。昼の雲は、日傘となって気温の上昇を抑えるが、夜の雲は、宇宙に放射されていく赤外線の一部を受け止めて地上に返し、放射冷却を抑え

雲の形の命名（十種雲形）

太陽や月・星は古来、多くの人の観測によって解明・命名され、天文学という学問が確立された。雲についても船乗りを中心に観測され、観天望気と呼ばれる雲のようすから天気を予報する方法が行われてきた。しかし雲の形は多岐にわたるため命名されないまま年月が経過し、雲に命名が行われたのは一九世紀に入ってからだった。

一八〇二年にイギリスのアマチュア気象学者ルーク・ハワード（Luke Howard）は、雲にはさまざまな形があるが物理的に三つ〈巻雲〉〈積雲〉〈層雲〉の基本形で分類できるという雲の分類方法を世界で初めて提唱し、のちに七つの分類を提唱した。

彼の提唱を引き継いだ気象学者たちが一〇種類に分類する手法を確立し、国連の下部機関、世界

る（『日本の空をみつめて』）。

雲の通い路　くものかよいじ

雲の中を通っている道。『古今集』巻十七に、有名な「**天《あま》つ風雲のかよひぢ吹きとぢよをとめの姿しばしとゞめん**」がある。宴席で舞っている舞姫を天女になぞらえ、その美しい姿をもっと見ていたいから、風よ、天女が高天原《たかまがはら》へ帰っていかないように雲の中の道を吹き閉じてしまっておくれ、と呼びかけている。⇩〈**天つ風**〉

雲の詩人　くものしじん

倉嶋厚は若いころから自分より一世代前の二人の〈雲の詩人〉に関心をもってきたという。一人は、「**くものある日　くもは　かなしい／くものない日　そらはさびしい**」と詩《うた》った八木重《やぎじゅう》吉《きち》。もう一人は、「**丘の上で／としよりと／こどもと／うつとりと雲を／ながめてゐる**」の山《やま》村暮鳥《むらぼちょう》だ。暮鳥のこの作品「雲」は以下のようにつづく。「**おうい雲よ／ゆうゆうと／馬鹿にのんきそうぢやないか／どこまでゆくんだ／ず**

気象機関（WMO）も、この一〇種分類（十種雲形）を使っている。世界中で使うために基本はラテン語となっており、日本語とラテン語の対比は次のようになっている。〈巻雲〉(Cirrus)、〈巻積雲〉(Cirrocumulus)、〈巻層雲〉(Cirrostratus)、〈積雲〉(Cumulus)、〈積乱雲〉(Cumulonimbus)、〈高積雲〉(Altocumulus)、〈層雲〉(Stratus)、〈高層雲〉(Altostratus)、〈乱層雲〉(Nimbostratus)、〈層積雲〉(Stratocumulus)。

二キロメートル前後の高さに出現する〈下層雲〉（層雲・層積雲）、五キロメートル前後の高さに出現する〈中層雲〉（高積雲・高層雲・乱層雲）、一〇キロメートル前後の高さに出現する〈上層雲〉（巻雲・巻積雲・巻層雲）、下層雲の高さから上層雲の高さにまで垂直方向に発達する雲〈積雲・積乱雲〉など、雲形ごとに出現する高度や性質が異なる。特に層雲、層積雲、高層雲、乱層雲は天気つと磐城平《いわきたいら》の方までゆくんか」。また「ある時」と題して、「雲もまた自分のようだ／自分のように／すつかり途方にくれてゐるのだ／あまりにあまりにひろすぎる／涯《はて》のない蒼空なので／おう老子よ／こんなときだ／にこにことして／ひよつこりとでてきませんか」。そして倉嶋は、「重吉も暮鳥も結核の病床から空をみつめていた」のだと記している（『日本の空をみつめて』）。

雲の住みか　くものすみか

インドではチェラプンジを〈雲の住みか〉と呼んでいるという。アッサム地方のチェラプンジは世界で最も雨の多い土地柄で、「雨極」といわれる。一年間に二万六四六一ミリメートルも雨が降ったことがあり、これは東京の約一八年分の雨量に相当した。雨は雲が降らせるのだから、世界で最もたくさんの雨が降る「雨極」は、世界で最もたくさん雲が湧くところでもあるということになる（『お天気博士の四季暦』）。

の悪化、積乱雲は急激な天気の悪化につながる前兆であり、これらの雲に注目した観天望気は「ことわざ」として今も国内各地に残っている。なお、人工的に形成される雲（〈飛行機雲〉）は今のところ十種雲形には含まれていない。

雲の便り　くものたより

雲に託して届けるはかない便り。〈風の便り〉も同意。平安前期の女流歌人伊勢の『伊勢集』に「かくばかりおつる涙のつつまれば雲のたよりに見せましものを」、こんなに流れてやまない涙をつつむことができたなら、雲に託して今はこの世にいない人に見せたいのに、と。

雲の使い　くものつかい

動いていく雲を、用事や伝言を届ける使者のように言いなしたことば。藤原家隆の歌を収めた『壬二《みに》集』に「夕《ゆうべ》行く雲のつかひにことづてんうはの空なるたよりなりとも」、夕空を動いていく雲に言づけしよう、心ここにあらずのおぼつかない便りではあっても、と。

雲の鼓　くものつづみ

雷のこと。

雲の果たて　くものはたて

「果たて」は「果て」。雲が尽きる果て、空の果て。『狭衣《さごろも》物語』一に、「狭衣の吹く笛の音は雲のはたてまでひびきのぼる心地するに……」、狭衣中将《さごろものちゅうじょう》の奏でる笛の音は空の果てまで響き昇るようで、その妙なる音色に一座の人びとはみな感涙を禁じえなかった、と。『古今集』巻十一に、「**夕暮れは雲のはたてに物ぞ思ふあまつそらなる人を恋ふとて**」、夕暮れになると雲の果てを見つめて物を思うのは、とても手の届かないところにいる人に恋しているからだ、と。また、旗のようにたなびいている雲のこともいう。

雲の花　くものはな

栃木県日光地方で、針葉樹などに垂れ下がる地衣類のサルオガセを見立てていう。

雲の迷い　くものまよい

雲の動きにまぎれてはっきりしないこと。『新古今集』巻三に、「**一声は思ひぞあへぬほととぎすたそかれ時の雲のまよひに**」、夏を告げるホトトギスの声を聞いたように思えるけれど、ただ一声だけで、それもたそがれどきに雲にまぎれて姿が見えないのでは確信がもてない、と。

雲の澪　くものみお

雲の流れ。「澪」は海や川で船が通る水路、ないし通ったあとの航跡のことだから、雲の流れを船の航跡にのこる白波にたとえたのであろう。

雲の湊　くものみなと

雲はよく波や海にたとえられるから、雲が集散するようすを出船入船になぞらえて、〈雲の湊〉といったものだろうか。

雲の峰　くものみね
むくむくと盛り上がり、山の峰のようにそびえる〈入道雲〉の頂き。勢いよく発達した〈雲の峰〉が高さ八キロメートルぐらいになると、電光が走り雷鳴がとどろき始める。夏の季語。

雲の峯幾つ崩《くず》れて月の山　芭蕉

この芭蕉句について気象庁に勤務していた安井春雄は、「奥の細道を紀行中の芭蕉が羽前《うぜん》（山形県）の月山《がっさん》を極めたときの句である。月の山は、山の名まえとともに、月光に照らしだされた山をさし、月山の神秘的な山容を前にして、昼の雲の峰の鮮明なイメージを画いている」と解説している（『俳句の中の気象学』）。

雲の都　くものみやこ
雲の中にあると想像された神仙の住む都。

雲の迎え　くものむかえ
臨終のとき、阿弥陀三尊が紫の雲に乗って来迎《らいごう》すること。

雲の八重葺　くものやえぶき
八重に葺いた城郭の屋根のように、雲が厚くかかっているさま。

雲は天才である　くもはてんさいである
石川啄木が、明治三九年（一九〇六年）に執筆した自伝的小説。主人公《あらた》のS——村尋常高等小学校の代用教員新田耕助は、日本一の代用教員を自任する熱意あふれる若者である。しかし校長は、管理主義・形式主義の権化で、首席訓導はそんな校長に阿《おもね》るばかりの俗物。そんな二人に不満を募らせながらも、耕助は校歌のない学校のために自ら作詞・作曲した歌を生徒に歌わせる。すると大好評で瞬く間に生徒たちに広まる。ところがこれが校長・訓導の気に入らず、咎《とが》められ糾弾される。糾弾の席に耕助宛の紹介状を持った「乞食」の男、石本俊吉が現れる。紹介状を書いたのは、耕助が最も信頼する「世外の狂人」を自称する天野大助だ。未来の耕助を暗示させる天野が石本に語ったことばから

「人生の惨苦」と改良の余地のない社会の閉塞、破壊、戦闘が語られる。第一作には作家のすべてが凝縮されているといわれるが、『雲は天才である』にはすでに石川啄木の根本思想が出そろっている。

雲離れ くもばなれ

雲が離れていくように、「遠い」を形容する枕詞。『万葉集』巻十五に「**秋萩の　散らへる野辺の　初尾花　仮廬《かりお》に葺《ふ》きて　雲離れ　遠き国《くに》辺《べ》の　露霜の　寒き山辺に　宿りせるらむ**」、萩が散る秋野の穂を出し始めた尾花《すすき》を仮の宿りにして、雲のように遠く離れた露霜がおりる寒い山辺であなたは眠りについたのだろうか、と任務のために遠国で命を終えた人を、妻や母親の悲しみを考えなかったのかと咎《とが》めながらも哀傷している。

雲は竜に従い、風は虎に従う くもはりゅうにしたがい、かぜはとらにしたがう

竜は雲を従えることによって勢威を強め、虎は風を従えることによって速さを増す。『易経』乾卦《けんか》に「水は湿《うるお》えるに流れ、火は燥《かわ》けるに就く。雲は竜に従い、風は虎に従う」、気を同じくするものは相応じ、たがいに求め合う、ということ。徳の高い帝王の下に優れた賢臣がいれば、さらに良い治世が実現する。「雲竜風虎」ともいう。

雲肘木 くもひじき

法隆寺の金堂など、飛鳥時代の建築に用いられている雲の形をした肘木。

雲ほがし くもほがし

熊本県益城《ましき》地方で、ずぬけて背の高い人をいう。「ほがし」は穴をあける意。雲に穴をあけるほど背の高い人。

雲間 くもま

雲の切れ間。『万葉集』巻二に「**妻ごもる　屋《や》上《かみ》の山の　雲間より　渡らふ月の　惜しけども**……」、石見国《いわみのくに》に妻をおいて都に帰る柿本人麻呂は、屋上山まで来たところで、〈雲間〉を渡

っていく月を見上げながら妻への名残を惜しんでいる。

雲祭り　くもまつり
島根県那賀《なか》郡地方で、待望の雨が降ったことを喜ぶ祭りをいった。

雲間の御光　くもまのごこう
太陽の光が雲の切れ間から大地や海上に向かって放射状に射している光景。天から何かが下りてくるような荘厳な感じがあり、ヨーロッパでは「太陽が水を飲んでいる」といったり、〈天使の梯子《はしご》〉〈ヤコブの梯子〉などと呼ぶ。

雲水量　くもみずりょう
水滴または〈氷晶〉からできている雲が保持している水分の総量。もし〈入道雲〉がすべて雨となって降ったら、どのくらいの水量になるだろうか。通常小さい〈積雲〉一立方メートルに含まれる〈雲水量〉は〇・一～〇・二グラムほど、〈積乱雲〉で五グラム程度だという。いま〈入道雲〉を半径五キロメートル・高さ一〇キロメートルの円錐と見立て、単位当たりの雲水量を五グラムとして計算すると、総量一三一万トン、ドラム缶六五〇万本になる。しかし、この雲水量がすべて雨になって降ったとすると、降雨量は一七ミリメートル。多いと思うか、意外に少ないと感じるかは、人それぞれということか（『日和見の事典』）。

雲無心にして岫を出ず　くもむしんにしてしゅうをいず
「岫」は山の洞穴。雲は何の思惑もなく自然に山の穴から湧き出している。そのように世間から超然とした人物は、何の野心も執着もなく、出処進退が自由・自然であるということ。「**帰りなん、いざ。田園将《まさ》に蕪《あ》れなんとす。胡《なん》ぞ帰らざる**」と始まる、中国・六朝時代の陶淵明《とうえんめい》が官位を捨てて故郷に帰るときの心境を詩《うた》った「帰去来辞《ききょらいのじ》」の第二連に、「**雲は心無くして以て岫を出で、鳥は飛ぶことに倦《う》みて還るを知る**」と。

雲焼け　くもやけ
岩手県九戸《くのへ》郡地方などで、夕焼けをいう。

雲行き　くもゆき
雲が動いていくようす。転じて、成り行き、情勢。「雲行きが怪しい」といえば、天気がくずれそうだということだが、悪いことが起こりそうだという意味にも使う。

曇らう　くもらう
〈曇る〉に接尾語「ふ」が付いて継続・反復の意が加わり、一面に曇るの意の古語。『万葉集』巻十に「**はなはだも降らぬ雪ゆゑこゝだくも天《あま》つみ空は雲らひにつつ**」、ひどく降るほどの雪ではないのにこんなに空一面に雲がかかっている、と。

曇り霞　くもりかすみ
少し曇って霞んでいること。

曇り日和　くもりびより
曇ってはいるけれど、安定した天気。

曇り渡る　くもりわたる
視界一面が曇る。

曇る　くもる
雲が出て空をおおう。日が陰る。気象学的な晴れと曇りの区別は、全天を「10」として、そのうちのどの程度が雲におおわれているかで決める。⇩〈**雲量**〉

雲を霞と　くもをかすみと
逃げ足速く姿をくらますこと。

雲を凌ぐ　くもをしのぐ
雲を下に見るほど高く聳《そび》え立つ。

雲を摑む　くもをつかむ
漠然として捕らえどころがないこと。

雲を呼ぶ　くもをよぶ
波乱が起きようとする。⇩**コラム「雨・雪を呼ぶ雲」**

くらげ雲　くらげぐも
クラゲに似た形の雲。大気中に乱れがあるときに生じ、山にかかるものは〈笠雲〉の一種だが、海上や平野の上空でも発生し、形もさまざまに変化する。雲の名前は便宜的で、クジラに似ていれば「鯨雲」というように、定義や実体があるわけではない。

暮雲　くれぐも

夕方の空にかかる雲。暮雲《ぼうん》。

紅の霞　くれないのかすみ

真っ赤な夕焼け。〈紅霞《こうか》〉。

黒い風　くろいかぜ

〈黒雲〉が垂れこめ、砂塵を巻き上げ、昼なお暗い野外を吹く〈旋風〉。〈黒風《こくふう》〉。

黒北風　くろぎた

春先の〈黒雲〉をともなう北ないし北西の風。〈春一番〉の〈南風〉のあと、一時的に西高東低の冬型の気圧配置にもどることがよくある。このとき北日本では雪まじりの冷たい北西風が吹き、〈春北風《はるきた》〉という。西日本では〈黒北風〉と呼び、京都府丹後地方の漁業者の間では「くろげた」といい、濃霧をともない、出漁中の漁船には警戒される風である。春の季語。

黒北風や家も社も海を向き　吉田藤治

黒雲　くろくも

黒い色をした〈雨雲〉や〈雪雲〉。不吉な出来事を予感させる暗い色の雲。〈黒雲《こくうん》〉。

くろっちょ

漢字で書くと「黒猪」。天候が悪化したとき、〈層雲〉や〈積雲〉に付随して発生する黒い〈断片雲〉ないし〈ちぎれ雲〉。厚い雲の下を飛ぶように移動するさまが、黒いイノシシが突進

最先端の気象用語②

高解像度降水ナウキャスト

三〇分先までの五分ごとの雨の分布を二五〇メートル四方（従来の降水ナウキャストは一キロメートル四方）の細かさで予測し、五分間隔で最新の雨の状況を提供するもの。

しているように見えるところからの名前であろう。「黒猪《こくちょ》」とも。

黒南風　くろはえ・くろばえ

梅雨時に〈黒雲〉が低く垂れこめている下で吹く南風、また南西風。夏の季語。南西諸島などでは例年、五月中旬に梅雨入りすると、空は暗くなり南風が雨を運んでくる。この南風を〈黒《くろ》南風《はえ》〉と呼んだ。「あらはえ」と呼ぶ地方もある。梅雨が明けるころに吹くのが〈白南風《しろはえ》〉。

黒南風や島山かけてうち暗み　高浜虚子

君子の徳は風　くんしのとくはかぜ

為政者として重要なのは自分が「風」であるという自覚で、君主に徳さえあれば、風が草をなびかすように人びともそれに倣うものだというたとえ。『論語』顔淵《がんえん》にあることばで、春秋時代の魯《ろ》国の家老であった季康子《きこうし》に、「非道な悪人を殺して善人だけの社会をつくることは可能でしょうか」と聞かれた孔子はこう答えた。「子、政《まつりごと》を為すに焉《いずく》んぞ殺《さつ》を用いん。子、善を

平成二六年（二〇一四年）八月から気象庁が提供しており、パソコンやスマートフォンを使うと気象庁のホームページで確認することができる。

気象庁では二〇ヵ所の気象ドップラーレーダーに加え、気象庁・国土交通省・地方自治体が観測している全国約一万ヵ所の雨量計、上空数キロメートルまでの風向や風速を常時監視するウインドプロファイラ、上空三〇キロメートル以上までの風向・風速・気温・湿度を観測するラジオゾンデ、さらに国土交通省のレーダーなどの観測データも活用して、この詳細な情報を作成し提供している。

屋外イベントや外出時に雨の降り始めや雨の強さが気になる場合には、スマートフォンから気象庁のホームページにアクセスすると、雨雲の強さや雨雲が接近しつつあるかどうかが手軽に確認できるので、「お気に入り」に登録しておくと良い。

欲すれば民善なり。君子の徳は風にして、小人の徳は草なり。草はこれに風を上《くわ》うれば必ず偃《ふ》す」と。善政のために人を殺す必要はない。あなたが真剣に善を求めれば、民衆が善くならないはずはない。為政者の本質を風とすれば、民衆の本質は草であって、草は風に吹かれれば必ずなびくものだ、というのである。

薫風 くんぷう

初夏のころ新緑の上を吹きわたってくる爽やかな南風。気象学的にはこの風は、南高北低の気圧配置のとき、つまり日本列島を中心としてみた場合、南に高気圧、北に低気圧がある夏型と呼ばれる気圧配置のときに吹く。「この型が現われると、四季をとわず、日本国中に南風が吹き、気温が上がる」と(『お天気歳時記』)。『呂氏春秋』有始覧に「東南を熏風《くんぷう》と曰う」とあり、「熏」は「薫」に通じて初夏の風を指す。唐・文宗皇帝の起句を受けて柳公権が「**薫風南より来り、殿閣《でんかく》微涼を生ず**」と詠じたように、もともと〈薫風〉は漢詩趣味のことばだと山本健吉は言う。「南薫《なんくん》」とも。夏の季語。⇩〈風薫る〉

薫風や素足かがやく女かな　日野草城

気嵐 けあらし

北海道や北陸地方で、冬の厳寒の朝、海や川から大量の霧が立ち上る現象をいう。夜間の放射冷却で気温の下がった大気が水面を流れると、相対的には温度の高い水中から上がる水蒸気が凝結して〈蒸気霧〉が発生する。

軽雲 けいうん

薄くたなびいている雲。三国志・魏《ぎ》の英雄曹操《そうそう》の子の曹植《そうしょく》は詞《し》藻豊《そう》かな悲劇の名将として知られた。その曹植が都洛陽からわが領地に帰る途中、洛水のほとりで一人のこの世のものとも思えない麗《うるわ》しい天女に出会う。そのことを賦《ふ》した「洛神の賦」に、神女の姿は「**髣髴《ほうふつ》たること軽雲の月を蔽《おお》うが如く、飄颻《ひょうよう》たること流風の雪を廻《めぐ》らすが如し**」、神女の姿の妙なることは、〈薄雲〉が月をおおうよう、流風が雪を舞わすようだった、とうたわれている。

卿雲　けいうん

太平の世に現れるという、美しくめでたい雲。字書に「卿雲爛《らん》たり、礼（糺）漫漫たり」、卿雲が明るく美しい紫の光を曳《ひ》いてどこまでも輝きめぐっている、と（『大字典』）。〈慶雲〉〈景雲〉とも書き、「きょううん」とも読む。〈瑞雲〉も同意。

慶雲　けいうん

慶事を予兆する雲。⇩〈**卿雲《けいうん》**〉

景雲　けいうん

めでたい雲。⇩〈**卿雲《けいうん》**〉

傾度風　けいどふう

水が水圧の高い方から低い方へ流れるように、風も気圧の高い方から低い方へ、つまり気圧の勾配（気圧傾度）に沿って吹く。空気の粒子である風は、気圧の勾配による気圧傾度力のほかに、地球の自転が地球上の物体に作用する力（コリオリの力）、地表に近い場所では地上物との摩擦力、そして曲線的に吹く場合には遠心力という四つの力の影響を受ける。こうして吹く理論的な風を〈傾度風〉という。「傾度風」は結果的に等圧線と平行に吹く。⇩〈**地衡風**〉

恵風　けいふう

草木に恵みを与える春風。顔に風を感じるほどのそよ風。

軽風　けいふう

そよそよと軽やかに吹く風。〈微風〉。〈ビューフォート風力階級〉２の風速一・六〜三・三メートルの風。

勁風　けいふう

強く吹く風。「勁」は力強いの意。強風。

景風　けいふう

『史記』律書は「景風は南方に居る」として「南風」だといい、『淮南子《えなんじ》』地形訓は「東南を景風と曰う」といい、『爾雅《じが》』釈天は「四時和するを通正と為し、之《これ》を景風と謂う」として四季の和風だといっている。要するに春夏秋冬の穏やかな南寄りの風をいうようだ。

煙る　けむる・けぶる

煙や霞が立ちこめ、あたり一面がぼうっと霞んで見える状態。「けぶる」は「けむる」より古い形。

巻雲　けんうん

刷毛《はけ》で刷《は》いたように筋状に伸びた、白い絹糸のような雲。最も高い空にできる雲で、〈絹雲《けんうん》〉とか〈筋雲《すじぐも》〉とも呼ばれる。〈十種雲形〉のうちの〈上層雲〉の一つで、上層五〇〇〇〜一万三〇〇〇メートルの高さに氷の粒（〈氷晶〉）が集まってできる。刷毛で刷いたような白い筋は、落下する氷晶が強風に吹きさらされている軌跡。

世界気象機関の「国際雲図帳」では「cirrus《シーラス》」といい、植物などの巻き毛を意味する。「curl cloud（巻き毛雲）」ともいい、わが国でも〈巻き雲〉ともいう。夏は上空の風が弱いためベール状となるが、秋になって〈偏西風〉が強まると筋状の美しい〈巻雲〉となる。夕焼けのときは最後まで茜色に残り、朝焼けのときはいちばん早く紅《くれない》に染まる。温暖前線や高気圧の前面にできるので、温暖前線の前面にできて天気が崩れるときは「雨シーラス（知らす）」、高気圧の前面にできたときは「晴れシーラス」などという。雨の前兆となる〈巻雲〉を〈雨巻雲〉、晴れが続く〈巻雲〉を〈晴巻雲〉という。

巻雲（写真提供／気象庁）

絹雲 けんうん

〈巻雲〉のこと。「絹雲《きぬぐも》」ともいう。『お天気博士の四季暦』に「空高く流れる絹雲は氷晶の雲である。低い空に浮かぶ積雲《せきうん》は水滴の雲である」。そして両者が上下に重なると、〈絹雲〉は〈積雲〉に〈氷晶〉の種を撒《ま》く。すると〈積雲〉が雨や雪を降らせる。その意味で、「絹雲は〝種まき雲〟、積雲は〝畑雲〟なのである」といっている。

玄雲 げんうん

黒い雲。「玄」は黒。

原子雲 げんしぐも

核爆発によって生ずる巨大なきのこ形の雲。⇩〈きのこ雲〉

幻日 げんじつ

太陽に〈巻雲〉や〈巻層雲〉がかかったとき、雲の〈氷晶〉による回折作用で太陽の両側に弱い光輪が出現し、まるで太陽が三つあるように見える現象。

南極の幻日（写真提供／久光純司）

巻積雲 けんせきうん

一般には〈鱗雲《うろこぐも》〉〈鰯雲《いわしぐも》〉〈鯖雲《さばぐも》〉などと呼ばれて親しまれている雲。〈十種雲形〉のうち、高度五〇〇〇〜一万三〇〇〇メートルの上空に〈氷晶〉が集まってできる〈上層雲〉の一種。白くて丸みのある小さな雲片が小石を敷き詰めたように集まっていたり、魚のうろこ状に並んでいたりするところからその名がある。秋空の代表的な雲で、絹のような光沢をもち「絹積雲」とも書かれる。中層の空の〈高積雲〉である〈羊雲〉と似ているが、雲の一片の大きさで区別する。空に向かって伸ばした手の小指の幅に雲片が隠れてしまえば〈巻積雲〉、はみ出せば〈高積雲〉だとする。

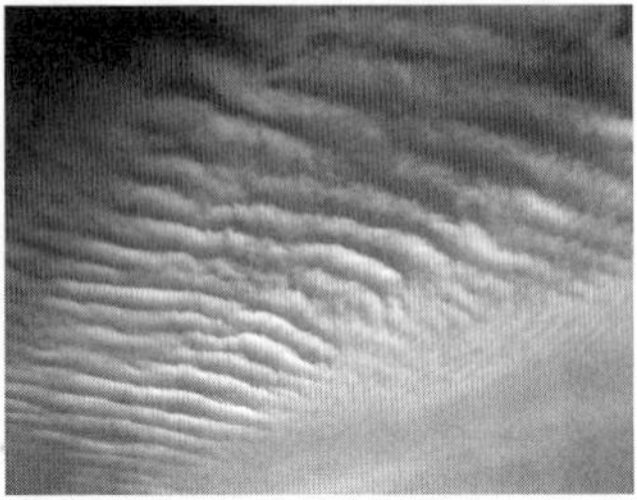

巻積雲（写真提供／気象庁）

巻層雲　けんそううん

いわゆる〈薄雲〉で、白く薄いベールが空一面をおおったような雲。「絹層雲」とも書く。〈十種雲形〉のうちの、高度五〇〇〇～一万三〇〇〇メートルの上空に氷晶が集まってできる〈上層雲〉の一つ。霞がかかったように見えて陰影はないが、筋や毛のような模様が見られることもある。温暖前線の前面にでき、太陽や月の周りに〈暈《かさ》〉を作る。次第に厚く低くなると〈高層雲〉となり、さらに低気圧が強まると暗い〈乱層雲〉に変わって雨を降らせる。

厳風　げんぷう

冬の厳しい〈烈風〉。反対語は〈協風〉。

恋風　こいかぜ

恋の切なさを風にたとえて言ったことば。また、「恋の初風」といえば、人を恋い初《そ》める初恋のこと。

行雲　こううん

空を流れていく雲。「行雲流水」といえば、空行く雲と流れる水のように一瞬も滞ることなく、物事に執着せず、自然の成り行きに身をゆだねること。

光雲 こううん

仏教用語で、釈迦如来から発する光明が十方に遍満することを雲にたとえた。中国・南北朝時代の僧曇鸞《どんらん》大師の「阿弥陀仏を讃《たた》うる偈《げ》」に、「光雲無碍《むげ》にして虚空の如し。故に仏を又無碍《むげ》光《こう》と号《なづ》けたてまつる」と。「無碍」は自由自在でとらわれのないこと。

香雲 こううん

盛大に上がる香煙を雲にたとえた。また咲き乱れている満開の桜を雲になぞらえた。

黄雲 こううん

黄色、金色に染まった吉祥《きっしょう》を告げる雲。一方で黄色い雲のように舞い上がる土ぼこり。また、黄金《こがね》色に稔った稲・麦などをたとえて「黄雲棚引く」などという。明初の詩人高啓《こうけい》の「打麦の詞」に「**雉雛《ちすう》高く飛んで夏風煖《あたた》かなり、行く、黄雲を割《さ》いて手に随《したが》って断つ**」と。

紅雲 こううん

紅《くれない》に染まった雲。清《しん》の任啓運《じんけいうん》の『翼聖記』に「玉帝居る所、常に紅雲有りて之を擁す」と。また花が赤く咲き乱れるさまにもいう。宋代に天文・地理から動植物・日用品、さらに鬼神・奇瑞譚まで記した『清異録』に、「劉鋹《りゅうちょう》毎年紅雲の宴を設くるは、正に紅茘枝《こうれいし》熟する時なり」と。

紅霞 こうか

真っ赤な霞。「霞」は赤い〈雲気〉、すなわち〈朝焼け雲〉〈夕焼け雲〉をいう。

光冠 こうかん

霧や薄い〈層雲〉越しに日月を見たとき、光が雲の中の水滴によって回折され、太陽や月の周囲に光の輪がかかる現象。輪の色は白色、または外側が赤く内側が青紫色で、〈暈《かさ》〉と逆になる。「光環」とも書く。

黄砂 こうさ

春の強風に乗って中国大陸の黄土地帯から飛んでくる砂塵。冬の北風と春の南風が激しく衝突する三月は強風の季節だ。〈黄塵《こうじん》〉「胡沙《こさ》」も同意。春の季語。

岸壁に来し郵便車黄砂降る　横山白虹

降砂　こうさ

風で吹き上げられた砂が降ること。春の関東平野などでよく見られる。⇩〈**春塵**《しゅんじん》〉

黄雀風　こうじゃくふう

旧暦の五～六月ごろに吹く南東風。黄雀はスズメ。中国の伝説で、この風の吹くころ海の魚が黄雀に変身するという。夏の季語。

鶴去って黄雀風の吹く日かな　河東碧梧桐

黄塵　こうじん

風で舞い上がって、空が黄色く見えるほどの土埃。「黄塵万丈」は春の季語で、風に乗った土けむりが濛々《もうもう》と空高く立ちのぼるさま。中国北西部の黄土地帯では春の三～四月ごろ、強風で巻き上げられた大量の砂塵が空一面を黄褐色におおい、寒冷前線に乗って日本列島の九州から関東にまで飛来する。江戸時代以前にも見られた現象だが、俳句の世界では大正末ごろから詠まれだした新季題だという（『日本大歳時記』）。〈黄砂〉〈霾《つちふる》〉〈蒙古風《もうこかぜ》〉「胡沙《こさ》」〈霾晦《よなぐもり》〉など、みな同意。

黄塵に染む太陽も球根も　百合山羽公

恒信風　こうしんふう

いつも一定方向に吹いている風。〈貿易風〉のこと。赤道付近には「熱帯収束帯」と呼ばれる、常に上昇気流が発生し〈積乱雲〉が活動している帯状の地域がある。その上昇気流をおぎなうために吹いている〈恒信風〉が貿易風。北半球では北東の風、南半球では南東の風となる。

降水雲　こうすいうん

雲から落下する雨・雪・雹《ひょう》などが地表まで到達している雲をいう。途中で蒸発してしまい、降水が地面に届かない雲は〈尾流雲《びりゅううん》〉。

高積雲　こうせきうん

高度二〇〇〇～七〇〇〇メートルの中層の空に浮かぶ丸型、ロール型などの小雲の集まり。羊の群れが集合したように見える場合には〈羊雲〉といい、もっと大きければ〈叢雲《むらくも》〉などとも呼ばれる。〈巻積雲〉に分類されている〈鱗《うろこ》雲《ぐも》〉と形状は似ているが、空に手をかざして雲の一片の見かけの大きさを計ると、指一本分から握りこぶしぐらいあって巻積雲よりずっと大きい。世界気象機関による〈十種雲形〉に加えて、雲は見え方によってさまざまな「種」と「変種」に細分類されている。形がレンズ状であれば「〈高積雲〉の〈レンズ雲〉」、並び方が波のようになっていれば「波状高積雲」などと呼ばれる。〈高積雲〉は一年中目にすることができる、変化に富んだ、見て楽しく美しい雲である。

高積雲（写真提供／気象庁）

高層雲　こうそううん

〈十種雲形〉のうちの〈中層雲〉の一つで、むらのない濃い灰色が全天を幕状におおう。数百から数千メートルの厚みがあり、上層は〈氷晶〉、中層は氷晶や水滴、下層は水滴からなる。〈巻層雲〉の部厚いもののように見えるが、太陽や月に〈暈《かさ》〉はできない。日月が磨《す》りガラス越しのようにぼんやりしていれば〈高層雲〉だと区別できる。巻層雲と違って、地上にある物にはっきりとした影はできない。〈朧《おぼろ》雲《ぐも》〉ともいう。「高層雲」がさらに厚くなると、〈乱層雲〉となって本格的な雨を降らせる。

広莫風　こうばくふう

中国神話に登場する窮奇《きゅうき》という霊獣（〈風神〉）が吹き起こす北風。『史記』律書には「広莫風は北方に居る」とあり、「広莫」とは陽気が地下にあって陰気が広大で陽気を莫《な》くす意だとする。『淮南子《えなんじ》』地形訓には、「窮奇は広莫風の生ずる所なり」とある。〈広莫風〉とは、冬至に吹く寒風のことで、「窮奇」は北方の天神だという。

光風　こうふう

草木が翻って光っているように見えるゆるやかな春風。また、雨あがりの日射しの中で青葉や草の葉の露をきらめかせて吹く風。

好風　こうふう

気持ちの好い風。六朝・東晋《とうしん》の陶淵明《とうえんめい》の「山海《せんがい》経《きょう》を読む」の序詩に「**微《び》雨東より来り、好風之《これ》と倶《とも》にす**」と。また平安時代の漢詩集『本朝麗藻《ほんちょうれいそう》』には「**好風の来たる処　心腸《しんちょう》を慰む　左右に衣を飄《ひるがえ》して　夏日《かじつ》を忘る**」、快い風は暑さに疲れた身心を癒やし、衣を翻して夏を忘れさせてくれるほど気持ちがよい、と。「腸」は「膓」の俗字。

恒風　こうふう

いつも決まった方向に吹く風。熱帯地域の〈貿易風〉や温帯地域の〈偏西風〉など。

江風　こうふう

中国の揚子江を吹く風。また〈川風〉のこともいう。

香風　こうふう

よい香りのする風。花などの香気をのせて吹いてくる風。

高風　こうふう

高い空を吹きわたる風。秋風《しゅうふう》。一般には、優れた人柄や立派な風采をいうのに用いられる。『楚辞』九歎《きゅうたん》に「霊玄《れいげん》を虞淵《ぐえん》に囚《とら》え、高風に遡《さかのぼ》りて以て徘徊し、周流を朔方《さくほう》に覧《み》る」。「霊玄」は玄帝、「虞淵」は日が沈む西方のこと。また三国・魏《ぎ》の曹植《そうしょく》の「仙人篇」に、「飛騰《ひとう》して景雲を蹈《こ》え、高風我軀《がく》を吹く」と。「飛騰」は、飛び上がる。

荒風 こうふう

「荒」はすさむ。あれる。吹きすさぶ風。荒く吹く風。

業風 ごうふう

仏教で、地獄に吹いているという大暴風。また、善業を積んだ者は極楽に、悪業を重ねた者を地獄へと吹き送る業の風。〈地獄の業風〉とも。

剛風 ごうふう

上空を吹く強い風。北宋・蘇軾《そしょく》の「紫団参王定国に寄する詩」に「**剛風草木を被《おお》い、真気苕穎《ちょうえい》に入《い》る**」と。「苕穎」は豌豆《えんどう》の穂。

光風霽月 こうふうせいげつ

「霽」は晴れる。「霽月」は雨上がりの空に出た月。草木を光らせて吹く爽やかな風と、雨後の晴れ間に浮かぶ清らかな月。転じて、気性がさっぱりとして心根が清らかな人への賛辞。『宋史』周敦頤《しゅうとんい》伝に、黄庭堅《こうていけん》が周敦頤について「人品甚《はなは》だ高く、胸懐の灑落《しゃらく》なること、光風霽月の如し」、人格はとても高潔で、胸中がさっぱりしているところは爽やかな風、清らかな月のようだ、と。

高木は風に折らる こうぼくはかぜにおらる

⇩〈**喬木《きょうぼく》は風に折らる**〉。「高木は風に倒る」ともいう。

香霧 こうむ

香気を含んだ霧。春の花の咲く庭園などに立ちこめるよい匂いのする霧。唐末・五代の詩人張《ちょう》泌《ひつ》の作に「**花駅楼《えきろう》に満ち、香霧《こうむ》細かなり**」と。

こうむら

東京都八丈島地方で、北または北西風をいう。天気が急変する危険な風だという。

孤雲 こうん

一ひら離れて浮かぶ〈片雲〉。

こーじんにし

竈《かまど》の神である荒神様の祭礼が行われる旧暦九月二九日ごろからよく吹く西風。漢字で書けば「荒神西風」。「こーじんかぜ」ともいう。

小風　こかぜ

そよ風。微風。平安中期の女流歌人の『赤染衛門集』に「**笛の音に神の心やたよるらんもりのこ風も吹**《ふき》**まさるなり**」、熱田神宮にお参りし、神前で管弦を奉納していると、笛の音に神の心が寄り添ってきたのだろう、森の木々を揺らすそよ風も勢いが増して笛の音と合奏しているようだ、と。

木枯らし　こがらし

晩秋から初冬にかけて吹く冷たい北寄りの〈季節風〉。木を吹き枯らす風の意とも、音便で「木嵐《こあらし》」が「こがらし」に転じたともいう。「凩」とも書くが、風が止まる「凪《なぎ》」などと同じ和製の国字である。一〇月下旬から一一月初旬ごろは、大陸から冬の〈シベリア風〉が吹き込んできて、冷たい雨↓木枯らし↓小春日和の繰り返しとなる。冬の季語。

凩《こがらし》**の果**《はて》**はありけり海の音**　言水

木がらしや目刺にのこる海の色　芥川龍之介

木枯らし一号　こがらしいちごう

気象庁では、以下の三項目を総合的に判断して、東京地方の〈木枯らし一号〉を決めているという。①一〇月半ばから一一月末までの間に吹く北西の風。②気圧配置が西高東低の冬型となって〈季節風〉が吹くこと。③東京における最大風速がおおむね風力五以上、風速八メートル以上であること。風速は〈最大瞬間風速〉を使う。これまでの最も早い「木枯らし一号」は一〇月一三日で、最も晩《おそ》かったのは一一月二八日だという。

凩や海に夕日を吹き落とす　夏目漱石

木枯らしの身　こがらしのみ

木枯らしに吹かれて木の葉を落とした木のように侘しい姿になってしまったわが身。芭蕉の句に、

こがらしの身は竹斎に似たるかな

仮名草子『竹斎はなし』は、都の藪医者の竹斎が下男のにらみの介を連れて諸国を行脚する和

製「ドン・キホーテ」物語で、『東海道中膝栗毛』の先駆となった当時のベストセラー。芭蕉はあえて自分を「竹斎」になぞらえ、俳諧という風狂の道に邁進《まいしん》する覚悟を示したといわれる。

哭雨風 こくうふう

夏至のころ、にわか雨をともなう南西の風。「哭」は泣く意で、「哭雨」はにわか雨。

黒雲 こくうん

黒い雲。『漢書』天文志に「元平《げんぺい》元年正月庚《こう》子《し》、日出づる時に黒雲有り、状猋《さまひょう》風乱鬊《ふうらんしゅん》の如し」、前漢・昭帝《しょうてい》の元平元年（紀元前七四年）庚子《かのえね》の日の出のとき〈黒雲〉が湧き、そのありさまは〈つむじ風〉に掻き乱された頭髪のようだった、と。一方『日本書紀』皇極紀に、山背大兄王は、蘇我入鹿と戦えば勝てるだろうが自分一身のために人びとを戦禍に巻き込みたくないと言って、一族もろとも自決した。そのあと空に美しい幡《はた》や蓋《きぬがさ》が輝き人びとが指さして入鹿が見上げたところ、「其の幡蓋《はたきぬがさ》等、変りて黒雲に為《な》りぬ」、美しい幡蓋は「黒雲」に変わってしまった、と。

穀風 こくふう

穀類をはじめ万物を生長させる風。東風。『漢書』王莽伝《おうもうでん》に「穀風迅疾《じんしつ》、東北従《よ》り来たる」、群臣が王莽の聖寿を祝福したことばの中に、その夕べ穀風《はるかぜ》が強く東北から吹いてきました、と。

谷風 こくふう

谷から山腹へ吹き上げていく風。〈谷風《たにかぜ》〉。また同音の〈穀風〉に通じ、万物を生長させる春の東風をいう。

黒風 こくふう

〈黒雲〉が日光をおおい昼なお暗い中を、砂塵を巻き上げて吹く〈つむじ風〉。暴風。

黒風白雨 こくふうはくう

〈黒風〉が吹き荒れる中に、烈《はげ》しい夕立が降ってくること。「白雨」はにわか雨。夕立。

極楽の余り風　ごくらくのあまりかぜ
西方の極楽浄土から吹いてくるという涼しい西風。「極楽の西風」ともいう。

こげら雲　こげらぐも
茨城県・福島県地方などで〈鱗雲《うろこぐも》〉をいう。

凝り雲　こごりぐも
〈乱層雲〉や〈積乱雲〉におおわれて天候が下り坂になったとき、低い空に固まったような姿を見せる黒っぽい〈断片雲〉ないし〈ちぎれ雲〉をいう。

心の風　こころのかぜ
人間の心が荒く冷たいことを風にたとえた。鎌倉末期の『夫木抄《ふぼくしょう》』巻十九に「**海原やあら磯崎の波よりも人の心のかぜぞはげしき**」、磯に荒波をたたきつける〈海風〉よりも人の心の風の方が厳しく冷たい、と。

胡沙荒る　こさある
春の強風に乗って、中国東北部の黄土地帯から砂塵が飛来すること。「胡」はえびす、西方・北方の異邦人で、「胡沙」は〈黄塵《こうじん》〉〈霾《つちふる》〉に同じ。春の季語。

御祭風　ごさい
夏の土用の半ば過ぎに吹く北東の風。「御祭」とは旧暦六月一六・一七日に行われる伊勢神宮の祭りのこと。このころ七日間ほど、北東の風が吹くといわれる。

五色の雲　ごしきのくも
青黄赤白黒など五色の美しい雲。古代中国の伝説上の帝王の黄帝が戦場に出ると、頭上にはいつも〈五色の雲〉が出現したという。倉嶋厚は、「五色の雲」とは日光の回折によって〈高積雲〉などの縁《へり》にできる〈彩雲〉だったのかもしれない、と記している（『日本の空をみつめて』）。江戸時代の随筆家山崎美成《よししげ》らの『兎園《とえん》小説』に、友人の外岡《とのおか》（青木）北海の体験談が伝えられている。文政八年（一八二五年）八月五日午《うま》の刻のこと、北海が小石川伝通院《でんづういん》の境内を通りかかると、稲荷社の祠《ほこら》の華表《とりい》前に数人の僧が集まって空を見上げている。近寄ってわけを聞いてみたところ、「あれ見給へ。五色の雲の棚引《たなびく》なり」と言って空を指さした。見ると、たしかに日輪の傍に長さ一〇丈あまり、広さ四、五丈もあろうかという一叢《ひとむら》の白雲がかかっていた。日光に映え、紅を溶き流したように薄く棚引いて、その美しさはこの世のものとも思えないほどだった。さらにその紅雲の裏から、紫黄青緑などえもいわれぬ色が射し昇り、まるで鮑《あわび》貝《がい》の美しい彩《いろどり》のよう。それが淡くなったり濃くなったり自在な変化を示して、ただただ美しく、ひとりでに感嘆のことばが口をついて出るばかりだった、というのである。

東風　こち

東風《ひがしかぜ》。春が近づき西高東低の冬型の気圧配置がくずれると、太平洋上から大陸に向かってゆるやかな東風または北東風が吹くようになる。これを〈東風《こち》〉といった。東風が吹くと、雨をともない寒さがゆるむので、春を待つ人びとには喜ばれるが、漁業者などには〈時化《しけ》〉をもたらすとして恐れられた。〈初東風《はつごち》〉〈節東風《せちごち》〉〈雲雀東風《ひばりごち》〉〈鰆東風《さわらごち》〉〈梅東風〉〈桜東風〉〈朝東風〉〈夕東風〉「伊勢ごち」「丑寅《うしとら》ごち」など、土地ごとの生活暦と結びついて多彩に展開した。「こち風」ともいう。春の季語。

河内路や東風吹送《ふきおく》る巫女《みこ》の袖　蕪村

こちかで

千葉県袖ケ浦市、大阪府堺市、山口県長門市地方などで、寒い北東風をいう。「こち風」の訛《なま》り。宮城県石巻市、宮崎県えびの市、鹿児島県奄美地方などでは、同じく「こっかぜ」という。そのほか全国に、「こちげ」「こちまぜ」「こつのかぜ」「こちしけ」など、さまざまな呼び名がある。

東風の返し　こちのかえし

〈東風《こち》〉が吹いたあと、反対方向の西から吹き返す風。

木の下風《このしたかぜ》

木の下をわたって吹く涼しい風。紀貫之の『貫之集』第二に、「六月、すずみする所」と詞書があって、「**夏衣うすきかひなし秋までは木の下風もやまず吹かなむ**」、薄い夏衣だけでは暑さをしのぐのに十分ではないから、どうか緑陰をわたる〈木の下風〉よ、秋までやまずに吹いてほしい、と。『万葉集』には暑気を夏の風物として詠んだ和歌はないが、平安時代になると「樹陰納涼」が詠まれ始め、その後「水辺納涼」の作が増えていくという（川村晃生「歌人たちの夏——暑気と涼気と」）。

木の葉落とし《このはおとし》

〈木枯らし〉。木々の葉を吹き落とす冬の北西の〈季節風〉。「木の葉散る」「木の葉の時雨」といえば、冬の季語。

風に聞けいづれか先にちる木の葉　夏目漱石

木枯らしに舞い落ちた木の葉

木の葉座りの風《このはずわりのかぜ》

鳥取県地方で、春に吹く南風をいう。

木の芽風《このめかぜ》

春先、木の芽を萌え出させる春風。春の季語。

小春風《こはるかぜ》

小春に吹く風。小春は旧暦一〇月の別名。春がよみがえったような暖かい日和がつづく中で吹く穏やかな風。小さい春風ではない。

湖風《こふう》

〈海風〉と同じように、日中、湖の上から陸地に向かって吹く風。琵琶湖、霞ケ浦など大きな湖の湖岸で見られる。

五風十雨　ごふうじゅうう

五日に一度風が吹き、一〇日に一度雨が降るような順調な天候。農作物がよく稔《みの》って天下が太平に治まるたとえ。後漢の思想家王充《おうじゅう》の『論衡』是応に「太平の世、五日に一風、十日に一雨、風枝を鳴らさず、雨塊《つちくれ》を破らず」とあるのに由来する。

五里霧中　ごりむちゅう

広大な深い霧に包まれて、方角がわからないこと。自分のいる場所がわからず、どうしたらよいか方針や手段も立てられないこと。後漢の張《ちょう》楷《かい》が幻術で五里四方をおおう深い霧を起こした故事によることば（『後漢書』張楷伝）。

さ行

彩雲　さいうん

美しく色味がかった雲。〈高積雲〉などの縁《へり》のところで、太陽光が〈雲粒〉のスペクトル作用により虹色に色づいて見える。色は緑とピンクが主で、雲が消えかかっているときによく見られるという。〈五色の雲〉も同様。〈瑞雲〉とされる。

サイクロン　cyclone

インド洋付近の強い熱帯低気圧。また、広義では低気圧一般をいうことがある。国際的には、インド洋、南半球のオーストラリア付近やアフリカの東で発生する強い熱帯低気圧を「トロピカル・サイクロン」(tropical cyclone) という。北半球の太平洋で発生するのは〈タイフーン〉(typhoon) で、北半球の大西洋で発生するのは〈ハリケーン〉(hurricane)。ひところオーストラリア付近で発達したものを〈ウィリーウィリー〉(willy-willy) といったが、その後オーストラリア気象局より〈ウィリーウィリー〉は熱帯低気圧ではなく、本来は内陸に発生する〈塵旋風〉であるとの訂正があったそうだ。

最大瞬間風速　さいだいしゅんかんふうそく

ある時間帯における瞬間風速の最大値。地上で

瞬間風速

風の強さを表すものとして日本では「平均風速」が使われてきた。しかし、風災害は、吹き続ける強風よりも瞬間的な強風により発生することが多い。平均風速を観測している全国約九〇〇地点のアメダスでは二〇〇九年から「瞬間風速」の観測も可能となり、気象庁のホームページには平

観測された過去最大の風速は、一九三五年九月二日、アメリカ合衆国のフロリダ州オウキーショビー湖沿岸での推定一〇分間平均最大風速、毎秒五二・三メートル、湖面上で毎秒五五・〇メートル、〈最大瞬間風速〉は、実に毎秒八〇・五メートルであるといわれる。日本では、昭和四一年（一九六六年）九月、台風二六号が襲来したとき、富士山頂で最大瞬間風速九一メートルが観測された。当時、山頂に勤務していた観測員の手記によれば、「重さ八〇キロの扉の六個の金具がはずれ、部屋に倒れようとするのを五人の観測員が必死で押し返し、富士山レーダーを守ることができた」という。⇩**コラム**「風の強さ」

細氷 さいひょう

極寒の地や高山などで、極小の氷の結晶が霧のように空中をただよい、徐々に下降する現象をいう。よく晴れた風のない日にでき、日の光を受けてキラキラと輝く。「氷針」とも。〈氷霧〉

均風速と並んで瞬間風速の観測記録も掲載され、強風が予想されるときに発表する風の情報にも、予想される瞬間風速が記載されるようになった。

気象庁で用いているのは、平均風速は一〇分間に吹いた風の速さの平均であり、瞬間風速は三秒間に吹いた風の速さである。この両者は突風率（瞬間風速／平均風速）という関係で示される。風が弱いときの突風率は二〜三と高いこともあるが、風が強くなると一・五程度に収束する。陸上では建物や地形などが風に摩擦を生じさせる影響で風の揺らぎ（強弱）が生じやすいため突風率は大きく、風向によっても異なってくる。これに対して海上では摩擦を生じさせる物が無いので、陸上よりも突風率が小さく、ほぼ一・五である。言い換えれば、陸上よりも海上の方が風は強いが風の強弱（揺らぎ）が小さく、陸上では強い風ほど強弱が小さい。

〈ダイヤモンドダスト〉も同様。

細風　さいふう

かすかな風。〈微風〉。杜甫《とほ》の「王十五の前閣の会の詩」に「**楚岸新雨収まり、春台細風を引く**」、揚子江の支流の楚江の岸を濡らしていた雨がやみ、そよ風が吹いて盛んな春の世を寿いでいる、というめでたい光景。「春台」は盛んな世のたとえ。

蔵王颪　ざおうおろし

宮城県西部地方などで、冬に蔵王山から吹き下ろしてくる強風。最大瞬間風速三〇メートル以上にも達し、吹き下ろす福島—白石蔵王間で東北新幹線を止めることもある。

佐保風　さおかぜ・さほかぜ

奈良市内、平城京の佐保路のあたりを吹く風。『万葉集』巻六に、大伴坂上郎女《おおとものさかのうえのいらつめ》が、佐保の家から帰る甥の大伴家持に与えた歌、「**我が背子が着る衣《きぬ》薄し佐保風はいたくな吹きそ家に至るまで**」、あなたが着ている服は薄いので、佐保風よ、家に帰りつくまではあまりひどく吹かないで、と。

棹雲　さおぐも

山の中腹などをよぎる〈横雲〉で、棹のような長い形をしたもの。

さが

東日本太平洋岸、特に関東地方の沿岸部で冬の北西寄りの強風をいう。「坂」の転訛《てんか》で、高いところから吹き下ろす、船人にはありがたくない風。「さがならい」「さがにし」「さがべっとう」「さがみなみ」などの複合語があり、宮城県塩釜市や七ケ浜町地方では、「さがの人喰い」「さがの人殺し風」とまでいって恐れられたという（『風の事典』）。台風による暴強風をいうこともある。

さがり・さがりにし

主として山口県から西九州地方で、西ないし南西の風をいう。「さがる」とは風が南寄りになること。漢字で書けば「下り（西）」。「はえにし」「沖ばえ」と呼ぶ地方もある。

狭霧　さぎり
霧。「さ」は、「さ百合」「さ曇る」などと、名詞・動詞・形容詞に付いて語調を整え、歌語を作る接頭語。

今朝もまた狭霧の奈良となりにけり　磯野莞人

朔風　さくふう
北風。「朔」は北の意。冬の季語。

朔風や十にも足らぬ羊守る　遠藤梧逸

桜東風　さくらごち
桜の咲く春に吹く東風。同じころの南風は〈桜南風《さくらまじ》〉「日和南風《ひよりまじ》」。春の季語。

桜南風　さくらまじ
桜が咲く時分に吹く南風、ないし南東の風。春の季語。

下町の運河を渡る桜まじ　吉野たちを

鮭颪　さけおろし
秋の中ごろ、東北地方などで吹く〈野分〉のような暴風。鮭が産卵のため川を遡上する時期に吹く強風で、鮭漁を始める目安とした。江戸中期の辞書『物類称呼』に「八月の風を暴風《ぼふう》と云《いう》。歌連俳とも野分と詠ず。陸奥《みちのく》にて鮭下風《さけおろし》とよぶ。此頃《このころ》より鮭の魚を捕《とる》といへり」とある。秋の季語。

鮭颪川波白く梁《やな》を撃つ　角田独峰

ざざんざ
大勢の人びとがにぎやかに「ざんざ」と騒ぐ擬音から転じて、ザーッと物を鳴らして吹く風の音を表す。狂言「茶壺」の冒頭、壺主が「ざざんざ、浜松の音は　ざざんざ」と酒宴の小謡《こうたい》を歌いながら、「ああ、いかう酔うた事かな」と言って寝てしまう。

さし曇る　さしぐもる
曇る。「さし」は意味を強めたり語調を整えたりする接頭語。

砂塵嵐　さじんあらし
春先の強風で砂や塵が舞い上がること。冬の太平洋側は雨が少なく、地面が乾いている関東地方では春の嵐が砂塵や土埃を盛大に天に吹き上げる。〈砂嵐〉〈春塵《しゅんじん》〉〈春埃《はるぼこり》〉ともいう。「ダスト・ストーム」「サンド・ストーム」ともいい、大規模なものは農地を荒廃させる原因となる。

五月雲　さつきぐも

梅雨空をおおう雲。五月雨《さみだれ》を降らせる厚い〈雨雲〉。〈梅雨雲《つゆぐも》〉「五月雨雲《さみだれぐも》」ともいう。伊豆鳥《とり》島《しま》の〈五月雲〉は「低い雲が何日間もたれこめ、ときには雲底が屋根ぎわまでおりてきて、よどんでただよう。たたみも寝具もべとべとと……」だという（『お天気歳時記』）。一方、本州平野部の「五月雲」は、暗くたれこめたときでも〈雲底〉は地上数百メートルほどだと。梅雨の中休みの束の間の「五月晴《さつきばれ》」は、爽やかで気持ちのいい日和となる。

五月闇　さつきやみ

梅雨の時期、〈雨雲〉が低く垂れこめ、あるいは五月雨《さみだれ》が降って昼なお暗いこと。また月の見えない闇夜。昼にも夜にもいう。『新古今集』巻三に「**五月闇みじかき夜はのうたた寝に花たちばなの袖に涼しき**」、厚い雨雲で月の見えない夏の短夜、うたた寝をしていた私の袖にそよ風に乗って花橘の清涼な香が通ってきた、と。夏の季語。

五月闇蓑に火のつく鵜舟かな　許六

颯々　さっさつ

風がさっと吹く音の形容。「颯声《さっせい》」はさっと吹く風の音。謡曲「高砂」は「**相生《あいおい》の松風、颯々の声ぞ楽しむ**」と、松風の音までが平穏の世を寿《ことほ》いで終曲となる。「相生」は一つの根から二本の幹が仲よく生えること。また「相老い」で仲よく年取ること。

さにし

千葉県地方で、冬の強い西風をいう。長崎県地方では三月から五月ごろの西風、また鹿児島県地方では夏の土用中の西風をいう。

讃岐の夕凪　さぬきのゆうなぎ

瀬戸内海地方は凪の時間が長いといわれ、夜の九時一〇時まで無風状態がつづく耐えがたい暑さで有名。「瀬戸の夕凪」ともいい、しのぎにくさが語り草になっている。

鯖雲　さばぐも

〈鰯雲《いわしぐも》〉や〈鱗雲《うろこぐも》〉と同じような気象条件で現れる〈巻積雲〉の一種。漁業者には秋鯖の漁期と重なり、波のように並ぶ「雲片」の形が鯖の背の模様に似ているところからその名がついたという。秋の季語。

　鯖雲に入《い》り船《ふね》を待つ女衆　石川桂郎

砂紋　さもん

砂丘の表面などに〈風紋〉ができるが、地表に出た砂岩層にも風で模様が描かれることがある。そのうねり模様や波模様をいう。「砂さざ波」「砂漣《されん》」とも。

莢雲　さやぐも

豆の莢のような形をした雲。〈吊るし雲〉の一種。〈莢状雲《きょうじょううん》〉ともいう。山越えの風が冷えて、風下側にできる。北原白秋に、

　かぎろひの夕莢雲は蜩《かなかな》の啼《な》く間も早し辺《へ》に
　消《け》つつあり

さやさや

風にそよぐ木々の葉や竹、稲などが軽やかに触れ合って立てる音。風がもっと強くなると〈ざわざわ〉と鳴り騒ぐ。

冴ゆる風　さゆるかぜ

冷たく身を切るようでありながら、澄みきった冬の風。⇩〈**風冴ゆる**〉

小夜嵐　さよあらし

夜に吹く嵐。「小夜」は夜に接頭語「さ」がついたかたち。一九七〇年一一月二五日正午過ぎ、東京・市ケ谷の自衛隊駐屯地東部方面総監室を占拠し、日本国憲法改正をかかげてクーデタへの決起を呼びかけ、果たせず割腹自決した三島由紀夫の辞世に、

　散るをいとふ世にも人にもさきがけて散るこ

そ花と吹く小夜嵐

もう一首は、

益荒《ますら》男《お》がたばさむ太刀の鞘鳴《さやな》りに幾とせ耐へ
て今日の初霜

小夜風　さよかぜ

夜吹く風。〈夜風〉。『夫木抄《ふぼくしょう》』巻十九に「**身に寒く秋のさよ風吹くなべにふりにし人の夢にみえつつ**」、寒い夜風が吹くようになった秋の夜更け、ふと目覚めた床の中で昔なつかしい人の姿がいましがたみた夢に出てきた、と。

浚いの風　さらいのかぜ

降り積もった雪を引っさらうように吹き飛ばす風。室町時代の『秘蔵抄』に「**ふるよりもさらひの風ぞすさまじきよし野の山のすそののさとは**」、吉野山の麓の里では降る雪よりも積もった雪を巻き上げる「さらひの風」がものすごい、と。和歌のあとに「さらひの風とはふりつもりたる雪を、かぜの吹きちらすをいふなり」と注している。

ざわざわ

草木の葉などが強い風に揺れ動いて立てる音。

⇩〈**さやさや**〉

鰆東風　さわらごち

岡山県など、瀬戸内海地方の漁民たちの間で、鰆《さわら》がとれる五月ごろに吹く東風をいった。春の移動性高気圧による穏やかな晴天のときに吹き、雨は降らない。春の季語。

山靄　さんあい

山中に立ちこめる靄《もや》。

桟雲　さんうん

高山の切り立った崖道（桟道）などにかかっている雲。

残雲　ざんうん

消え残っている雲。盛唐・孟浩然《もうこうねん》の「行きて汝が墳に至り盧徴君に寄する詩」に、「**洛川の方雪罷《ゆきや》み　嵩嶂《すうしょう》に残雲有り**」と。「嵩嶂」は高い峰。

三大悪風　さんだいあくふう
住民を悩ませてきた山形県地方の〈清川だし〉、岡山県地方の〈広戸風〉、愛媛県地方の〈やまじ〉の三つをいう。

さんばい
栃木県地方などで、南西の風をいう。その方角から風が吹き雲が出ると、「飯を三杯食《た》べねいうちに雨が降ってくるから」だと。

山風　さんぷう
山から吹き下ろしてくる風。〈山風《やまかぜ》〉。

山霧　さんむ
山にかかった霧。気流が山腹を上昇するときにできる。雲と区別がつきにくいが、〈山霧〉の方が霧粒が小さいという。〈山霧《やまぎり》〉。

山籟　さんらい
〈山風〉の立てる音。風が山をわたるとき、木々に吹きあたって立てる音。「籟」は風が自然界を吹くときに発する音。松が風に鳴る音は〈松籟《しょうらい》〉。

地嵐　じあらし
山から海の方へ吹き下ろす北風。

しーぶばい
沖縄県石垣島地方で、年の暮れに吹く南風をいう。漢字を当てると「歳暮南」だという。一月中旬、中国大陸の揚子江流域に気圧の低いところができると、東シナ海を挟んだ石垣島地方では風は南にまわり、子どもたちの揚げる凧は「真面《まおもて》より陽光を受けてキラキラ光る」。日本を通って北へ帰る南風の始まりといえる（『お天気博士の四季暦』）。このころは旧暦の歳暮に当たるため「歳暮南」という名がついたようだ。

紫雲　しうん
紫色をしためでたい雲。中国・南朝（宋《そう》・南《なん》斉《せい》・梁《りょう》・陳《ちん》）の歴史を記した『南史』の宋文帝紀に「景平初、黒竜有りて西方に見《あらわ》れ、五色の雲之《これ》に随う。二年、江陵城の上に紫雲有り、気を望む者は皆以て帝王の符と為す」と。わが国では、阿弥陀如来が來迎《らいごう》するときに乗ってくる

という〈瑞雲〉。⇩〈**紫の雲**〉

ジェット気流　ジェットきりゅう

地球の南北両半球の中緯度地帯では、一万メートルの上空を〈偏西風〉が吹いている。その偏西風が高緯度の極方面からの強い寒気とぶつかると寒帯前線ができ、大きな温度差によって雲が発生して風速八〇メートル以上におよぶ強い風が吹く。これが〈ジェット気流〉(「寒帯前線ジェット気流」)、いわゆる〈ジェット・ストリーム〉である。〈ジェット気流〉にはもう一つ、中緯度の亜熱帯高圧帯の上を吹いている「亜熱帯ジェット気流」もある。日本上空から北アメリカ大陸の西岸にかけては世界で最もジェット気流の強い地域で、冬季には風速一〇〇メートルにも達するという。日本からアメリカに向かう飛行機はこのジェット・ストリームに乗って飛行することにより、時間と燃料を節約している。

ジェット気流雲　ジェットきりゅううん

〈ジェット気流〉の強風帯に沿ってできる〈巻雲〉や〈巻層雲〉が〈ジェット気流雲〉。「ジェット雲」とも。初冬の青空を見上げると、頭上に何本もの白い「ジェット雲」が、地平の一点から末広がりに長く伸びていることがある。一本一本の雲が〈波状雲〉になっていて、いく筋もの雲の波が遠くから寄せてくるように見える(『お天気博士の四季暦』)。

ジェット・ストリーム　jet stream

〈ジェット気流〉。太平洋戦争末期、アメリカは新開発の大型爆撃機B29で日本本土を空爆していた。ところが当時無敵を誇ったB29が、日本付近を飛行中強い西風によって東に流されるという事件が起きた。ただちにアメリカ軍が原因を究明したところ、温帯地方の上空約一万メートルで非常に強い西風が吹いており、その中でも特に強い空域では毎秒八〇メートルもの風速が観測された。この強風帯はあたかも川のように地球を取り巻いていることがわかり〈ジェット・ストリーム〉と名づけられた（荒野《こうや》喆也《てつや》編著『おもしろい気象情報のはなし』）。ところが、このジェット・ストリームは実は、これより一〇年以上前に日本で発見されていたという。昭和五年（一九三〇年）、茨城県筑波郡小野川村（現・つくば市）の高層気象台長であった大石和三郎が永年にわたる高度気象台の〈上層風〉の観測結果をまとめた論文によると、「冬の間日本上空を吹く西風は非常に強く、高さ一〇キロメートルでの二月の平均風速は、実に七六メートルに達する」というものだった。しかし、台風の二倍もの強風が冬の間中吹き続けるなどということは、当時、世界中の誰も想像できなかった。第二次世界大戦での〈風船爆弾〉は、この気流を利用したものである。

潮嵐　しおあらし

荒く吹く〈潮風〉。塩気を含んで吹きすさぶ〈海風〉。近松門左衛門が観阿弥・世阿弥の謡曲「松風」に材をとった人形浄瑠璃『松風村雨束帯鑑《まつかぜむらさめそくたいかがみ》』に「既に更闌《こうた》け凄まじき磯の小夜風《さよかぜ》、潮嵐、軒を穿《うが》つて松風の袂《たもと》をさつと吹《ふき》開けば……」、世阿弥の幽玄な原曲とは様変わって、元禄の松風村雨姉妹は貴公子行平《ゆきひら》を挟んで愛欲にまみれた三角関係に堕ちている。妹に行平を寝取られた松風の嫉妬の焔《ほむら》が心火となり、潮嵐で衣を吹き乱された松風の胸から燃え出て、臥《ふ》している二人の閨《ねや》のあたりを飛び回る物凄さ……！　⇩〈松風〉

潮追い風　しおおいかぜ

潮の干満のときに同じ方向に吹く風。

潮風　しおかぜ

海から吹いてくる潮気を含んだ風。また潮の満ち干のときに吹く風。「読売新聞」の「原発と福島」という連載記事に、「潮風ささやく『ここが家』」という見出しで、東日本大震災の原発事故で避難所生活を余儀なくされている人の消息が報じられていた。福島県富岡町小浜から逃れ、避難所生活が長引き、戻るのを諦めかけていたとき、一時帰宅が許された。二年ぶりに自宅の門をくぐり「二階に上がった夫婦は、海から吹き込んでくる風を浴びて目を丸くした。《なんて気持ちがいいんだ》」。自宅の二階で〈潮風〉を頰に受けた瞬間「私の家はここだ」と実感したという。「ゆっくり散歩した海岸も、すくすく育った長男と海水浴をした浜辺も、富岡の海にしかない」。そのことを「潮風」は一瞬にして教えてくれた、という（二〇一五年七月二九日）。

潮曇り　しおぐもり

海から上がる潮気のために、海上が曇っているように見えること。

冬凪や佐多の岬の潮曇　西村朗月

地風　じかぜ

陸から吹く風。⇩〈**沖風**〉

しかた

北海道・東北・北陸地方で、主として春から夏に吹く南寄りの風をいう。歓迎すべき雪解けの風でもあるが、〈突風〉をともない海難事故を起こすこともある。西日本の山陰地方などでは日のある方、つまり南ないし南東・南西から吹く陸風を〈ひかた〉といい、訛《なま》って〈しかた〉ともいう。夏の季語。

わたつみやしかた吹く日の千枚田　村山古郷

鹿の角落とし　しかのつのおとし

鹿の角は、春から初夏のころにかけて角の根元がもろくなって折れ、一度落ちて生え変わる。そのころに吹く南西風をいう。角の落ちた鹿は気弱になるという。「鹿の角落つ」「落とし角」は春の季語。

角落ちて耻《はず》かし気なり鹿の顔　蝶夢

紫気　しき

紫色の靄《もや》。紫色の雲や霧が動く気配。

地下り　じくだり

北国で、南風をいう。

時雨雲 しぐれぐも

晩秋から初冬にかけて降ったりやんだりを繰り返す時雨をもたらす雲。冬の季語。〈時雨雲〉は小型の〈積乱雲〉で、「冬の雷」も鳴らせる。高橋健司が「時雨は、風に運ばれてくる雲の下にだけ降る通り雨で、傘を広げる間もなくやんでしまうこともあります。雲が通り過ぎると日が差して、大きな虹がかかります。雲は次々にやってきますので、一日に何十回も虹を見ることがあります」と書いていた（「朝日家庭便利帳」一九九七年十一月号）。小林一茶の、

三度くふ旅もつたいな時雨雲

は一茶が房州下総を旅していたときの作で、芭蕉翁の漂泊では一日一色の食事もままならなかったろうに、それにひきかえ自分は日に三回も食事をいただきながら旅ができるとは、なんと勿体《もったい》ない、と「時雨雲」を見上げて偲《しの》んでいるのだ、と。

時化 しけ

暴風雨で海が大荒れになること。

至軽風 しけいふう

〈ビューフォート風力階級〉1の風。煙がわずかになびくが、風速計には感じないほどの弱い風とされる。風速でいうと、毎秒〇・三〜一・五メートルの〈微風〉。

地獄の業風 じごくのごうふう

地獄で吹くという〈猛風〉。⇩〈**業風**〉

地震雲 じしんぐも

科学的には認められていないが、大空にできる帯状の雲を〈地震雲〉と呼ぶ人がいる。地震の前に発生する電磁波が雲を作るというのだが……？　一方、地震で地表に割れ目ができると、そこから噴出した地下の水蒸気が上空に雲を作るという説もあるが、定かではない。

下風 したかぜ

木々の下の方を吹く風。地上近くを吹いている風。『千載集』巻四に「**秋のくるけしきの森の**

した風にたちそふ物はあはれなりけり」、秋が到来した気配のみえる気色森《けしきのもり》の木々の下を吹きわたる風に寄り添っているのは「あはれ」であった、と。「けしきの森」は大隅国《おおすみのくに》にあったといわれ、古来歌枕として知られた森。⇩〈**上《うわ》風《かぜ》**〉

下雲　したぐも

山の低いところにかかった雲。『万葉集』巻十四に「**対馬の嶺《ね》は下雲あらなふ可牟《かむ》の嶺にたなびく雲を見つつ偲はも**」、対馬の山には低い雲はない。峰の上にかかった雲を見ながらあなたのことを思っている、と。防人《さきもり》として対馬に駆り出された東国の男の詠だといわれる。

したけ

茨城県・埼玉県地方で、春から夏にかけて吹く東寄りの風のことをいった。千葉県地方では、南寄りの風を「したげ」といい、神奈川県地方では「したつけ」といった。

湿雲　しつうん

湿り気を含んだ雲。中国・南宋の詩人陸游《りくゆう》に、「**断雁《だんがん》湿雲江路の秋**」、群れを離れた一羽の雁が湿気を帯びた雲の下を飛んでいる。川辺の道はいままさに秋たけなわ、と。

瑟瑟　しつしつ

寂しく吹き過ぎる風の音の形容。あるいは厳しい風の声。白居易「琵琶行」に「潯陽江頭《じんようこうとう》夜客を送る　楓葉荻花《ふうようてきか》秋瑟瑟《しつしつ》」、潯陽江（長江の異称）のほとりで客を送った。楓《かえで》の葉を翻し荻《おぎ》の花を散らして秋風がものさびしい音を立てていた、と。永井荷風は『濹東綺譚《ぼくとうきたん》』の筆を擱《お》くにあたって、古風な小説的結末をつけようと思えば、素人になっているお雪と偶然どこかで巡り合い「楓葉荻花秋は瑟々たる刀禰河《とねがわ》あたりの渡《わたし》船《ぶね》で摺れちがふ処などは殊に妙であらう」と記している。

十種雲形　じっしゅうんけい

雲は、国連の専門機関の一つ「世界気象機関

（WMO）」によって一〇種の基本形に分類されて名づけられている（「国際雲図帳」）。「十種雲級」ともいい、似たような名前が多くてまぎらわしいが、まず形態的には、〈巻雲《けんうん》〉〈積雲《せきうん》〉〈層雲《そううん》〉の三つの基本形がある。〈巻雲〉とは、真っ白な絹糸か羽毛のような筋状の雲のこと。〈積雲〉とは、離ればなれのかたまり雲。また〈層雲〉とは幕のように一面に広がったベール状の雲ということ。次に雲が浮かぶ高さによって〈上層雲《じょうそううん》〉〈中層雲《ちゅうそううん》〉〈下《か》層雲《そううん》〉の三つに分けられる。上層・中層・下層の「層」は階段の「階」の意味で、〈層雲〉のベール状という意味とは違う。上空五〇〇〇〜一万三〇〇〇メートルの最も高い階層に浮かぶ〈上層雲〉には、〈巻雲〉〈巻積雲《けんせきうん》〉〈巻層雲《けんそううん》〉の三つがある。〈巻雲〉とは、前述のように、最も高い空に浮かんだ白い筋状の雲。次の〈巻積雲〉は、最上空に浮かんだ離ればなれの白雲。三つ目の〈巻層雲〉は、高空に白いベールのようにかかった薄い幕状の雲ということ。

次に、中ぐらいの階層に浮かぶ〈中層雲〉は、〈高積雲《こうせきうん》〉〈高層雲《こうそううん》〉〈乱層雲《らんそううん》〉の三つに分類される。この場合「高」とはいっても高度二〇〇〇〜七〇〇〇メートルの「中層」に浮かぶ雲である。中層に浮かぶ離ればなれの塊《かたまり》になった〈高積雲〉、中層の全天あるいは一部をベールのようにおおう灰色の〈高層雲〉、さらに〈乱層雲〉の「乱」はラテン語で〈雨雲〉を意味し、空を黒灰色におおって雨を降らせる〈層雲〉ということになる。

最後の二〇〇〇メートル以下の低い層にかかる〈下層雲〉は、〈層積雲《そうせきうん》〉〈層雲〉〈積雲〉〈積乱《せきらん》雲《うん》〉の四つに分類される。〈層雲〉は、前述したとおり灰色のベール状の雲が霧のように一様に垂れこめた雲。〈積雲〉も前述のとおり上がドーム状に盛り上がった離ればなれのかたまり雲。〈層雲〉と〈積雲〉が合わさった〈層積雲〉は、塊《かたまり》状の〈積雲〉とベール状の〈層雲〉の両方の特徴をもち、大きな〈雲塊《うんかい》〉が群れをなすように空をおおう。最後の〈積乱雲〉は、「乱」の字を含んだ〈積雲〉だから、てっぺんが山のように盛り上がった巨大なかたまり雲で、下に〈ちぎれ雲〉をともない雷雨・夕立・雹《ひょう》・〈突風〉などをもたらす。〈層雲〉〈層積雲〉〈高層雲〉〈乱層雲〉は天気の悪化、〈積乱雲〉は急激な天気の悪化につながる前兆であり、これらの雲に注目した観天望気は「ことわざ」として今も国内各地に残っている。なお、人工的に形成される雲（〈飛行機雲〉）は今のところ十種雲形には含まれていない。以上の一〇種の雲の名前と特徴をまとめた「十種雲形」の表を示す。

疾風　しっぷう

速く激しく吹く風。〈はやて〉。「疾」は速い。『日本書紀』神代紀下に、天稚彦《あめわかひこ》が矢を胸に受けて死んだのを知った天国玉神《あまつくにたまのかみ》は「乃《すなわ》ち疾風を遣はして」屍《かばね》を天上に上げ、仮の葬儀をした、と。〈ビューフォート風力階級〉ではレベル5の風をいい、「葉のある灌木が揺れはじめ、池、沼に波がしらが立つ」強い風とされる。風速は毎秒八・〇〜一〇・七メートル。

湿風　しっぷう

しめっぽい風。晩夏に多い湿気を多く含んだ風。六朝・梁《りょう》の庾肩吾《ゆけんご》の詩「従駕喜雨」に「**湿風酒気を含み、陰雲麦寒を助す**」と。

疾風迅雷　しっぷうじんらい

強い風と激しい雷。転じて、事態が急展開するさまや素早い行動の形容。

疾風怒濤時代　しっぷうどとうじだい

一八世紀後半、ドイツで繰り広げられた革新的文学運動「Sturm und Drang（シュトゥルム・ウント・ドラング）」の時代。直訳すれば「嵐と衝動」で、前代の合理主義を基盤とする啓蒙主義に対して、生活感情の重視や自然への回帰を主張した。

■10種類の雲形の名称とよく現れる高さ

層	雲の名称	雲形に関する解説	出現高度
上層	巻雲（Ci） Cirrus	繊維状をした繊細な離ればなれの雲で、一般に白色で羽毛状かぎ形、直線状の形となることが多い。また、絹のような光沢をもっている。	5〜13km
	巻積雲（Cc） Cirrocumulus	小さい白色の片（部分的には繊維構造が見えることもある）が群れをなし、うろこ状またはさざ波状の形をなした雲で陰影はなく、一般に白色に見える場合が多い。大部分の雲片の見かけの幅は1度（小指1本分の幅）以下である。	
	巻層雲（CS） Cirrostratus	薄い白っぽいベールのような層状の雲で陰影はなく、全天をおおうことが多く、普通、日のかさ、月のかさ現象を生ずる。	
中層	高積雲（Ac） Altocumulus	小さなかたまりが群れをなし、斑《まだら》状または数本の並んだ帯状の雲で、一般に白色または灰色で普通、陰がある。雲片は部分的に毛状をしていることもある。規則的に並んだ雲片の見かけの幅は、1度から5度までの間にあるのが普通である。	2〜7 km
	高層雲（As） Altostratus	灰色の層状の雲で全天をおおうことが多く、厚い巻層雲に似ているが、日のかさ月のかさ現象を生じない。この雲の薄い部分ではちょうど、すりガラスを通して見るようにぼんやりと太陽の存在がわかる。	
	乱層雲（Ns） Nimbostratus	ほとんど一様でむらの少ない暗灰色の層状の雲で、全天をおおい雨または雪を降らせることが多い。この雲のいずれの部分も太陽を隠してしまうほど厚い。低いちぎれ雲がこの雲の下に発生することが多い。	
下層	層積雲（Sc） Stratocumulus	大きなかたまりが群れをなし、層または斑状、ロール状となっている雲で、白色または灰色に見えることが多い。この雲には毛状の外観はない。規則的に並んだ雲片の大部分は見かけ上5度以上の幅を持っている。	地面付近〜2 km
	層雲（St） Stratus	灰色の一様な雲の層で霧に似ている。不規則にちぎれている場合もある。霧雨、細氷、霧雪が降ることがある。この雲を通して太陽が見えるときは、その輪郭がはっきりわかる。非常に低温の場合を除いては、かさ現象は生じない。	
	積雲（Cu） Cumulus	垂直に発達した離ればなれの厚い雲で、その上面はドームの形をして隆起しているが、底はほとんど水平である。この雲に光が射す場合は明暗の対照が強い。積雲はちぎれた形の雲片になっていることがある。	
	積乱雲（Cb） Cumulonimbus	垂直に著しく発達している塊状の雲で、その雲頂は山または塔の形をして立ち上がっている。少なくとも雲頂の一部は輪郭がほつれるかまたは毛状の構造をしていて普通平たくなっていることが多い。この雲の底は非常に暗く、その下にちぎれた低い雲をともない、普通雷電、強いしゅう雨、しゅう雪、ひょうおよび突風をともなうことが多い。	

気象庁ホームページ「気象観測の手引き」より

疾風に勁草を知る　しっぷうにけいそうをしる

「勁」は強靭《きょうじん》。強風が吹くと、弱い草は倒れてしまうが、強い草は倒れないで残る。『後漢書』王覇伝に、後の光武帝が王覇に向かって謂う、「潁川《えいせん》にて我に従いし者皆逝く。而《しか》るに子独り留まる。努力せよ。疾風に勁草を知る」と。困難や逆境に直面したときにこそ初めて人の節操の固さがわかるということ。

櫛風沐雨　しっぷうもくう

⇩**〈風に櫛《くしけず》り雨に沐《かみあら》う〉**

級長津彦命　しなつひこのみこと

記紀神話に描かれた伊弉諾尊《いざなぎのみこと》・伊弉冉尊《いざなみのみこと》の子で、風をつかさどる神。「し」は風や息の意だとされ、風や息吹を神格化した神。別名は、級長戸辺命《しなとべのみこと》。

科戸の風　しなとのかぜ

風の神級長戸辺命《しなとべのみこと》の名から、「風」のことをいう。特に罪や穢《けが》れを吹きはらう風。「祝詞《のりと》」の「六月《みなづき》の晦《つごもり》の大祓《おおはらえ》」に、「科戸の風の天の八重雲を吹き放つ事の如く、朝《あした》の御霧《みきり》夕べの御霧を朝風夕風の吹き掃《はら》ふ事の如く」と。「級長戸《しなと》の風」ともいう。

しなんたろー

福井県地方で〈入道雲〉のことをいった。漢字で書けば「信濃太郎」だろう。

篠の小吹雪　しののおふぶき

篠竹やススキの穂を吹き乱す雪まじりの強風の意とされる。辞書は用例として平安時代の『催《さい》馬楽《ばら》』逢路《おうみじ》の「**あふみぢの篠の小吹雪、はや曳かず**」を引いている。しかし注釈書は「小吹雪」を「蕗《ふき》」の古称「ふふき」に接頭語がついた「小蕗《おふぶき》」とし、原文を「**近江路の　篠の小蕗《おふぶき》　早引かず　子持ち待ち痩せぬらむ　篠の小蕗や　さきむだちや**」と読んでいる（「岩波文庫」「新編日本古典文学全集」）。「小蕗」を小さな女の子と解し、近江路のいたいけな少女を早く引き取らないので、あの子持ち女は待ち焦がれて痩せてしまっているだろう、と読み解いている。

「小吹雪」か「小蕗」か。だが、鎌倉時代末の『夫木抄《ふぼくしよう》』巻二十二はすでに、「**草わくる衣手うすしあだしののしののをふぶきこころしてふけ**」と「小吹雪」の意で詠んでいる。

東雲　しののめ

夜明けがた、東の空にかかる雲。もともとは「篠《しの》の目」と書き、篠竹を編んで造った古代住居の明かり取りのことを意味したと辞書はいう。夜明けの光に明るむ篠竹の目が転じて、朝の薄明かりを指すようになり、さらに夜明けそのもの、朝ぼらけの雲を意味するようになった、と。

雌風　しふう

威勢のいい風を意味する〈雄風《ゆうふう》〉の反対語としてかつて使われた語。

しぶく

雨風が激しく吹きつけること。『山家《さんか》集』中に「**身にしみしをぎの音には変れどもしぶく風こそ実《げ》には物憂き**」、心に沁み入るような荻風の音とは打って変わって、激しく吹きつける雨風には本当に閉口する、と。

地吹雪　じふぶき

地上の雪が強風で吹き上げられ空中を乱舞するさま。冬の季語。⇩**コラム「ブリザード」**

南部富士地吹雪寄する中に聳《た》つ　高橋青湖

シベリア風　シベリアかぜ

シベリア高気圧から吹く冬の冷たい北西の〈季節風〉。日本の冬季の天気図の代表は、西高東低。日本列島の西の中国大陸には大きな高気圧があり、東にはアリューシャン大低気圧の一族があって、両者に挟まれた日本付近では密集した等圧線が南北に走っている。つまり西から東への気圧の傾きが急なので、その気圧の斜面を北西季節風＝〈シベリア風〉が吹き下りる。この気候現象はよく知られていて、俳句にも、

天気図の縦縞緊まる寒の入り　吉沢卯一

などと詠まれている。「縦縞緊まる」とは、等圧線の間隔が狭くなること。つまり気圧の傾き

が急だということで、そうなると風速が増し寒さが厳しくなる。〈シベリア風〉は日本海で〈雪雲〉や〈時雨《しぐれ》雲〉の行列を作り、沿岸地方につぎつぎと押し寄せて雪や時雨を降らせる。その後山脈を越えて〈空《から》っ風《かぜ》〉となり、関東平野に冬晴れの青空を広げる。そのあとさらに太平洋に出ると黒潮の水蒸気を吸いこみ、再び雲の行列を作って八丈島などに時雨の雨を降らせる。これが〈シベリア風〉＝北西季節風の南限となる。南限に達した風は、やがて温帯低気圧の活動によって南風に反転する。地球上の大気は北極圏と赤道地帯、大陸と海洋、北半球と南半球の間を大きく還流しており、〈シベリア風〉もまたそのような大気大循環の一つの姿なのである。「シベリア颪《おろし》」とも。

シベリア颪漁舟は浜につながれて　大野雑草子

島颪　しまおろし

島には中央に山があることが多いが、その山から海に向かって吹き下ろす風をいう。

島風　しまかぜ

沖合の島から吹いてくる風。また、島を吹きわたる風。鎌倉期の公卿藤原家隆の和歌を編集した『壬《み》二《に》集』に「**島かぜのあしの葉わたる夕暮に汀《みぎわ》のたづもこゑかよふなり**」、沖の島から吹いてくる風が蘆《あし》の葉をそよがす日の暮れ、汀で餌をあさる鶴の声が聞こえてくる、と。

しまき

風が激しく吹き、雪やしぶきを巻き上げるさま。漢字で書けば「風巻」。「し」は風の古語で、動詞形は「風《し》巻《ま》く」。〈雪しまき〉〈しまき雲〉などとも用いる。『山家《さんか》集』中に「**榑舟《くれふね》より朝妻わたり今朝なせそ伊吹の嶽《たけ》に雪風《し》巻《ま》くめり**」、西行は、朝妻の港から琵琶湖を渡ろうとしている材木を運ぶ榑舟《くれふね》に、伊吹山のあたりが激しく吹雪いているようだから、今朝の船出は見合わせた方がよい、と注意を呼びかけている。冬の季語。

しまきして烏賊《いか》釣る篝《かがり》消されけり　寺野守水
老

しまき雲　しまきぐも

雪まじりの〈烈風〉をもたらす〈暗雲〉。冬の季語。

海に日の落ちて華やぐしまき雲　角川源義

しもかぜ

「しも」から吹く風。「かみ・しも」は都を基準にしていうから、北海道から北陸・関東にかけての東日本では、北ないし北東の風、中国・四国・九州地方では南寄りの風。漢字で書けば「下風」。北風を「しもけ・しもげ」という地方があるのも同じだろう。

霜風　しもかぜ

霜が降りそうな寒風。また、霜の上を吹いてくる冷たい風。

霜曇り　しもぐもり

霜が下りそうに寒く曇った空模様。霜も雪と同じように曇った寒空から下りる。『万葉集』巻七に「霜曇りすとにかあらむひさかたの夜渡る月の見えなく思へば」、月が見えなくなったのは、曇って霜が降りるからだろうか、と。

しもさ

東京湾に面した千葉県・神奈川県地方で春から初夏にかけて吹く北東風。下総《しもうさ》（千葉県北部から茨城県南部）方向から吹いてくる「しもさごち＝下総東風」。

邪雲　じゃうん

災いをもたらす不吉な雲。『源平盛衰記』巻十一に「邪雲も少し晴れ給ひぬらんと覚ゆるにぞめでたけれ」、さしもの平清盛も、嫡男重盛の死を悼む後白河法皇の使者の懇《ねんご》ろな弔問に涙を流したそうだから、今後はその傲岸不遜な雲行きが少しは晴れるのではないかと思えば喜ばしい、というのである。

邪風　じゃふう

悪い出来事の勃発を予感させる不吉な風。『源平盛衰記』巻十一に「金烏《きんう》西に転じて一天暗く、邪風頻《しき》りに、戦ひ四海静かならず」、日が西に没して天が暗くなり、不吉な風が頻りに吹いて、天下は争いに騒然としている、と。「金烏」は太陽、ここでは信頼していた平重盛。重盛に先立たれたことを嘆く後白河法皇のことば。

斜面風 しゃめんふう

山の斜面、山麓を吹く風。山の南側斜面では日中は日射しを受けて温度が上がり上昇気流が生ずるので、その空白を埋めるために谷や平地から気流が昇ってくる。朝は山頂まで見えていた山が昼ごろになると雲の中に隠れるのは、斜面風のしわざである。日射しを浴びた山肌に接して暖まった空気は、上昇気流となって斜面をはい上がり、雲を湧かせる。逆に夕方になると放射冷却で冷え、重くなった空気が斜面を平地に向かってゆっくり流れ下り、雲も消える。

秋陰 しゅういん

秋の曇り空。〈秋陰《あきかげ》り〉〈秋曇り〉。秋の季語。

愁雲 しゅううん

人に憂愁を感じさせるような雲。南宋・謝恵連《しゃけいうん》の『雪賦《せっぷ》』に「**歳将《としまさ》に暮れんとし、時既に昏《ゆうべ》なり。寒風積もり、愁雲繁《しげ》し**」と。また国木田独歩『わかれ』には「渠《かれ》が胸には一片の愁雲凝《こっ》て動《うご》かず」とある。

習習 しゅうしゅう

春風がのどかにそよ吹くようす。一方で、物事が盛大に連続しているさまの形容とも。『詩経』邶風《はいふう》に「**習習たる谷風《こくふう》、以て陰《くも》り以て雨ふる**」とあるが、〈谷風〉は〈穀風〉に通じ、万物を生長させる東風ともいい、他方で谷から吹き上げる〈大風〉とも。『詩経』の場合は、夫に捨てられた女の恨みの詩だとして、「〈烈風〉吹き止まず、空は暗澹《あんたん》と曇って雨降る」とも解する。

秋声 しゅうせい

秋風の立てる音、虫の声など、秋を感じさせる響き。「秋の音」とも。秋の季語。⇩〈**秋の声**〉

秋声に百姓まなこみひらかず　石橋辰之助
（農作業の手を休めて野をわたる秋の声にじっと耳かたむけているのだろう）

秋風　しゅうふう
あきかぜ。唐の李賀《りが》に「**秋野《しゅうや》明らかにして秋風《しゅうふう》白し**」と。秋の季語。

終風　しゅうふう
終日吹きつづける風。また、西風。転じて〈大風〉〈暴風〉。『詩経』邶風《はいふう》に「**終風且《か》つ暴《と》し。我を顧《かえりみ》て則ち笑う**」、一日中激しい風が吹き、夫は私を振り返ってあざ笑う、と。気持ちが去った夫になぶられ、心を痛めている女の気持ちを歌っている。

秋風索莫　しゅうふうさくばく
秋風が吹くにつれて草木が生気を失い、ものさびしい光景になっていくこと。そのように旺盛だった昔日の面影をなくし、勢いが衰えておちぶれてしまうこと。「秋風寂寞《しゅうふうせきばく》」「秋葉落莫《しゅうようらくばく》」などともいう。

秋霧　しゅうむ
秋の霧、秋霧《あきぎり》。

衆籟　しゅうらい
風が岩穴を吹き抜けたり、枯れ木を鳴らしたりするときに発する物寂びた声。『和漢朗詠集』雑に「**衆籟《しゅうらい》暁に興つて林頂《りんちょう》老いんたり**」、明け方秋風が鳴り起こると、林のてっぺんは年寄りの頭髪のようにまばらになった、と。

秋嵐　しゅうらん
〈春嵐《しゅんらん》〉に対して、秋のあらし。「嵐《らん》」は山の気、〈山風〉のことで、秋の山に立ちこめる青々とした気、〈靄《もや》〉を意味する。

酒旗の風　しゅきのかぜ
酒舗《しゅほ》を知らせる青い旗を翻して吹いている風。晩唐・杜牧《とぼく》の名吟「江南の春」に、「**千里　鶯《うぐいす》啼《な》いて緑　紅《くれない》に映ず／水村山郭《すいそんさんかく》酒旗の風／南朝四百八十寺《しひゃくはっしんじ》／多少の楼台烟雨《えんう》の中**」と。中国・揚子江下流の南部は、古来、風光明媚な農村地帯として知られ、「**正に是れ江南の好風景**」と

詩に吟じられてきた。白居易も〈酒旗の風〉を詩《うた》っている。⇩〈**水風**〉

宿霧　しゅくむ
前の晩から立ちこめていた霧。中国・六朝時代の陶淵明《とうえんめい》の詩「貧士を詠ず」に、「**朝霞**《ちょうか》**宿霧を開き、衆鳥相与**《あいとも》**に飛ぶ**」、朝焼けに夜来の霧がはれると、多くの鳥たちがいっせいに飛び立った、と。

春陰　しゅんいん
春の曇り空。

瞬間最大風速　しゅんかんさいだいふうそく
⇩**最大瞬間風速**

春塵　しゅんじん
春の強風が巻き上げる砂や埃。冬の太平洋側では雨が少なく、特に関東ロームにおおわれた関東地方では、春先の二〜三月は地面が乾ききっている。そこに〈突風〉が吹くと、砂塵が盛大に巻き上がる。〈春の塵《ちり》〉〈春埃《はるぼこり》〉などともいう。春の季語。

掌をのべて仏は春塵うけたまふ　小野蕪子

春飆　しゅんぴょう
春の〈疾風〉。「飆」は、上方に巻き上がる〈つむじ風〉〈大風〉。

春風　しゅんぷう
春の風。〈春風《はるかぜ》〉。〈春風駘蕩《しゅんぷうたいとう》〉「春風化雨《しゅんぷうかう》」などということばがあるように、植物の生育を促す和やかな春の〈軟風〉があるかと思えば、中国のことわざに「春風の狂うは虎の如し」というように、三月は強風の季節である。春の〈疾風〉は、農漁業や海上輸送にも被害をもたらす油断できない風なのである。春の季語。

古稀といふ春風にをる齢《よわい》**かな**　富安風生

順風　じゅんぷう
自分が進む方向に吹く風。船が進むのと同じ方向へ吹く、帆走に適した風。〈追い風〉。〈おいて〉。「順風に帆を上げる」といえば、追い風に乗って出航すること。また、ものごとが順調に進みはじめたようす。「順風満帆《まんぱん》」は、帆いっ

ぱいに順風を受けて万事が快調に進行しているさま。⇩〈**逆風**〉〈**向かい風**〉

春風駘蕩 しゅんぷうたいとう
春風が穏やかに吹き、春の景色がのどかなさま。「駘蕩」は、のどかでのんびりしていること。転じて、人柄・態度が穏やかでのんびりしているさまにもいう。

春嵐 しゅんらん
春のあらし。また、「嵐《らん》」は山の気のことで、春の山に立ちこめる青々とした気、〈靄《もや》〉をいう。⇩〈**春の嵐**〉

松韻 しょういん
松林を吹く風の音。〈松声《しょうせい》〉〈松濤《しょうとう》〉〈松籟《しょうらい》〉〈松《しょう》嵐《らん》〉などともいう。

蒸気霧 じょうききぎり
非常に冷たい空気が、海や湖・川などの上に流れてきて暖かい水面に触れたとき、水面から立ち上る水蒸気が凝結してできる霧。

蕭瑟 しょうしつ
秋風がものさびしく吹くさま。「蕭」も「瑟」も、風の声。寂しい物音。「蕭颯《しょうさつ》」も、寂しい秋風の音。

蕭蕭 しょうしょう
風がものさびしく吹くようす。⇩〈**風蕭蕭として易水寒し**〉

嫋嫋 じょうじょう
風がそよそよと吹いて、木々の枝が揺れるようす。「嫋」は、そよぐ、たおやかに揺れ動く。

少女風 しょうじょふう
雨が降る前に吹く穏やかな風。『魏志』管輅《かんろ》伝・注に「樹上已《すで》に少女微風有り」と。これに対して、まさに雨が降りはじめる直前に吹く〈急風〉を〈少男風《しょうだんふう》〉というと同書にある。

松声 しょうせい
松の梢を吹く風の音。⇩〈**松韻**〉

上層雲 じょうそううん
地表から五〇〇〇～一万三〇〇〇メートルのい

ちばん高い上空にかかる雲。〈巻雲〉〈巻積雲〉〈巻層雲〉をいう。⇩〈**十種雲形**〉

上層風　じょうそうふう
地面からおよそ一キロメートル以上離れた大気の上層を吹く風。下層を吹く風と違って、地表物との摩擦による影響や乱れが少ない。「高層風」ともいう。⇩〈**地上風**〉

少男風　しょうだんふう
雨の降りだす前に吹く〈急風〉。⇩〈**少女風**〉

松濤　しょうとう
松風の音を濤音《なみおと》にたとえたことば。⇩〈**松韻**〉

商風　しょうふう
秋の風。「商」は秋の意。秋風、西風。「商声」「商飆《しょうひょう》」などとも。

松風　しょうふう
松に吹く風。⇩〈**松風**《まつかぜ》〉

翔風　しょうふう
めでたい風。祥風。後漢『論衡』是応に「翔風起りて甘露降り、雨済《や》みて陰《くも》る」と。古代中国では、治者が仁政を行えば、吉兆として麗《うるわ》しい風が吹き甘美な雨が降るといった。

衝風　しょうふう
〈はやて〉。暴風。「衝」は、打つ、当たる。打ち当たるような〈疾風〉。

常風　じょうふう
いつも吹いている普通の風。常に同じ方向に吹いている風。〈卓越風〉「主風」。

嘯風弄月　しょうふうろうげつ
「風に嘯《うそぶ》き月を弄《もてあそ》ぶ」とは、風に感じて詩歌を口ずさみ、月を愛でて風流に心を慰めること。『太平記』巻一に、後醍醐天皇の皇子の尊《たか》良《よし》親王は「嘯風弄月に御心を傷ましめたまふ」、風に感じ月を賞《め》でては詩文に親しみ、花鳥風月の道に心を尽くしている、とその風雅な人柄を描いている。

菖蒲東風　しょうぶごち
菖蒲の咲く五月ごろの東風。

消滅飛行機雲　しょうめつひこうきぐも

薄い雲が一面におおっている上空を飛行機が飛ぶとき、排気ガスの熱が〈雲粒〉を蒸発させるなどのため、下から見ると航跡に沿って雲が消えることがある。〈飛行機雲〉と反対の現象で、これを〈消滅飛行機雲〉「マイナス飛行機雲」「反対飛行機雲」などという。

松籟　しょうらい

風に吹かれて松の梢が立てる笛のような音。「籟」は笛の音、また自然が立てる響き。⇩〈松韻〉

松嵐　しょうらん

〈松風〉の音。松の梢を吹く風。⇩〈松韻〉

曙雲　しょうん

暁《あかつき》の雲。唐の政治家張九齢《ちょうきゅうれい》が玄宗皇帝の詩に和した作に、「**長堤**《ちょうてい》**春樹発**《ひら》**き、高掌**《こうしょう》**曙雲開く**」、蒲関《ほかん》の長い堤では春の木々が花を咲かせ、華山の高峯が〈朝雲〉を分けて姿を現した、と。

しら

高知県、徳島県地方で、南、ないし南西の暴強風。「土佐でこわいは横目かしらか」と恐れられたという。「横目」は昔の巡査のこと。

白雲　しらくも

白い雲。秋空に浮かぶ〈巻雲〉や〈巻積雲〉などが白いのは、細かい〈氷晶〉などからなる雲の濃度が薄く、光が透けるからである。厚い〈層積雲〉などになると、光が透らないので〈雲底〉が少し黒っぽく見える。一方、雲は直径数百～数千分の一ミリという細かい水滴や氷晶が集まってできており、その数は一立法メートルあたり約一〇〇億個に達する。「この無数の微小な水滴の表面が太陽の光をあらゆる方向に散乱させる」ために、雲は曇りガラスのようにぼんやりした乳白色に見えるのだという（『「雲」の楽しみ方』）。『古今集』巻一に「**春くればかりかへるなり白雲の道行きぶりに言**《こと》**やつてまし**」、雁は白雲の浮かぶ雲路を飛んで帰っていってしまうが、もし地上の道を行くのだったら言づてを頼みたい、といっている。また、明治大学の校歌、「**白雲なびく駿河台　眉秀《ひい》でたる若人が　撞《つ》くや時代の暁《あけ》の鐘**」はよく知られている。「白《しら》さ雲」ともいう。

白南風　しらはえ・しろはえ

梅雨明けのころ、本格的な夏の訪れとともに吹く南東の〈季節風〉。梅雨の陰欝な暗い空の下を吹く〈黒南風《くろはえ》〉に対して、明るく輝く夏空に吹く南寄りの風。北原白秋は、歌集『白南風』の序の書き出しに「白南風は送梅の風なり。白光にして雲霧《うんむ》昂騰《こうとう》し、時によりて些《いささ》か小雨を雑《まじ》ゆ」と記している。「しらばえ・しらべ」などともいう。夏の季語。⇩**黒南風《くろはえ》**

白南風《しらはえ》の光葉《てりは》の野薔薇過ぎにけりかはづのこゑも田にしめりつつ　北原白秋

白南風や樽に犇《ひし》めく鰹の尾　瀧春一

海霧　じり

北海道東部の海岸で六〜七月ごろ発生する〈海《うみ》霧《ぎり》〉。『日本大歳時記』に「太平洋上を南寄りの風で運ばれてきた暖かい湿った空気が、親潮寒流の上で下から冷やされて発生する濃霧である」とある。〈海霧《かいむ》〉〈ガス〉ともいう。夏の季語。

海霧《じり》の村夜警の鈴の還り来ず　村上冬燕

死霊風　しりょうふう

大分県、長崎県などをはじめとする九州地方で、主として夜間、人に災いをもたらす風をいうとされる。国際日本文化センターの「怪異・妖怪伝承データベース」によれば、道を歩いていて遇う〈魔風〉のことで、急に体に異常を感じて祈禱師にみてもらうと、〈死霊風〉に当たったなどと言われるという。「風に当たった」などともいう。

シロッコ　scirocco

イタリア語で、サハラ砂漠から地中海方面にかけての地域に吹く〈熱風〉のことをいう。

陣雲　じんうん

戦場の陣営の上にかかる〈暗雲〉。土井晩翠が三国志の蜀《しょく》の諸葛孔明《しょかつこうめい》と魏《ぎ》の仲達《ちゅうたつ》（司馬懿《しばい》）の対峙を題材にした『星落秋風五丈原《ほしおつしゅうふうごじょうげん》』に、

祁山《きざん》悲秋の風更けて／陣雲暗し五丈原

両者は対峙したまま動かず、やがて稀代の軍師孔明が重い病を得て死に至るのは周知のとおり。詩はこのあと、「**丞相病篤《あつ》かりき**」のリフレインを繰り返して終句となる。

真珠雲　しんじゅぐも

北欧などの高緯度地方でのみ観測される真珠貝色をした雲。夜明け前または日没後に高度二〇〜三〇キロの成層圏に発生する。「真珠母雲《しんじゅぼうん》mother of pearl cloud」ともいう。オゾン層の破壊に関連しており、学術的には「極成層圏雲」と呼ばれる。

新樹風　しんじゅふう

若葉が芽吹いたばかりのみずみずしい新緑の樹林を吹く風。「新樹」は夏の季語。

空暗くなり来《く》新樹に風騒ぎ　高浜虚子

陣陣　じんじん

ひとしきりさっと吹く風が、続いて吹いてくること。「陣」はひとしきりで、「〈一陣〉の風」の「陣」。

塵旋風　じんせんぷう

日差しで地表が高温となり、上昇気流が生じ、〈旋風〉が発生して砂や塵を舞い上げる現象。

砂塵を巻き上げる塵旋風（写真提供／岡田憲治）

信風　しんぷう
北東風。また、〈季節風〉のこともいう。

神風　しんぷう
神が吹かせるという風。⇩〈**神風**《かみかぜ》〉

晨風　しんぷう
〈朝風〉。「晨」は、朝。夜明け。

塵風　じんぷう
塵や埃を巻き上げて吹きつける風。

迅風　じんぷう
〈はやて〉〈疾風〉。「迅」は速い、勢いが激しいの意。『日本書紀』神代紀下に、彦火火出見尊《ひこほほでみのみこと》が兄をこらしめるために〈風招《かざお》き〉のまじないをすると「迅風忽《たちまち》に起る。兄則ち溺れ苦《なや》む」と。⇩〈**風招《かざお》き**〉

陣風　じんぷう
寒冷前線の通過などにともない、急に激しく吹き起こる風。〈はやて〉。

翠雲　すいうん
青々とした美しい雲。

水雲　すいうん
水と雲。大自然のことをいう。盛唐の詩人王昌齢《おうしょうれい》の「巴陵《はりょう》にて李十二を送る」に「山長くして**秋城の色を見ず　日暮の蒹葭《けんか》に水雲空し**」、山々は長く連なり城邑に秋の気配は見えず、夕暮れ葭《あし》の中に立てばただ水と雲ばかり、と。「李十二」は李白のこと。

瑞雲　ずいうん
めでたいしるしの雲。よいことの起こる前兆として現れる紫色や五色の雲。⇩〈**五色の雲**〉〈**彩雲**〉〈**紫雲**〉〈**卿雲**《けいうん》〉

翠煙　すいえん
緑色に煙る霞。遠望する樹々の緑に靄《もや》がかかっている情景などをいう。「翠烟」とも書く。

瑞煙　ずいえん
「煙」は雲や霧の意で、山水に雲や霧が煙るようにかかっているめでたい光景をいう。「瑞烟」とも書く。

吹花擘柳　すいかはくりゅう

花を開かせ柳の芽を割《さ》き分ける、春の強風。中国・北宋の『遯斎閒覧《とんさいかんらん》』に「**河朔《かさく》の春時、大風多く、塵を飛ばし水を撼《うご》かす……名づけて吹花擘柳の風と曰う。草木百穀皆之に藉《か》る**」とある、と。「擘」はつんざく・裂くを意味するところから「擘柳風《はくりゅうふう》」を「柳の枝を折る」ような春の暴風としている辞書もある。だが「擘」は柳の芽を割《さ》いて芽吹かせる意と解することができ、強風ではあるが花の蕾《つぼみ》を開かせ柳を芽吹かせる待望の「春風《しゅんぷう》」であろう。

水風　すいふう

水上を吹きわたる風。白居易『曲江』に「**細草《さいそう》岸の西東《さいとう》　酒旗水風に揺《うご》く**」、若草が岸の西にも東にも生えていて、水面を渡ってくる春風《しゅんぷう》に酒舗《しゅほ》の軒先の旗が揺れている、と。

瑞風　ずいふう

めでたい風。また能楽の世界ですばらしい芸風をいう。一方JR西日本では「瑞風《みずかぜ》」と読み、みずみずしい風、豊葦原《とよあしはら》の「瑞穂の国」に吹く吉兆を表す風だとして、二〇一七年春から京阪神と山陰・山陽エリアを結んで走らせる新トワイライトエクスプレスの名前に採用している。

水霧　すいむ

水面に立つ霧。特に〈川霧〉。

翠嵐　すいらん

緑したたる山に吹く風。みどりにつつまれた山の気。⇩〈**青嵐《せいらん》**〉

隙間風　すきまかぜ

戸・障子や古家の隙間などから入ってくる寒い風。倉嶋厚は、マンションは洋式建築の集中暖房だから空調は比較的よい方だと思っていたが、線香の煙で調べてみると、実に見事なドラフト（隙間風）を示した、と書いている。日の当たる部屋と日陰の部屋の境目では絨毯《じゅうたん》をはうように北の部屋の冷気が、秒速五〇センチメートル以上の速さで流れ込んでいた。二つの部屋の境目の上部では、南の部屋から北の部屋に暖気が流れ、高さ七〇センチメートルぐらいのところで上下の気流が完全に逆方向になっていた、と。部屋ごとの寒暖差によって「隙間風」が発生していたのである。あとで『英語歳時記』でドラフトを引いたら、《背面に隙間風は、顔前に墓場》ということわざがあった、とこの話を締めくくっている。冬の季語。「隙《すき》風《かぜ》」「ひま洩《も》る風」などともいう。

隙間風座りかへたるところへも　宮下翠舟

隙間雲　すきまぐも

大きな雲の塊《かたまり》が広い範囲に並ぶ〈高積雲〉や〈層積雲〉などで、雲の間に隙間があり、そこから太陽や青空が見えるものをいう。

頭巾雲　ずきんぐも

〈積雲〉や〈積乱雲〉の上にかかる帽子のような小さい雲。大きなものは〈ベール雲〉という。雲頂がベールを突き抜け、マフラーをしたような形になると〈襟巻き雲〉。

スコール　squall

一般的には、〈スコール〉とは、熱帯地方で突然降りだしすぐに通り過ぎていくにわか雨と思われている。だが「世界気象機関」の定義では「風が急に八メートル以上強まって秒速一一メートル以上の強風となり、しかもそれが一分以上つづく現象」としている。つまり、雨ではなく風を主とした現象をいっているようである。雲が少なく降水をともなわないスコールを「ホワイト・スコール」という。

筋雲　すじぐも

秋の青空に白く繊維状に浮かぶ〈巻雲〉〈絹《けん》雲《うん》〉の別称として知られるが、日本海地方では冬に雪を降らせる筋状の〈雪雲〉のこともいう。シベリアからの北西の〈季節風〉が日本海上空で熱と水蒸気を帯び、対流によって列をなす〈積雲〉や〈雄大積雲〉となり、雪を降らせる。

鈴鹿颪　すずかおろし
三重県の鈴鹿市地方などで、冬に滋賀県との県境の鈴鹿山脈から吹き下ろし、伊勢湾へと吹きぬけていく北西の風。

涼風　すずかぜ
夏の終わりから初秋にかけて吹く、秋の到来を告げる涼しい風。〈涼風《りょうふう》〉とも。夏の季語。
涼風《すずかぜ》の曲がりくねつて来たりけり　一茶

すてばえ
吹いても、すぐやみそうな南風。

ストーム　storm
強い風に、雨、雪、雷などがともなう嵐。

砂嵐　すなあらし
砂漠や乾燥地帯で、砂を激しく巻き上げ吹きつけてくる強風。

スモッグ　smog
smokeとfogを合成した語で、文字どおり〈煙霧〉と和訳されている。ひところ冬の大都市では眉をひそめられたが、近年、公害規制や自動車の排ガス規制が進み、あまり話題に上らなくなった。もともと詩歌などの美的対象になる性質のものではないが、「しかし、スモッグ被《おお》う冬の日は、妙に都会の哀愁を感じさせるものなのである」と金子兜太《とうた》が書いている（『日本大歳時記』）。冬の季語。
スモッグや徒党となりて梯子酒《はしござけ》　佐藤洸子

すやり霞　すやりがすみ
絵巻物などに描かれている横に棚引く霞の意匠。画面に奥行きを出したり時間の経過や場面転換を表したりするために用いられた。「やり霞」ともいう。

座り雲　すわりぐも
丸い頭部の下に胴体が大きく横に広がって、まるで巨大な生き物があぐらをかいて座っているように見える雲。〈積雲〉で見られる。

寸雲　すんうん
ほんのちょっとの雲。

青雲　せいうん
高い空の青い雲。転じて、名声と高い位のたとえ。「青雲の志」といえば、立身出世を目指す気概。中国・唐代の詩人政治家の張《ちょう》九齢《きゅうれい》の「鏡に照らして白髪を見る」の詩に、「**宿昔《しゅくせき》青雲の志　蹉跎《さだ》たり白髪の年　誰か知らん明鏡の裏《うち》　形影自《みずか》ら相憐れまんとは**」、若いころは立身出世の大望を抱いていたのに、挫折を繰り返しているうちに白髪が目立つ歳になってしまった。いったい誰が思っただろう、鏡の中の自分と現実の本人とが互いを憐れみ合う仕儀に至るとは、と。

星雲　せいうん
雲のように見える星の集合体。銀河のように無数の星が集まって雲のように見える天体。

晴烟　せいえん
晴れた空にたなびく青霞。

静穏　せいおん
風が無く静かなこと。〈ビューフォート風力階級〉で0レベルの無風状態をいう。風速〇・二メートル以下で、煙がまっすぐ立ち昇る状態とされる。

星間雲　せいかんうん
銀河系の星々の間に存在する星間物質や宇宙塵《じん》の集合をいう。

凄風　せいふう
ものすごい風。不気味で激しい風。特に西南の風。『呂氏春秋』有始覧に「西南を凄風と曰う」とある。「凄」は、凍って寒いこと。

清風　せいふう
清らかな風。爽やかな涼しい風。李白「襄陽歌」に「**清風朗月、一銭の買うことを用いず**」、清らかな風と美しい明月を楽しむには一枚の貨幣も必要ない、存分に自然の恩恵に浴すべし、と。「清風に故人来たる」といえば、爽やかな涼風が吹いてくると、古い友人が会いに来てくれたような心地がするということ。

西風　せいふう

西風《にしかぜ》。また、秋風のこともいう。李白「長干《ちょうかん》の行《うた》」その二に「**五月南風興れば　君が巴陵を下りしを思う　八月西風起れば　君が揚子発せしを想う**」、昔は深窓に育って浮き世の辛さなど知らなかったが、長干の商人に嫁いでからというもの、五月に南風、八月に西風が吹くたびごとに、あなたの身が案じられてならない、と。

腥風　せいふう

〈生臭い風〉。また、殺伐とした気。唐・韓愈《かんゆ》の「魚を叉《さ》して張功曹を招く」に「**血浪凝りて猶《なお》沸き　腥風遠くして更に飄《ひるがえ》る**」と。

清風高節　せいふうこうせつ

逆境の中でも節を曲げず、清々しい風のように高潔なこと。竹を描いた画幅や蒔絵などに、賛としてよく添えられていることば。

清明風　せいめいふう

立夏のころに吹く東南の風。『史記』律書に「清明風は東南に居る」、と。「清明」は二十四節気の一つで、春分のあと一五日目、現行暦の四月五日ごろに当たる。そのころに吹く〈薫風〉。

青嵐　せいらん

初夏の青葉若葉をそよがせて吹く清爽なやや強い風。五月新緑のころ低気圧が日本海を通過するとき各地で吹く南風をいう。〈青嵐《あおあらし》〉。「晴嵐」とも書く。夏の季語。

積雲　せきうん

〈十種雲形〉のうち高度二〇〇〇メートルくらいの空に浮かぶ〈下層雲〉の一つで、いちばんなじみのあるむくむくした綿のような雲。下から上に向かって積み重なるように発達するところからその名がある。〈積み雲〉〈綿雲〉ともいう。上空の下層にできるため地表の温度の影響を受けやすい。上昇気流で発達し、三つの段階をとる。できたばかりの平べったいものは〈扁平雲〉、よく見かける雲頂が綿のように盛り上がったものは〈並雲《なみぐも》〉、〈雲底〉の上にドーム状の〈雲の峰〉が盛り上がり、七〇〇〇〜一万メートルに達したものは〈雄大積雲〉ないし〈入道雲〉。さらに発達すると〈積乱雲〉になる。

積雲（写真提供／気象庁）

関風　せきかぜ

昔の関所のあたりを吹く風。『更級日記』に「**逢坂《おうさか》の関のせき風ふくこゑはむかし聞きしにかはらざりけり**」、逢坂の関の風は、昔少女時代に上京したときに聞いた風の音とちっとも変わっていない、と。

淅淅　せきせき

風が寂しく鳴る音の形容。盛唐・杜《と》甫《ほ》の「秋風」の第二首に「**秋風淅淅として我が衣を吹く東流の外西日《ほかせいじつ》微なり**」と。

積乱雲　せきらんうん

いわゆる〈入道雲〉〈夕立雲〉〈雷雲〉などがこれに当たる。〈十種雲形〉のうち、上空二〇〇〇メートルくらいに現れる〈下層雲〉の一つで、〈積雲〉が発達したもの。強い上昇気流により山のように盛り上がった雲頂は、高度一〇キロメートル以上にまでそびえていく。さらに対流圏と成層圏の境である圏界面まで届いたあとは〈ジェット気流〉に流されて大きく水平にひろがり、全体の形は朝顔状や鉄床《かなとこ》状になる。一方〈雲底〉は非常に暗く、下には大部分が水滴からなる〈ちぎれ雲〉があって、激しい雷雨や雹《ひょう》・霰《あられ》を降らせ、〈突風〉が吹く。〈積乱雲〉の寿命は普通一時間程度である。『お天気博士の四季暦』に戦争中海軍の水上偵察機で「積乱雲」の中に突入した機長の経験が紹介されている。雲の中は「湧き立つ熱湯のような、ものすごい上昇気流」と「滝のような下降気流」があり、「小さい機体は、大きい滝つぼに舞い落ちた一枚の木の葉のように、雲の中の乱気流にもみくちゃに」された。だが、あわやと思える悪戦苦闘の末に、ようやく九死に一生を得たという。夏の季語だが、日本海沿岸地方では冬の「積乱雲」で雷が多発し、山沿い地方に大雪をもたらす。⇩**コラム「最先端の気象用語③ スーパーセル」**

積乱雲（写真提供／気象庁）

最先端の気象用語③

スーパーセル

巨大な〈積乱雲〉の中に存在する渦のこと。通常、〈積乱雲〉は上空に向かって発達し、その内部には上昇気流が存在するが、水平方向に広がった巨大な〈積乱雲〉の中に、直径数キロメートル程度の周囲よりも気圧が低い渦を持つことがある。この渦はメソサイクロンとも呼ばれ、〈竜巻〉を発生させる場合がある。

このため、気象庁では積乱雲の中の風の動きを観測できる気象ドップラーレーダーを使ってスーパーセルを監視しており、発生が確認された場合には「竜巻注意情報」を発表している。この情報は有効期間が一時間となっており、竜巻の発生可能性が続いている場合には二回、三回と一時間おきに発表される。

積乱雲つねに淋しきポプラあり　金子兜太

瀬田嵐　せたあらし

東海道、中山道《なかせんどう》から京都へ入る要衝である滋賀県瀬田のあたりの琵琶湖沿岸を吹く風。琵琶湖から流れ出る瀬田川を吹く風。

節東風　せちごち

「節」は節句、節分。瀬戸内海地方で節分の前後に吹く東風をいう。「節分東風《せつぶんごち》」ともいい、立春を過ぎると「雲雀東風」になる（『日本大歳時記』）。冬または新年の季語。

赤気　せっき

赤く感じられる雲の動き。彗星ないしオーロラのことともいう。『吾妻鏡』仁治《にんじ》二年（一二四一年）二月四日の条に「壬戌《みずのえいぬ》。晴れ陰《くも》る。戌《いぬ》の剋《こく》、白赤気三条出現す。件《くだん》の変消えて、其の東傍に赤気又出現す。長七尺。彼の変滅じて、猶《なお》西傍に赤気一条出現四尺か」、と。「戌の刻」は午後七時から九時ごろ。白と赤の雲気が三本出ていったん消えたあと、今度は東側に長さ二メートル余りの赤い雲気が出現したという。

節の西風　せつのにしかぜ

田植えの時期に吹く西風で、雨をともなうことが多い。

瀬戸の夕凪　せとのゆうなぎ

⇩〈**讃岐《さぬき》の夕凪**〉

ゼピュロス　Zephyrus

ギリシア神話に出てくる西風の神。英語読みでは「ゼファー」。ボッティチェリの名作「ヴィーナスの誕生」や「春」の画面で、美しい妖精《ニンフ》を腕《かいな》に抱き、その口から花々を吹きこぼさせて春を到来させているのが〈ゼピュロス〉である。ちなみに、東風の神はエウロス（Eurus）、北風がボレアス（Boreas）、南風がノトス（Notus）。

競合　せらい

紀伊半島南端の熊野地方で、海上で反対方向の風がぶつかり合い海が荒れることをいう。潮の流れの方向と風の方向とが反対になって波立つことを、船乗りの間で〈競合《せらい》〉という。また、三重県の志摩地方では、風がないのに波が立つことをいう。

戦雲　せんうん

戦いの火蓋《ひぶた》が今まさに切られようとしている緊迫した状況を、風雨を呼ぶ暗澹たる雲にたとえていう語。

旋風　せんぷう

渦巻き状に動く空気をいう。日射しで地表が加熱されたことによる上昇気流を原因として発生する〈つむじ風〉。渦巻きの直径が数十メートル以下の小規模なものをいう。〈辻風《つじかぜ》〉〈舞風《まいかぜ》〉「旋飆《せんぴょう》」〈飄風《ひょうふう》〉「飆風《ひょうふう》」など多様な表現がある。〈竜巻〉〈トルネード〉とは発生メカニズムが異なる。

尖風　せんぷう

突き刺さるように鋭く吹く風。「尖」は鋭くとがる。

扇風機　せんぷうき

〈扇風機〉は、日本では今からおよそ一二〇年前の明治三〇年（一八九七年）ごろに実用化された。当時の「国民新聞」に「東京電灯会社にて夏季客室等に用ゆるため、今回電気扇子なるものを作りたるが、電気の作用により其《その》器械より風を室内に送るものにして……」と記事になっているという（『お天気歳時記』）。夏の季語。

扇風機大き翼をやすめたり　山口誓子

千里同風　せんりどうふう

一〇〇〇里の彼方まで同じ風が吹く。統治が隅々まで行き届き、風儀・風俗も同化してよく治まっていること。〈万里同風〉とも。『論衡』雷虚の「千里風を同じうせず」、一〇〇〇里の間を同じ風が吹くことなどない、の反対。

叢雲　そううん

群がり集まる雲。〈叢雲《むらくも》〉。

層雲　そううん

空全体を層状におおう灰色の雲。〈十種雲形〉

のうち上空数百メートルから数十メートルの地表に近いところにできる〈下層雲〉の一つ。ぼうっと空一面に灰色に拡がり、霧と混同するような形状の雲となる。〈霧雲《きりぐも》〉とも呼ばれるが、〈雲底〉は地面に接していないから霧ではない。小さな水滴からなり、〈霧雨〉〈細氷〉などを降らせる。この雲越しに見える太陽は光輪がはっきりわかり、空は明るい。地面が冷えたときに発生しやすく、日射しが強くなると間もなく消える。

層状雲　そうじょううん

それぞれの高さの空で、広い範囲に水平に一様に広がっている雲。温暖前線が接近したときにできやすい。雲は大気中の水蒸気が上空で冷えて凝結してできるが、暖かくて軽い空気が、冷たく重い空気のゆるやかな傾斜の上を這い上っていくとき、雲は〈積雲〉のように垂直方向へは発達せず水平に広がって層状の雲となる。出現高度の高さ順に、〈巻層雲〉〈高層雲〉〈乱層雲〉〈層雲〉となる。⇩〈**対流雲**〉

層積雲　そうせきうん

水滴からなる白か暗灰色の層状ないし大きな塊《かたまり》状の雲。冬の曇り空をおおっている雲の多くは〈層積雲〉だ。〈十種雲形〉のうち高度二〇〇〇メートル以下の低空にかかる〈下層雲〉の一つ。層状、斑《まだら》状の雲片が畑の畝《うね》のように並んでいるものを〈畝雲《うねぐも》〉という。

層積雲

送風　そうふう

風を吹き送ること。鉱山の坑内などには送風機で新鮮な空気を送る必要があり、また溶鉱炉などには送風装置で酸素を供給する。

爽籟　そうらい

秋風の爽やかな響き。「籟」とはもともと穴が三つある笛で、転じて、風が当たって発する響きのことをいうようになったと『日本大歳時記』にある。秋の季語。

山荘のけさ爽籟に窓ひらく　山口草堂

袖の羽風　そでのはかぜ

着物の袖を振ったときに起こる風を鳥の羽風にたとえた表現。『新撰六帖』一に「**庭火たく烟《けぶり》もともに立ちぞまふかなづるきねが袖の羽風に**」、舞台で舞曲を奏でている舞姫の袖が翻ると、その風を受けて篝火の煙もともに舞っている、と。「庭火」は神楽などのときに宮中の庭で焚《た》く篝火で、「きね」は神に仕える巫女《みこ》のこと。

聳き物　そびきもの

霞・霧・雲・煙など、空に立ち上って聳え棚引くものを一括していう。連歌や俳諧では、〈聳き物〉は続けては詠まず、三句以上隔てるとの申し合わせがある。

素風　そふう

秋風。「素」は白の意で、五行思想では白を秋に配するところから、白秋あるいは素秋ともいう。

そよ

風が静かに吹く音。風に吹かれた物が軽く触れ合ったときに立てる擬音語。『万葉集』巻十に「**はたすすき　本葉《もとは》もそよに　秋風の　吹き来る宵に　天の川　白波しのぎ……**」、穂の出たススキをそよがせて秋風の吹く夜、年に一度しか妻と会えない男が、天の川の白波をしのぎ漕いで妻のもとへ急ぐ七夕の夜は趣き深い、と。接尾語「めく」が付いて「そよめく」といえば、物が風にゆれてそよそよとかすかな音を立てること。『貫之集』第五に「**立ちよれば袖にそよめく風の音に近くはきけどあひもみぬかな**」、訪ねてみると風が袖を吹くかすかな音が聞こえ、すぐ近くにいるらしいのに姿を見ることはできなかった、と。名詞形は「そよめき」。「そよそよ」「そよと」「そよに」「そより」などともいう。また、猟師たちの山ことばで、風のことを「そよ」という。

そよ風　そよかぜ

そよそよと吹く風。「微風《そよかぜ》」とも書く。また、戦《そよ》ぐ風。「そよとの風」ともいう。

戦ぐ　そよぐ

風に揺れて木の葉などがそよそよと音を立てる。ざわめく意味の「さやぐ」の「さ」が母音交替で「そ」になった形。『古今集』巻四に「**昨日こそ早苗取りしかいつのまに稲葉そよぎて秋風の吹く**」。

そよ吹く　そよふく

風がそよそよと軽やかに吹く。『夫木抄《ふぼくしょう》』巻三十一に「**はつせ山まつの戸ぼその明方にそよふきそむる秋の初風**」、蒸し暑く寝苦しい夜々のなかに、今朝初めて戸口から風が吹き入ってきた、待望の秋の〈初風〉、と。

空曇り　そらぐもり

空が曇ること。

空行く雲　そらゆくくも

空を自由に動いている雲。『万葉集』巻十四に、「**み空行く雲にもがもな今日行きて妹に言問ひ明日帰り来む**」、大空を自由に行きかう雲だったらなぁ。今日妻のところへ行ってことばを交わし、明日には帰ってこられるのに、と空想している。⇩〈**天《あま》飛ぶ雲**〉

た行

台風《たいふう》
主として北太平洋（太平洋の北半球部分）西部のマリアナ諸島付近や南シナ海などで発生する熱帯低気圧のうち、中心付近の最大風速が毎秒一七・二メートル以上に達するものをいう。毎年二六個程度発生し、日本に接近するものは一一個程度、上陸するものは三個程度である。八月から九月にかけて日本に上陸することが多い。直径数百キロメートルから一〇〇〇キロメートルにおよぶ巨大な反時計回りの渦巻きをなし、風は中心に向かい左回りに吹き込むから、進行方向の右側で激しい風が吹き、豪雨・暴風・洪水・高潮などの被害をもたらす。秋の季語。⇩コラム「**台風のしくみ**」

　台風に柳最も荒れ狂ふ　原夏子

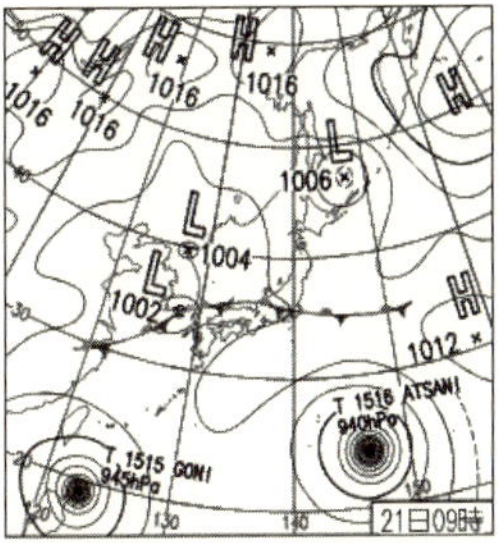

台風接近時の天気図。2015年8月21日午前9時（気象庁ホームページより）

大風《たいふう》
〈大風《おおかぜ》〉。激しく吹く風。漢の高祖劉邦《りゅうほう》に「大風《たいふう》の歌」がある。「**大風起こりて雲飛揚《ひよう》す　威は海内《かいだい》に加わりて故郷に帰る　安《いずく》んぞ猛士を得て四方を守らしめん**」、宿敵項羽を倒して七年、故郷沛《はい》に凱旋したときの酒宴で自ら楽器を奏しながら歌ったという。

泰風《たいふう》
西風のこと。中国古代の字書である『爾雅《じが》』釈天に「西風之《これ》を泰風と謂《い》う」とある。西風は物を育み豊穣をもたらす風なのである。

頽風 たいふう
荒々しい風や暴風をいう。「頽」は暴風、また、崩れる。崩れた風俗のこともいう。

台風一過 たいふういっか
〈台風〉が通り過ぎたあと。清々しい青空と爽やかな大気に包まれる。「台風過」ともいう。

台風一過女がすがる赤電話　沢木欣一
看護婦の肘のまろさよ颱風過　石田波郷

台風禍 たいふうか
〈台風〉の猛烈な雨と風が残していった被害の跡。日本は古来無数の台風による被害を受けてきたが、昭和九年（一九三四年）の室戸台風、昭和二〇年（一九四五年）の枕崎台風、昭和三四年（一九五九年）の伊勢湾台風では、それぞれ三〇〇〇名を超える死者・行方不明者を出した。明治四三年（一九一〇年）八月、台風による大洪水のために東京の下町は泥の海となった。このとき歌人の伊藤左千夫は東京茅場町《かやばちょう》で牛乳搾乳《さくにゅう》業を営んでおり、「**闇ながら夜はふけにつつ水の上にたすけ呼ぶ声牛叫ぶ声**」と詠んだ。台風が通り過ぎたことをいう「台風過」と紛らわしいので注意。秋の季語。

減反の枷《かせ》に追ひ討《うち》台風禍　岡村灯火（減反という仕打ちを受けた上にさらに、と嘆いている）

台風圏 たいふうけん
〈台風〉による暴風雨の影響が及んでいる範囲内。秋の季語。

薬嚥《の》む深夜颱風圏の中　山崎ひさを

台風十五戒 たいふうじゅうごかい
元大阪気象台長の大谷東平博士による「台風十戒」に、倉嶋厚が五項目追補したもの。

1. 台風は遅くとも土用波は高くなり、山の上は早くから天気が悪化する。
2. ９６０ミリバールは一人前の台風。数字が少ないほど台風は強い。９９０ミリバールになればもう安心。
3. 気象注意報が出たら、ラジオをもらさず聞き、気象警報が出たら厳戒に入る。

4. 瞬間風速は、気象台でいう普通の風速より、およそ五割強い。
5. 瞬間風速が40メートルになると、カワラはいっせいに飛びはじめ、50メートルになると家が倒れはじめる。
6. 台風が来ても、窓、戸、障子は最後まで守る。かんぬきをあて、釘などで防ぐこと。
7. 高潮は増水の速度が速い。地上に水が出るのを見てからでは間に合わぬ。
8. 激しい雨が降るときは、洪水と崖崩れに気をつけることを忘れぬように。
9. 台風のあと、困るものは水とロウソク。
10. 台風が日本海に入ったら、日本海沿岸は大火に用心。
11. 一発大波に用心。海の波は大波、小波がまじっている。百波、千波に一つの大波は、驚くほど高い。高波見物などは無謀のきわみ。
12. あらしの前の静けさがくせ者。暴風圏に入っていても、地形などの関係で無風のことがある。そして不意に吹き出す。
13. 台風は遠くにいても、また上陸しなくても、山の風上斜面に二日も三日も大雨を降らせることがある。台風が遠ざかり青空になってからも、下流の水位は上がりつづける。
14. 町の「災害史」を知ろう。自分の家が、どんな現象に危険なのか、何によって守られているのか、それが破れたらどんなことがおこるのか知っておこう。
15. 物を飛ばすな。窓ガラスは風圧よりは、飛散物で割れる。

1ミリバール＝1ヘクトパスカル

颱風とtyphoon　たいふうとタイファーン

「台風」という表記についてだが、夏目漱石は「台風」という語を用いていない。森鷗外は、ベルリンで上演されたハンガリーの劇作家の『Taifun』という脚本を紹介した明治四三年（一九一〇年）、四四年に「颱風《たいふう》」ということばを使っている。中央気象台では、明治三八年から四三年までは〈台風〉を〈颶風《ぐふう》〉と呼んでいたが、四四年から「颱風」に変えている。第四代中央気象台長を務めた岡田武松が、英語のtyphoonと語呂を合わせて命名したといわれる（英語のtyphoonは、台湾や中国の「大《タイ》風《フウ》」に基づくという説がある）。戦後、「颱」の字が当用漢字にないので、「台風」と表記するようになった（『お天気博士の四季暦』『日本の空をみつめて』）。

颱風の去って玄界灘の月　中村吉右衛門

台風の一生　たいふうのいっしょう

〈台風〉は、海水温が二六〜二七℃以上の熱帯の海で発達した巨大な〈積雲〉や〈積乱雲〉が広い範囲に分布している雲集団（クラウド・クラスター）から生まれる。そこでは水蒸気が〈雲粒〉になるとき一グラムにつき約六〇〇カロリーの熱を放出している。この熱は熱帯の海水が蒸発したときに太陽熱を内部に蓄積したものである。倉嶋厚は、台風は水蒸気を燃やして走る機関車ともいえると記している。この雲集団の中にホットタワー（熱の塔）と呼ばれる特に巨大な〈積乱雲〉の集団ができると、そこに集中的に熱が放出されて空気を暖める。すると特に強い上昇気流が発生し、海面近くではそこに向かって四方八方から空気が吹き込んでくる。その空気の流れは、上から見ると地球自転の影響によって北半球では「反時計回り（左巻き）」、南半球では「時計回り（右巻き）」となる。これが台風の誕生である（『お天気博士の四季暦』）。

このあと台風は、上空を吹く風や地球の自転の影響を受けながら進んでいく。台風は、地球の自転運動によりそれ自体で北上する力をもっている。はじめは熱帯上空の〈偏東風〉の影響で北西に進み、その後は温帯〈偏西風〉に乗って北東に進路を変える。台風が上陸したり北方の冷たい海に出たりすると、原動力である水蒸気の補給が少なくなり、また地表面との摩擦によって運動エネルギーを消耗するため、衰弱してやがて消滅する。これが〈台風の一生〉である。

台風の進路　たいふうのしんろ

〈台風〉は、指向流と呼ばれる上空の風や地球の自転運動の影響を受けながら進んでいく。発生した台風のおよそ三分の一は、熱帯上空の〈偏東風〉に流されて西進をつづける。が、あとの三分の二は、途中で亜熱帯高気圧を横切り、温帯へ自力で北上する。やがて熱帯とは逆の風向きの〈偏西風〉に乗ると、北東に進路を転じて日本列島にも接近する。上陸して猛威をふるい、海上に抜けるころには勢力は衰え、温帯低気圧に変わってやがて消滅する。進路や速度が不規則に変化するものは「迷走台風」などといった。横浜市の小学三年生山県啓太くんの詩「台風」より、「**天気予ほうを見ていると／左ピッチャーのカーブのように／まがって 日本へやってきた**」。台風の進路を「左ピッチャーのカーブのように」という表現が斬新（『202人の子どもたち』）。

台風の目 たいふうのめ

発達した〈台風〉の中心に生ずる、風が弱く青空さえのぞく区域。ほぼ円形で、直径二〇～五〇キロメートルに及び、まれに一〇〇キロメートル以上となることもある。「台風眼《たいふうがん》」ともいい、ともに秋の季語。倉嶋厚が〈台風の目〉について書いている。「気象衛星の雲写真では、台風が発達した時、真っ白な渦巻き状の雲の塊の真ん中にパッチリと小さい目が黒く見える。台風が最盛期を過ぎると、目は大きくなり、輪郭がぼやけ、やがて黒い瞳が白く濁る」。そして「台風眼」に入ったときの西表島《いりおもてじま》測候所長の手記を紹介している。「一六時二〇分、風雨弱まり空も明るくなり…… いよいよ日に入る。……雲足は速いが風は弱く……気圧計は横ばい状態、……学校に避難する人、飛ばされた家具を捜す人、牛や水牛の世話をする人等、皆動き回っている。ツバメは……水田をスレスレに飛びセミも鳴き出す」と（『日本の空をみつめて』）。

台風裡 たいふうり

梯子《はしご》あり颱風の目の青空へ　西東三鬼

〈台風〉のただ中。「裡」は、その状態のさなか。秋の季語。

川の鵜の飛翔の気迫台風裡　佐川広治

タイフーン typhoon

英語で、〈台風〉。熱帯低気圧のうち北太平洋のものを〈タイフーン〉(typhoon)、北大西洋、特に西インド諸島周辺のものを〈ハリケーン〉(hurricane)、インド洋や南半球のオーストラ

た行

リア、アフリカなどのものを「トロピカル・サイクロン」(tropical cyclone) と呼んでいる。

大木は風に折られる　たいぼくはかぜにおられる

⇩〈**喬木《きょうぼく》は風に折らる**〉

大霧　たいむ

普通より深く濃く立ちこめた霧。〈濃霧〉。

ダイヤモンドダスト　diamond dust

太陽の光を反射してキラキラ輝く〈細氷〉。⇩**コラム「ダイヤモンドダスト」**

ダイヤモンドフォッグ　diamond fog

針状や角柱型などさまざまな形をした微細な〈氷晶〉が、キラキラ光りながら空中に漂っている霧。「氷霧《こおりぎり》」。

太陽風　たいようふう

太陽のコロナから惑星空間に放出されている高速度のプラズマ（荷電粒子）の流れ。太陽の重力場でも引き止められず、風速は地球の軌道近くで秒速三五〇～七〇〇キロメートルに達する。主として陽子と電子からなる電離ガスの流れで、温度は摂氏に換算すると約一〇〇万℃。地球の磁気圏に衝突して衝撃波を発生し、電離層に影響を与え、磁気嵐やオーロラを発生させる「プラズマ風」だ。

ダイヤモンドダスト

ダイヤモンドダストは地上付近で小さな氷の結晶がキラキラとゆっくりと降る状況である。晴れていても天気現象としては雪に分類される。ダイヤモンドダストが見えるための条件として、天気的には空気が湿って（湿度が高く）風が無い快晴の早朝が望ましい。これは、放射冷却現象が発生して地上付近の気温が急激に下がるからである。また、早朝の時間帯は、ダイヤモンドダストが一方向からだけの光（朝日）で照らされて、浮き上がってはっきりと見えるチャンスである。湿度が高い川の周辺では見える可能性はさらに高い。

対流雲 たいりゅううん

水蒸気を含んだ上昇気流や寒気が上空に流入するなどの対流現象により、大気中の水蒸気が凝結して湧き上がる雲。寒冷前線が接近したときなどにできやすい。横に広がる〈層状雲〉に対して、縦に盛り上がる〈積雲〉や〈積乱雲〉が〈対流雲〉。⇩**〈層状雲〉**

ダウンバースト downburst

積乱雲から吹き下ろす下降気流のうち、地面に衝突して水平に広がり地上に大きな災害をもたらす〈突風〉をいう。二〇一五年六月一五日午後、群馬県伊勢崎市から前橋市にかけての地域を秒速三〇メートル以上の猛烈な突風が襲い、家屋などを損壊させる被害をもたらした。翌日現地調査をした気象庁は〈ダウンバースト〉現象の可能性が高いと発表した。⇩**コラム「上空からの吹き下ろし」**

高い風・低い風 たかいかぜ・ひくいかぜ

北寄りの風と南寄りの風をいう。「高い」が北、「低い」が南。主として日本海沿岸と西日本で用いられてきた言い方。江戸時代から明治時代にかけて、北陸の日本海沿岸の港から出航

南極でも対流雲

氷におおわれた南極大陸は気温が低いため水蒸気が少なく、大陸上で雲が発生することは少ない。大陸の沿岸部では雲は見られるが、ほとんどの雲は、南極大陸とオーストラリア大陸・南アメリカ大陸・アフリカ大陸を隔てている南極海で発生して南に流れてきたものである。しかし、南極大陸に一パーセントしかない、氷におおわれていない岩や土が露出した場所や山の上空に〈対流雲〉（〈積雲〉）や〈傘雲〉が発生することがある。〈対流雲〉は氷よりも岩や土が太陽の熱を受けやすいために上昇気流が生じて雲が発生し、〈傘雲〉は上空に吹く強い風によって発生する。

し下関を経て瀬戸内海に入り、大坂まで米や海産物などを届けた北前船《きたまえぶね》の船乗りが使ったことばだという。「たかかぜ・ひくかぜ」ともいう。

高曇り　たかぐもり
空の高いところを〈高積雲〉〈高層雲〉などがおおっていること。〈上層雲〉なら「薄曇り」、〈中層雲〉なら〈高曇り〉、〈下層雲〉なら「本曇り」といっていたが、現在では気象学的には使われなくなった。

たかたろーぐも
熊本県球磨《くま》郡、鹿児島県肝属《きもつき》郡地方などで、〈入道雲〉のことをいった。

高西風　たかにし
山陰・九州地方で、秋の西寄りの風をいう。農村では稔《みの》った稲に被害を与える「籾《もみ》落とし」と呼んで嫌い、船乗りや漁業者も海が荒れる風として恐れた（『日本大歳時記』）。秋の季語。

高西風の青き運河に鷗翔《か》く　細田寿郎

高嶺颪　たかねおろし
山の高い峰から吹き下ろしてくる寒風。「高根颪」とも書く。⇩〈**颪**《おろし》〉

滝雲　たきぐも
山腹を這《は》い上ってきた雲が尾根を越えて下りにかかると、滝が落下するように流れ下り、下降気流によって消えていく。滝が落ちていくようなそのさまをいった。〈層雲〉や〈層積雲〉などで多い。早回しの動画で見ると特に美しい。

卓越風　たくえつふう
各地域で、ある時期や季節に、特定の方向から最も多く吹く風。各都市の一年間の〈卓越風〉

「おろし」と「だし」は料理のことば？

料理用語に「おろし」と「だし」はあるが、風を示すことばとしても〈おろし〉と〈だし〉は昔は、札幌では南東風、新潟では南南西の風、東京・京都では北風、広島では北北東の風、高知では西風、鹿児島では北西風だという。〈常《じょう》風《ふう》〉「主風《しゅふう》」ともいう。

筍流し　たけのこながし

筍の生える時季に吹く雨気をともなう南寄りの風。大地を割ってたくましく出現する筍と、やわらかな母竹の葉のそよぎと、両者の姿を合わせて捉えた、生活に密着した季節のことばであると、飯田龍太は言っている（『日本大歳時記』）。夏の季語。

父の忌の筍流し夜もすがら　宮岡計次

凧合戦　たこがっせん

凧を利用した子どもの遊びに凧揚げがある。凧揚げや〈凧合戦〉を年中行事としている土地も数多くある。四月から六月にかけて行われることが多く、静岡県浜松の大凧揚げ、神奈川県の相模《さがみ》の大凧、埼玉県宝珠花《ほうじゅばな》の大凧揚げなどは五月はじめ、新潟県白根の凧合戦は六月はじめに

から日本各地にある。

〈だし〉は、帆船が港から沖に出る際の追い風として利用していた陸から海に向かって吹く風のことで、日本海の沿岸部に分布することばである。新潟県の「胎内だし」、秋田県の「生保内《おぼない》だし」、北海道の「寿都《すっつ》だし」などが有名。春先に〈フェーン現象〉として暖かい風が山から吹き下りた場合には、融雪による洪水を引き起こすこともある。

一方、〈おろし〉は山から吹き下ろす冬の冷たい北西風のことで、太平洋側に分布することばである。漢字では「颪」と書く。兵庫県の〈六甲おろし〉をはじめ、〈おろし〉の項で挙げたように、多くは山の名が冠されている。

また、〈おろし〉や〈だし〉以外にも、群馬県の〈空っ風〉、愛媛県の「やまじ風」や「肱川《ひじかわ》あらし」、岡山県の〈広戸風〉など、全国各地に地元固有の強風名称がある。

行われる。凪は、春の季語。

唐寺の上にて凪の切り結ぶ　下村ひろし

だし

峡谷の開口部などで平野や海に向かって吹く風。秋田県から新潟県の日本海沿岸地方で春以降に吹く強い東南の〈陸風〉をいう。高温乾燥。太平洋側で〈颪《おろし》〉と呼ぶ風を日本海側では〈だし〉ということもあった。風向きは地域によってさまざまで、船を出すのに適した海に向かって吹く〈出し風〉をつづめて「だし」ともいった。夏の季語。⇩**コラム「『おろし』と『だし』は料理のことば?」**

出し風　だしかぜ

船を出すのに適した、陸から海に向かって吹く風。

たじろぐ雲　たじろぐくも

雨が去ると風も弱まり、雲の往来が緩やかになる。まだ黒い雲のはざまに星が瞬《またた》き始め、月がのぞくと、その光に気圧《けお》されるように雲は行き泥《なず》み、漂うようにいざようように迷っている。そのような雲を何と表現したらよいか、と自問した幸田露伴は、「**はれぬるかたぢろぐ雲の絶間より星見えそむる村雲の空**」という古歌に思い当たる。そして、〈たじろぐ雲〉というやすらかな表現の、実景を的確に言い当てているのがひときわ見事だ、と絶賛している（「雲のいろ〳〵」）。

太刀風　たちかぜ

太刀を振るったときに起こる風。太刀を激しく振る勢いを象徴的にいう。

立ち雲　たちぐも

〈積乱雲〉のように〈雲塊〉の横幅より縦の長さが長く、大入道が立ち上がったように見える雲。〈夕立雲〉のことをいうこともある。

立つ　たつ

雲や霧、煙などが発生して、立ちのぼる。

〈立つ〉の展開

立ち隠す　たちかくす
雲や霞が立ちはだかって花や紅葉をさえぎり隠すこと。『古今集』巻五に、「**たがための錦なればか秋ぎりの佐保の山べをたちかくすらむ**」、紅葉した佐保山に秋霧がかかっているが、いったい誰に見せるために人目から隠しているのだろう、と。

立ちこめる　たちこめる
霧や煙などが一面を包みこむ。『金葉集』（二度本）巻三に「**河ぎりのたちこめつれば高瀬舟わけゆくさをの音のみぞする**」、深い川霧で高瀬舟の姿は見えないが、水手《かこ》が操る棹《さお》の水音だけが聞こえる、と。

立ち迷う　たちまよう
霞や霧などが立ち昇って、彷徨《さまよ》うようにあたりをおおう。『新古今集』巻二に、「**花の色にあまぎる霞立ちまよひ空さへにほふ山桜かな**」、桜色に霞があたりを染めてたゆたい、空まで美しく照り映えさせている。えもいわれぬ山桜だなぁ、と。

立ち渡る　たちわたる
雲や霧などが一帯をおおい尽くすこと。『万葉集』巻五に「**春の野に霧立ちわたり降る雪と人の見るまで梅の花散る**」、春野を霧がおおい、雪が降っているのかと人が見まちがえるほどに梅の花が散りしきっている、と。

たっか

神奈川県地方で〈入道雲〉のことをいう。

竜田彦　たつたひこ
奈良県生駒郡三郷《さんごう》町の龍田《たつた》大社から勧請《かんじょう》したといわれる竜田比古《ひこ》竜田比売《ひめ》神社の祭神で、風をつかさどる神。『万葉集』巻九に「**我が行きは七日は過ぎじ竜田彦ゆめこの花を風にな散ら**

し」、私たちの旅は長くても七日以上ではありませんから、竜田彦よ、風でこの花を散らさないでください、と。

竜巻 たつまき

激しく渦を巻きながら吹きなぐる大気の旋回。発達した〈積乱雲〉の下部から象の鼻のような形の雲が細長く垂れ下がるのは、渦の内部の気圧が低いため、流れ込んだ空気が急膨張して冷え、水蒸気が凝結するから。長く伸びた漏斗《ろうと》状の形が、天に昇る竜を連想させるところから〈竜巻〉の名がついた。渦の中の風速は毎秒五〇～一〇〇メートルにも達し、海水・漁船・砂塵・家屋・人畜などを空中に巻き上げて甚大な被害をもたらす。寒冷前線にともなって発生する「寒気竜巻」と台風や発達した低気圧によって発生する「暖気竜巻」がある。渦巻きの回転方向は、北半球では普通は反時計回りである。毎秒一〇～二〇メートルの速度で移動し、一〇～三〇分ほどでやむことが多い。日本では太平洋沿岸部で多く、関東平野・筑紫平野などでも発生する。

江戸時代の『甲子夜話《かっしやわ》』巻三十四に、文政六年八月に江戸を襲った「竜巻」の記録が書かれているが、これも現行暦に換算すると一八二三年九月になる。曰く、「天地の気の感ずる時ありて、竜は騰《あが》れる者にや。十七日の昼、品川沖にて海上竜巻ありしと云《いう》。その夜嵐のとき市谷四谷辺にて一疋、下谷根津辺にて一疋、都合二疋の竜とこそ見へ《ママ》たり」と。天地の気に感応した竜が地上に降って竜巻を起こすと信じられていたようだ。⇩**コラム「竜巻と突風」**

竜巻災害 たつまきさいがい

〈竜巻災害〉は、短時間だが台風被害に劣らない。一九七八年二月二八日、〈竜巻〉による猛旋風のために東京の地下鉄東西線が、荒川・中川橋梁上で脱線、転覆した。竜巻は二一時ごろ駿河湾の奥から神奈川県の相模湾岸に移動し、さらに北東方向に進んだ。被害地域は神奈川県川崎市から千葉県鎌ケ谷市に至る長さ約四〇キロメートル、幅約二〇〇～二〇〇〇メートルの地域だった。この間に駐車場の屋根を吹き飛ばし、高圧線を断線させ、一〇トン・トレーラー車を横転させて駆け抜け、二一時三四分、橋梁上を走行していた東西線車両の最後尾二両を脱線横転させた。転覆時の現場付近の〈突風〉は、風速約六〇～八〇メートル／秒と推定されている。

一方、二〇一五年六月一日、中国湖北省荊州市の長江で乗員乗客四五八人が乗った大型観光船が転覆し、多数の死者を出した。救助された船長らの証言によれば、「急な竜巻に襲われ、船は一、二分の間に転覆してしまった」という。航跡の分析から、上流に向かっていた客船は、当該時刻の二一時一九分から二〇分にかけ急速に下流へと「Λ」型ターンを迫られ、そのまま沈没したことがわかった。衛星写真による雲の分布などから、長江上で巨大な〈竜巻〉に襲われた船が、猛烈な横風によって川下側に急激に吹き回され、バランスを失って一気に横転・沈没したものと推定された。

辰巳風　たつみかぜ

「巽風」とも書き、各地で東南の風をいう。十二支で表した方位で、「辰巳＝巽」は東南。た

風対応と雪対応で異なる屋根の造り

多雪地帯では屋根の軒下が長くせり出している切り妻造りの家が多い。これは屋根に積もった雪が地上に落ちた場合に、家と雪との間に空間を確保するためである。これに対して屋根のせり出しが短い寄せ棟造りの家は風に対する屋根の強度が強いため強風地帯に多い。しかし、強風の影響を受けてせり出し部分が壊れることもある。佐賀県で竜巻の被害を受けた際には、寄せ棟造りの家の方が屋根が飛ばされる被害が少なかったという。

だ「たつみ」ともいう。

辰巳風吹いて深川初不動　竹内大琴子

棚霧らう　たなきらう・たなぎらう

あたり一面に霧がかかる。空全体が曇る。古語「棚霧る」の未然形に継続・反復の接尾語「ふ」が付いた形。『万葉集』巻八に「**たな霧らひ雪も降らぬか梅の花咲かぬが代《しろ》に擬《そ》へてだに見む**」、空一面に曇って雪が降ってこないかなあ。まだ梅の花が咲かないのならせめて雪を梅の花びら代わりに見たいのだが、と。

棚雲　たなぐも

厚く重なり空一面をおおっている雲。また横に長くたなびいている雲もいう。『古事記』上に「天《あめ》の石位《いわくら》を離れ、天の八重たな雲を押し分けて、……竺紫《つくし》の日向《ひむか》の高千穂のくじふる嶺に天《あま》降《くだ》りまさしめき」、邇邇芸命《ににぎのみこと》が何重にも重なった〈棚雲〉を押し分けて高千穂の峰に降臨した場面が描かれている。

棚曇り　たなぐもり

一面に曇った空模様。

棚引く　たなびく

雲や霞、煙などが横に長く引いて浮き漂う。『枕草子』の冒頭、「春はあけぼの。やうやうしろくなり行く山ぎはすこしあかりて、むらさきだちたる雲のほそくたなびきたる」との春の曙《あけぼの》への賛辞はよく知られている。

谷下ろし　たにおろし

山の谷間から平地に吹き下ろしてくる風。平安後期の歌集『永久百首』に「**谷おろしの風しやまねば夜と共におきつが原にくぬぎ波立つ**」、谷あいから吹き下ろしてくる風が夜になってもやまないので、おきつが原のクヌギ林が大波のようにうねっている、と。「谷颪」とも書く。

⇩〈颪《おろし》〉

谷風　たにかぜ

昼間、平地から谷あいや山腹へ山の斜面を吹き昇る風。『増補気象の事典』に、「日中山の斜面が熱せられると、それに接している空気の温度は昇り、密度が小さくなるから、山の斜面にそって上昇しはじめる。これが〈谷風〉である。谷風は上昇気流の一種であるから、これが起っている山には雲がかかっている」とあった。⇩〈山風〉

谷霧《たにぎり》

谷間に湧く霧。日没後、谷の斜面が放射冷却によって気温が下がると接している空気が冷えて重くなり、平地に流れ下って霧が発生する。「**箱根の山は　天下の嶮**《けん》」の歌い出しで知られる明治時代の小学唱歌「箱根八里」（鳥居忱《まこと》作詞）は、「**……雲は山をめぐり　霧は谷をとざす　昼猶**《なお》**暗き　杉の並木**」と〈谷霧〉を歌っている。

たばかぜ

束のようになって吹く風。⇩〈**玉風**〉

玉風《たまかぜ》

東北・北陸の日本海沿岸地方で冬の北西の〈季節風〉をいう。名前は美しいが、強烈な風で海が時化《しけ》るので、漁業者の間で恐れられた。「たま」は霊魂の意で「魂風」だという。悪霊が吹かせ、危難をもたらす悪風だと柳田国男はいっている（「風位考」）。〈たば風〉ともいい、「たば」は「たま」の音韻交替だろうが、強く固まって束になって吹いてくるからだともいう。吹雪をともなうことが多く、冬の季語。

多毛雲《たもううん》

高く盛り上がった〈積乱雲〉のてっぺんが、強風に乱された頭髪のように繊維状・筋状に毛羽立ったものをいう。⇩〈**無毛雲**〉

淡雲《たんうん》

薄くかかった雲。淡い雲。北宋の詩人蘇軾《そしょく》の詩「寒食夜」に、「**淡雲　月を籠めて梨花を照らす**」と。「寒食夜」とは、冬至後一〇五日目の前後三日間をいい、山で焼死した春秋時代・晋の義人介之推《かいしすい》を悼《いた》んで、火食を辞し事前に調理した冷たいものを食べる習わし。

断雲　だんうん
切れぎれの断片のような雲。〈ちぎれ雲〉。中国・南朝梁《りょう》の詩人朱超《しゅちょう》の詩「詠石」に、「**孤生**《こせい》**断雲の如し**」と。「孤生」は独り暮らし。

丹霞　たんか
赤い靄《もや》。〈夕焼け雲〉のこと。「丹」は赤、「霞」は靄、また〈朝焼け雲〉、夕焼け雲。

タンジェント・アーク　tangent arc
tangentは三角関数の「正接」。空が〈巻層雲〉などにおおわれて太陽を取り巻く〈暈《かさ》〉（〈ハロ〉）ができたとき、〈暈〉の円に「正接」して上方あるいは下方に現れる虹。日本語の訳では「上端接弧・下端接弧」といい、両者がつながって楕円形になったものを「外接ハロ」という。

暖風　だんぷう
暖かい風。⇩〈**寒風**〉

断片雲　だんぺんうん
層状に広がらず、ちぎられた断片のような不規則な形をした雲。〈層雲〉や〈積雲〉に付随して見られる。〈ちぎれ雲〉。

ちぎれ雲　ちぎれぐも
強風で吹きちぎられたような形の〈断片雲〉をいう。〈高層雲〉〈乱層雲〉〈積雲〉〈積乱雲〉などの下の気流が乱れて、上昇気流が起こったことにより発生する。

風光る寄港の船とちぎれ雲　大川酔浪子

竹声　ちくせい
風が竹を吹きそよがせたときに鳴る音。竹のそよぎ。また、竹笛を吹いたときの音色のこともいう。

地形性雲　ちけいせいうん
水蒸気を含んだ気流が、山や丘のような地形上の隆起にぶつかり押し上げられることによってできる雲をいう。〈高積雲〉や〈層積雲〉の〈レンズ雲〉は〈地形性雲〉である。

地衡風　ちこうふう
地上一キロ以上の対流圏の上層で吹く風。風は気圧の傾度（気圧傾度力）に従って、気圧の高い方から低い方へ吹く。また地球の自転による力の作用（コリオリの力）の影響を受ける。加えて地表に近いところでは地上物との摩擦力、さらに曲線的に吹く場合には遠心力の影響も受ける。しかし高度一〇〇〇メートル以上の上空では、地上物との摩擦は無視することができる。気圧傾度力とコリオリの力が釣り合い、風は等圧線に対して平行に吹く。このような風を〈地衡風〉という。⇩**〈傾度風〉**

地上風 ちじょうふう

地表に近い高度一〇メートル付近を吹く風。⇩**〈上層風〉**

地水火風 ちすいかふう

仏教で、万物を構成する元素である地と水と火と、そして風をいう。「四大《しだい》」ともいう。

乳房雲 ちぶさぐも

〈鉄床雲《かなとこぐも》〉などの底から乳房のように、あるいはこぶのように垂れ下がった形の雲。〈雲底〉に下降気流などが発生している兆候だから、天気が大きく崩れる恐れがある。〈高積雲〉〈高層雲〉〈層積雲〉〈積乱雲〉などの下部に現れる。

地方風 ちほうふう

地方ごとの地形や自然条件によって吹く特有の風。住民の生活や産業に大きな影響を与えるところから、〈赤城颪《あかぎおろし》〉〈清川《きよかわ》だし〉〈井波《いなみ》風〉などと固有の名をもっている。関東平野の〈空っ風〉、東北に冷害をもたらす〈やませ〉は有名だし、地中海の〈シロッコ〉、アルプスの〈フェーン〉など、〈地方風〉は世界各地にある。⇩**〈局地風〉**

中層雲 ちゅうそううん

地表から二〇〇〇～七〇〇〇メートルほどの空の中層に発生する雲。〈高積雲〉〈高層雲〉〈乱層雲〉をいう。⇩**〈十種雲形〉**

昼夜風 ちゅうやふう

山間の〈谷風〉と〈山風〉、海岸の〈海風〉と〈陸風〉のように、昼と夜で風向きが反対にな

る風をいう。⇩〈海陸風《かいりくふう》〉〈山谷風《やまたにかぜ》〉

鳥雲　ちょううん

小鳥が空をおおうように大群をなして飛び、雲のように見えること。秋の季語。⇩〈鳥雲《とりくも》〉

朝霞には門を出でず　ちょうかにはもんをいでず

朝焼けは雨の前兆だから外出は控えた方がよい、という中国のことわざ。対句の後半は「暮《ぼ》霞《か》には千里を行く」で、夕焼けは晴天のしるしだから遠出をしてもかまわない、と。

蝶々雲　ちょうちょうぐも

青空にポツンとひとひら浮かぶ綿のような〈ちぎれ雲〉で、必ずしも蝶々の形をしているわけではない。上空の同じ場所に浮かんでは消え、消えてはまた浮かぶ。冬の季語。春と秋の空に現れる〈蝶々雲〉は、雨の前兆である。窪田《くぼた》空《うつ》穂《ぼ》に〈蝶々雲〉を詠んだと思われる美しい一首がある。

雲よ汝《な》は夜のにほひに憧《あこが》れて浮れ出でたる天《あめ》なる蝶か

長風　ちょうふう

遠くから吹いてきた風、あるいは、はるか遠方まで吹いていく強い風のこと。

ついり曇り　ついりぐもり

「ついり」は梅雨《つゆ》入り。入梅の曇り空。〈梅雨曇り〉。夏の季語。

通風　つうふう

風を通すこと。空気の流れの悪いところに新鮮な空気を送ること。〈風通し〉。鉱山の坑道や室内、船舶などへ〈通風〉を行う機械が「送風機」「通風機」。

通風口　つうふうこう

新鮮な空気を取り入れ、汚れた空気を排出する開口部。アメリカでは、地下鉄の〈通風口〉から吹き上がる風をハリウッド映画の一場面から「モンロー効果」というそうだが、最近は道路上に地下鉄の通風口を見かけなくなった、どこか道路ではないところで強制的に空気を吐きださせているのであろうか、と書かれていた

(『風の世界』)。

月に叢雲花に風　つきにむらくもはなにかぜ
世の中は、好ましいと思ったことには、とかく邪魔が入るものだというたとえ。「花に嵐」も同意。

筑波颪　つくばおろし
茨城県の筑波山から吹き下ろす冬の北西の〈季節風〉。関東地方で冬に吹く北寄りの風をいう。東京に高層建築が少なかったころは、くっきり見通せる筑波山からの北風が身に沁《し》みたのであろう。

辻風　つじかぜ
渦を巻いて強く吹く小規模の風。〈つむじ風〉。〈旋風〉。『方丈記』に、「又《また》治承四年卯月《うづき》(一一八〇年六月)のころ、中御門《なかのみかど》京極のほどより、大きなる辻風おこりて、六条わたりまで吹《ふき》ける事侍りき」とある。「旋風《つじかぜ》」とも書く。

霾　つちふる
春先に土埃を乗せて吹く風。土埃が濛々《もうもう》と立ちのぼって、雲のように空をおおうさま。中国の黄土地帯で吹き上げられた砂塵が、三月から五月にかけて強風に乗って飛来し、日本各地に土を降らせる。〈霾《ばい》〉「土風《つちかぜ》」「つちぐもり」〈黄砂〉〈黄塵《こうじん》〉〈霾晦《よなぐもり》〉〈蒙古風〉などみな同意。
春の季語。
　霾《つちふる》や太古の如く人ゆき、　杜門

つっぱがし
西の強風。茨城県那珂湊《なかみなと》地方には、『阿武隈の南端の山並みに〈ちぎれ雲〉がかかると〈つっぱがし〉が来るので早く逃げろという言い伝えがある(『風の事典』)。

つなみ風　つなみかぜ
群馬県前橋市、埼玉県加須《かぞ》市地方で、南東の風をいう。春と秋に、雨の前に吹くという。

常無き風　つねなきかぜ
本当の風ではなく、風が花を散らすように、無常が人の命を奪い去る逃れられない定めを比喩的にいうことば。⇩〈**無常の風**〉

椿東風　つばきごち
日本の春を代表する花の一つである椿が咲くころに吹く東寄りの風。

つばさ雲　つばさぐも
高い山の風下などにできる、大きな鳥の翼のような形をした雲。上空の強い風によってできる〈レンズ雲〉の一種。

茅花流し　つばなながし
茅花（茅萱《ちがや》）のほぐれた穂絮《ほわた》をなびかせて吹く、雨気を含んだ南風。夏の季語。

茅花流しに顔乾くべしむつごらう　桂樟蹊子

積み雲　つみぐも
雲の塊を積み上げたような雲。〈積雲〉。

つむじ風　つむじかぜ
渦を巻きながら吹き上がる風。〈旋風〉。「飄風《つむじかぜ》」とも書く。「飄《ひょう》」は速いこと、回転すること。回風。『日本書紀』神功紀《じんぐう》に「飄風《つむじかぜ》忽《たちま》ちに起《おこ》りて、御笠堕風《みかさふけおと》されぬ」とある。〈辻風《つじかぜ》〉も同じ。

露　つゆ
大気中の水蒸気がエアロゾルに接触して細かい水滴や〈氷晶〉に凝結したものが雲や霧だが、冷えたビールのジョッキに水滴がついたり、冷え込んだ晩秋の夜、地面や草の葉に〈露〉が降りたりするのも、原理的には同じである。『万葉集』巻二の「**わが背子を大和へ遣《や》るとさ夜ふけて暁露《あかときつゆ》に我が立ち濡れし**」（大伯皇女《おおくのひめみこ》）はよく知られている。謀反の罪で死を賜ることになる弟大津皇子を見送ったあと、夜明け前の露に濡れながらその身を案じている。日に照らされればすぐ消えるので、はかないもののたとえに用いられる。秋の季語。

芋の露連山影を正しうす　飯田蛇笏

梅雨雲　つゆぐも
梅雨どきに空をおおっている〈雨雲〉。夏の季語。

梅雨曇り　つゆぐもり
梅雨の時期の曇り空。「梅雨空」「梅天《ばいてん》」。夏の季語。

荒海も今日は静かに梅雨ぐもり　池内たかし

梅雨やませ　つゆやませ

梅雨時に吹く〈やませ〉。⇩〈**やませ**〉

梅雨闇　つゆやみ

〈暗雲〉が立ちこめて昼なお暗い梅雨どきの空模様。月の光の届かない暗夜にもいう。〈五月《さつき》闇《やみ》〉とも。

五月闇より石神井《しゃくじい》の流れかな　川端茅舎

強東風　つよごち

強く吹く春の東風。〈荒東風〉とも。春の季語。

強東風や海猫《ごめ》の銜《くわ》へし魚動く　加藤憲曠

吊るし雲　つるしぐも

山に強い風が当たったとき、山頂から少し離れた風下側の上空に浮かぶ〈レンズ雲〉の一種。風が山腹を回り込んで風下で合流してでき、空中に楕円形の笠や俵、円筒、UFOなどさまざまな形をして浮かぶ。位置がほとんど変化しないように見えるが、実際には風上側で新しい雲が次々と供給され、風下側で消えていっている。富士山のような独立峰によく見られ、雨が降る前兆となるところから「雨俵《あめだわら》」などとも呼ばれる。イタリア・シシリー島のエトナ山にかかる〈吊るし雲〉は、その優雅な姿から〈風の伯爵夫人〉と名づけられている。⇩〈**笠雲**〉

停雲　ていうん

空にかかったまま動かない雲。陶淵明《とうえんめい》の詩「停雲」に「**停雲《ていうん》靄靄《あいあい》、時雨《じう》濛濛《もうもう》**」と。

低気圧　ていきあつ

周囲より気圧の低いところ。風が吹き込み、中心部では上昇気流が生じて雲ができやすく、雨や雪を降らせる。発達すると台風になる熱帯低気圧、中緯度地方で発生する温帯低気圧などがある。天気図上では、閉じた等圧線で囲まれている部分で、風が北半球では、中心に向かって反時計回りに、南半球では時計回りに吹き込む。

定期風　ていきふう

周期的に決まって吹く風。英語の「periodic wind」（〈季節風〉）。

手風　てかぜ

扇子や団扇《うちわ》のないときに手であおいで起こす風。

出雲　でぐも

南に向かって動いている雲。「下り雲」ともいう。反対に北へ動く雲は〈入雲《いりぐも》〉で、「上り雲」。気象庁の予報官だった平沼洋司は、雲が南に動く〈出雲〉のとき風は北風だから高気圧が張り出してきて晴れる兆しで、反対に雲が北に向かって動く〈入雲〉は、上空が南風だから低気圧が近づき雨の前兆、と（『空の歳時記』『天気予知ことわざ辞典』）。

天気が怠ける　てんきがなまける

どんよりした曇り空を言う。歌舞伎『鶴千歳曾《つるはせんねんそ》我門松《がのかどまつ》』の大詰め、登場人物が空を見上げて、「花曇りとはいひ乍《なが》、大ぶお天気がなまけた様《よう》ぢや。あすは雨にならねばよい」と。

天狗風　てんぐかぜ

予期しないときに急に空から吹き下ろしてくる〈旋風〉。〈つむじ風〉〈辻風《つじかぜ》〉。風来山人《ふうらいさんじん》（平賀源内）の『風来六部集』収録の「天狗髑髏《しゃれこうべ》鑑定《めきき》縁起」の序に「不時に吹《ふく》を天狗風といひ、当《あて》なく打《うつ》を天狗礫《つぶて》と呼《いう》」とある。「天狗礫」とは、どこからとも知れず飛んでくる瓦礫《がれき》。

天狗倒し　てんぐだおし

突然暴風が吹いたようなすさまじい音がして物が倒壊するなど、まるで天狗の仕業のような原因不明の怪奇現象が起こること。『太平記』巻二十七に「二百余間の桟敷《さじき》皆天狗倒しあひてんげり。よそよりは、辻風の吹くとぞ見えける」、大きな桟敷が天狗の仕業のように崩壊したが、はたから見ていると猛烈な〈つむじ風〉が吹いたようだった、と。

天使の梯子　てんしのはしご

主として夕方や早朝、太陽が雲の中にあるとき、雲の切れ間から下方あるいは上方に光の筋が放射され、梯子がかかったように見える現象をいう。『旧約聖書』創世記二十八章のヤコブが夢の中で見た光景に由来し、「天使の階段」、あるいは「薄明光線」ともいう。⇩**〈ヤコブの梯子〉**

天飆 てんぴょう

天空を吹きすさぶ〈大風〉。「飆《ひょう》」は〈つむじ風〉。藤井竹外の詩「芳野」に、「**古陵の松柏《しょうはく》天飆に吼《ほ》ゆ。山寺に春を尋ねて春寂寥《せきりょう》**」と。

天風 てんぷう

空高く吹きわたる風。〈天《あま》つ風〉。

テンペスト tempest

大嵐。暴風雨。シェイクスピア最後の戯曲のタイトルにもなっている。

転蓬 てんぽう

強い風にあい根こそぎ抜けて転がっていく枯れ蓬《よもぎ》。転じて、零落し諸方を流れてやまない寄る辺のない暮らしのたとえ。中唐・白居易の「胡旋女」に「**絃鼓《げんこ》一声双袖《そうしゅう》を挙げ、回雪飄飆《ひょうよう》として転蓬《てんぽう》舞う**」、絃鼓に合わせて胡姫が両の袖を上げ旋舞を始めると、あでやかな袖は風に吹き回される雪のように翻り、草原を転がる「転蓬」のようだ、と。

天籟 てんらい

一般には、風が物に当たって立てる音、などと説明されているが、原拠である『荘子』斉物論が〈天籟〉を説くことばは深遠である。中国思想の権威である諸橋轍次《もろはしてつじ》はまず、「人籟《じんらい》」とは人が笛を吹いて立てる音で「地籟《ちらい》」は自然界の中にある穴を風が吹くときに立てる音だという。しかし、風に聞くと音は自分が立てているのだといい、穴に聞くといや音は自分が立てているのだと主張して決着がつかない。そこでもう一歩考えを深め、いったい何が風を起こしているのか、風を穴にぶつけているものは何かと考えてみると、背後に本当の支配者（真宰《しんさい》）の存在が浮かび上がってくる。その真の支配者のことを考えるのが「天籟」を聞くということなのだ、と解説している（『荘子物語』）。一方、同じ中国哲学の碩学である福永光司《みつじ》は、「天籟」とは「人籟」や「地籟」とはまるきり次元の違うことばで、原因（風・人）があるから結果（音）が生まれるというような因果論的思考法は、人間本来の健康な精神を蝕《むしば》む妄執だとする。音はそれ自身の原理によって響きとなるのであって、背後に現象を成り立たせる「神」のような存在を想定する宗教的態度は世俗的だとして退けているのだ、という。「換言すれば、天とはあるがままということであり、自然ということであり、分別（因果論的思惟）を超えている」。荘子は、宗教への逃避と浅薄な合理主義的思考法を克服し、人間の真に自由な精神の実現として「天籟」に聞きほれるべきだといっているのだ、と読み解いている（『荘子』）。

塔状雲　とうじょううん

塔のように垂直に盛り上がった雲。塔は一つのことも複数で城壁のように見えることもある。〈巻雲〉〈巻積雲〉〈高積雲〉で見られ、上空に寒気が流れこみ大気が不安定になったときにできる。天候が崩れる前兆。

とうじんぼう

西日本、特に日本海側で旧暦四月八日前後に吹き、しばしば海難事故を起こした春の暴強風をいう。実はこの日に殺害された怪力の悪僧「東《とう》尋坊《じんぼう》」の祟《たた》りだという伝説が生まれた。「とうせんぼう」ともいい、ほかに「東仙坊」「唐神坊」「唐人坊」「不通坊」などの字を当てる。南西の風をいうことが多いが、北風のことをいう土地もある。

どうどう

風が激しく吹く音。また、水や波が打ちよせる音にもいう。狂言「どぶかっち里《り》」（雲形本）の発端で、都へ上る途中の勾当《こうとう》が「あのどうどうとなるは松風の音か但《ただ》波の音か」と聞くと、供の座頭の菊市が「水の音の様にござります」

と答える。川に出たらしいが、二人は目が見えない。渡らなくてはならないので、石を投げ入れて浅瀬を探すことになる。深みなら「ドブリ」、浅瀬なら石に当たって「カチリ」と鳴るから、音を聞き分けて徒渉《かちわた》りできるところを見つけようとする。この発端部が、通行本の『丼礑《どぶかつちり》』では単純化され、勾当「川へ出たとみえて瀬の音がする」、菊都《きくいち》「まことに瀬の音が致しまする」と言っているだけだ。狂言はこのあと、晴眼者が視覚障碍者を愚弄し笑いものにする差別的な展開となるが、少なくとも「雲形本」では「どうどう」という音について「松風の音か、波の音か」と先行の和歌作品などを踏まえた問答が交わされている。そこに勾当・座頭の文芸的な教養が暗示されており、単に視覚障碍者を笑いものにするだけの狂言にはなっていないといえよう。

東風《とうふう》

〈東風《ひがしかぜ》〉〈東風《こち》〉。春の風。わが国の風向きの統計をみると、関西や瀬戸内海地方では、冬から春にかけて西風がめっきり減り、東風が増えるという（『お天気博士の四季暦』）。

滔風《とうふう》

東方から吹く風。中国・戦国時代の『呂氏春秋』有始覧に、「東方を滔風《とうふう》と曰う」とある。「滔」は、満ち溢れる、みなぎる。

とぅらぬばかじ

沖縄県石垣市、中頭《なかがみ》郡長浜、八重山郡地方で、台風のときに吹く強い北東風をいう。台風の返し風。漢字にすると、「寅の方風」か。「寅」は、方位で東北東。「とらぬふぁはじ」ともいう。

遠霞《とおがすみ》

はるか彼方にぼんやりかかっている霞。

どーまいかで

兵庫県地方で、〈つむじ風〉のことをいう。

通り風《とおりかぜ》

ひとしきり吹き、さっとやんでしまう風。通り過ぎる風。

通り雲《とおりぐも》

通り過ぎていく雲。

時知らずの風《ときしらずのかぜ》

吹く季節・時節が決まっていない風。「季《とき》知らずの風」とも書く。〈時知らずの風〉を俳句にたとえれば、五七五の形にとらわれない無定型句、無季句ということになろうか。

けふもいちにち風を歩いてきた　種田山頭火

時つ風《ときつかぜ》

ちょうどいいときに吹く風。船出などに適した、時を得て吹く風。〈順風〉。謡曲「高砂」に「**四海**《しかい》**波静かにて、国も治まる時つ風、枝を鳴らさぬみ代**《よ》**なれや**」と。また『万葉集』巻六に「**時つ風吹くべくなりぬ香椎潟**《かしいがた》**潮干の浦に玉藻刈りてな**」、満潮をうながす風が吹きそうだから、香椎潟の潮が引いているいまのうちに玉藻を刈ろう、と。

徳風《とくふう》

人びとを従わせる君子の徳の力を、草をなびかす風にたとえた風ならぬ風。また、仏教用語で、極楽の清々しい風をいう。⇩〈**君子の徳は風**〉

竜巻と突風

〈竜巻〉は発達した〈積乱雲〉（〈入道雲〉）の下で発生する現象。長さ数キロメートル、幅数百メートル程度ときわめて局地的な現象で持続時間が短いため、天気図上に描かれることはない。以前は沖縄で竜巻の発生が多いとされていたが、これは観光客などによる海上で発生する竜巻の目撃情報が多かったことによる。気象庁の調査によって、沖縄から北海道まで、沿岸部だけでなく内陸部も、そして昼夜問わず一年中発生していること

床の浦風《とこのうらかぜ》

寝床に吹いてくる気持ちのよい風。寝所を浦に見立てている。寝苦しかった夜からようやく逃れられそうな秋の気配。「床の秋風」ともいう。

何処吹く風《どこふくかぜ》

自分には責任はないかのように、知らんぷりをしているようす。人の言動に影響されずまったく無視している態度。

とさ

土佐の方向から吹いてくる南西風。西日本、特に三重県志摩地方で春に吹く風で、「とさかぜ」ともいう。

突風《とっぷう》

突然吹き起こって数分後には収まる〈急風〉。寒冷前線などの通過にともなって起きることが多い。〈突風〉は中緯度にあっては大陸の東側、つまり〈偏西風〉の風下に位置する日本のような、地上は高温だが上空に寒気が入り込みやすい地帯でよく起こるという（『風の世界』）。

がわかった。

〈積乱雲〉の下では、〈竜巻〉以外にも〈ダウンバースト〉や〈ガストフロント〉などの激しい〈突風〉も発生することがある。空が急に暗くなる、あるいは黒い雲が接近してくるのは竜巻・雷・強雨などの現象の前触れのことが多いので、アウトドア・レジャーでは時々空を眺め、空の変化の有無に注意していただきたい。

気象庁は竜巻などの激しい突風が発生しやすい気象状況になったときに「竜巻注意情報」を発表している。雷注意報を補足する情報であり、一時間という有効時間を持った情報なのが特徴。雷注意報が発表された場合には、まず周囲の空の状況に注意を払い積乱雲が近づく兆候が確認された場合には丈夫な建物に避難するなど身の安全を図ることが重要であり、最新の気象情報の入手に努めていただきたい。

〈疾風〉〈はやて〉〈陣風〉なども同じ。

土手雲　どてぐも

水平に広がる〈層状雲〉の一種をいう。北海道・釧路地方で、「夕焼けの下に土手雲つけば風吹きしける」と言い伝える（『天気予知ことわざ辞典』）。

土手雲（写真提供／関根秀男）

との曇り　とのぐもり

空一面すっかり曇る。〈たな曇り〉の「たな」が母音交替で「との」に。

種下《たねおろ》す風土記の里はとの曇　奥田紫峰（「種下す」は苗代に種籾《たねもみ》を蒔くこと）

土用あい　どようあい

夏の土用のころに吹く北、ないし東寄りのやや涼しい風。夏の季語。

岬の燈のまたゝき遠し土用あい　岡本圭岳

土用東風　どようごち

土用のさなか、一点の雲もない青空の下を吹く東風。小笠原高気圧におおわれて晴れ渡った盛夏のころの風だと石寒太《いしかんた》はいっている（『日本大歳時記』）。青く澄んだ空と海を吹くところから〈青東風《あおごち》〉ともいう。夏の季語。

老師いま昼寝の大事土用東風　森澄雄

土用凪　どようなぎ

夏の土用のころの、晴天が続いて風のない猛暑の時期。夏の季語。

岩をうがちて生簀《いけす》つくるや土用凪　武田鶯塘

豊旗雲　とよはたぐも

旗がたなびいているような雄大な美しい雲。

『万葉集』巻一に「**わたつみの豊旗雲に入日さし今夜《こよい》の月夜《つくよ》さやけかりこそ**」、大海原の上にたなびく雄大な〈旗雲〉に夕日が射している。今宵の月は明るく清らかであってほしい、と。

鳥風　とりかぜ

前年の秋から冬に日本へ渡ってきた雁《かり》や鶫《つぐみ》が、春になって北へ帰るころに吹く風。『日本大歳時記』には、「暗雲の高空に群れをなして北方を目指す鳥は、この風に乗って一気に日本海を渡る」とある。このころは曇りがちの日が多く、〈鳥雲〉とか〈鳥曇《とりぐもり》〉ともいい、春の季語になっている。

宍道湖《しんじこ》に白波荒き鳥曇　井上寿子

鳥雲　とりくも

「鳥雲《とりくも》に（入る）」という場合は、春になって北へ帰っていく鳥の群れが雲の中に入っていくこと。また、渡り鳥が北へ帰っていくころの〈鳥曇り〉の空を指し、ともに春の季語。一方、群がって飛ぶ無数の小鳥が雲のように見えることもいう。

鳥雲に水美しき城下町　山崎中

鳥曇り　とりぐもり

雁《がん》・鴨《かも》・鶫《つぐみ》など、日本で冬を越した渡り鳥が、春、北へ帰るころの曇り空。このころ列島付近を低気圧と高気圧が交互に通過し、雲が広がることが多い。春の季語。

また職をさがさねばならず鳥ぐもり　安住敦

トルネード　tornado

アフリカの西海岸や北アメリカ中南部のミシシッピ州などで発生する大旋風。漏斗《ろうと》状の大竜巻の直径は数百メートルから一キロメートルに達することがあり、家屋や樹木などを巻き上げ、暴風や雷雨をともなって大災害をもたらす。

曇天　どんてん

曇り空。

な行

儺追風　なおいかぜ

愛知県稲沢市地方などで、旧暦一月一三日に行われる「追儺《ついな》」の行事のころに吹く風。「追儺」はいわゆる「鬼やらい」で、もともとは宮中で大晦日に行われた悪鬼払いの行事だが、その後尾張大国霊《おおくにたま》神社の儀式が知られるようになり、そのころ吹く春の強風をいうようになった。

ながし

静岡県の伊豆地方と伊豆諸島、新潟県以北の日本海沿岸地方、西日本の瀬戸内海から西九州地方など各地で、梅雨どきの雨気を含んだ南寄りの風をいう。「し」は「風」だが、漢字で書けば「長し」か「流し」か？　長く吹く風。雨ですべてを流す風。

六月の夏至前後から、北半球の陸地は強い陽光に照らされて急速に暖まり、大量の上昇気流を発生させる。上昇した大気を埋め合わせるためにインド洋や熱帯・亜熱帯の太平洋から高温多湿の気団が流れ込み、インド亜大陸や東南アジアに雨季をもたらす。さらに、夏の熱帯季節風は、中国の長江流域や日本列島の南西部に高温多湿の南西風〈ながし〉となって吹き込んでくる。一方の東日本では、オホーツク海から〈やませ〉と呼ばれる北東風が吹き込んできて、梅雨前線が形成される。「ながせ」ともいい「ながし南風《はえ》」「盆ながし」「ながせ風」など多様なヴァリエーションをもつ。夏の季語。

ながし吹く雲の切れ目の高日《たかひ》かな　上川井梨葉

（「高日」は天高く輝《て》る日）

なかにし

愛知県・三重県の伊勢湾沿岸地方などで冬に多く吹く西寄りの風をいう。

流れ雲　ながれぐも

流れるように動いていく雲。

竜胆《りんどう》に遠きひかりの流れ雲　小口雅廣

凪　なぎ

海岸地方で、風がやみ、海が静かになること。「和ぎ」とも書く。〈朝凪〉〈夕凪〉。『万葉集』巻九に「**海つ路の凪ぎなむ時も渡らなむかく立つ波に船出すべしや**」、海が凪いだときに渡ってきてほしい。こんなに波が荒いのに船を出してもいいのですか、と気の逸《はや》っている恋人を案じている。⇩〈**時化《しけ》**〉

なごり

風が静まったあと、なおしばらく風浪が立っていること。「波残《なみのこ》り」からの転で、「名残」「余波」と書く。『伊勢物語』朱雀院塗籠本《すざくいんぬりごめぼん》の八十四段に「その夜、みなみの風ふきて、なごりの浪、いとたかし」と。ほかの流布本には「なごりの」の四文字がない。

夏嵐　なつあらし

夏、雷雨や台風が近づいてきたときの強風。普通の南風ないし南東の風は「夏の風」で、特に強いものを〈夏嵐〉、急風を「夏疾風《なつはやて》」などという。夏の季語。

夏嵐机上の白紙飛びつくす　正岡子規

夏霞　なつがすみ

夏にかかる霞。北原白秋の晩年の歌に、「**か黝《ぐろ》葉《ば》にしづみて匂ふ夏霞若かる我は見つつ観ざりき**」。発見（ディスカバー）とは事物をおおっているカバーを取り除くこと。若いうちには、見ていながら観えていないものがたくさんある。見ていたものが観えてくるのが人生であるといえる、と。夏の季語。

信濃の山越後の山の夏霞　高室呉龍

夏霧　なつぎり

霧は秋の季語だが、夏山や夏の海では霧がかかることがよくある。大気中の水蒸気の量が多く、対流現象が盛んになるため。夏の季語。

夏霧の岳の底なる水の音　遠山いく

夏雲　なつぐも

夏空にかかる白く綿のような〈積雲〉〈入道雲〉〈夕立雲〉など夏に多い雲をいう。夏の季語。「夏雲《かうん》」とも。六朝東晋の陶淵明《とうえんめい》「四時《しじ》」に「**春水四沢《したく》に満ち、夏雲奇峰多し**」と。

靡き葉　なびきば

風になびく草木の葉。『夫木抄《ふぼくしょう》』巻九に「**夕されば池のはちすのなびきばに露ふきわたす風ぞ涼しき**」、夕方になると風になびく池の蓮の葉に露を吹き送る風が涼しい、と。

靡く　なびく

風を受けて、草や木の葉が横に傾き伏すこと。柿本人麻呂が石見国《いわみのくに》に妻を残して帰京するときの長歌の末尾は「**夏草の　思ひ萎《しな》えて　偲《しの》ふらむ　妹が門《かど》見む　なびけこの山**」。今ごろしょんぼりと私のことを思いやっているであろう妻の家の、せめて門口だけでも見たいから、さえぎっている山よ、平らになびいてくれ、と万感

四季の雲

気象衛星「ひまわり八号」が平成二七年（二〇一五年）七月七日から運用を開始し、以前よりも詳細な情報を得られるようになった。

気象庁のホームページの気象衛星のコーナーでは、冬の〈季節風〉が吹く際の日本海の雪を降らせる筋状の雲、〈台風〉のまわりを取り巻く雲、風が強いときに島や山の風下側に発生するエクマン流と呼ばれる渦状の雲など、季節ごと、気象現象ごとに発生するさまざまな雲の写真や動画が掲載されており、見るだけでも楽しい。

四季の移り変わりは上空の雲のようすにいち早く出る。たとえば夏から秋に変わるころには、暑さが続いていても空の高いところに〈鰯雲《いわしぐも》〉〈鱗雲《うろこぐも》〉などと呼ばれる秋の雲が見えると、そろそろ夏も終わりだなとわかる。

をこめている（『万葉集』巻二）。

生暖かい風　なまあたたかいかぜ

なんとなくぬるく気持ちの悪い風。お化けや妖怪が出る前などに吹く。

生臭い風　なまぐさいかぜ

生魚や動物の生き血のようないやな臭いのする風。血なまぐさい風、〈腥風《せいふう》〉。『今昔物語集』巻二十七に「生臭き香、河より此方《こなた》まで薫《くん》じたり」、胎児を妊《みごも》ったたまま死んだ女の妖怪産女《うぶめ》が出るというので、源頼光の家来が捕らえに向かうと、川の方から獣の生き血のような嫌な臭いの風が漂ってきた、と。

波颪　なみおろし

水面に吹き下ろしてきて波を立たせる強風。

波風　なみかぜ

波と風。また、風が吹いて波の立つこと。転じて揉《も》め事を意味し、「家の中に波風が絶えない」「世の波風にもまれる」などといえば、家庭や世間のごたごたを指す。〈風波《かざなみ》〉〈風濤《ふうとう》〉〈風浪《ふうろう》〉などともいう。

> 雲の特徴の一つである同じ雲は二つとしてないことは、雲の写真を掲載した雲愛好家のホームページが多い理由なのかもしれない。

並雲　なみぐも

〈積雲〉の三つの発達段階の二番目で、〈扁平雲〉から雲頂が中ぐらいに盛り上がったもの。ドーム形ないしシュークリームのようなこぶのある普通の〈積雲〉をいう。

波雲　なみぐも

波のような形をした雲。『万葉集』巻十三に、「**百足《もも》らず　山田の道を　波雲の　愛《うつく》し妻と　語らはず　別れし来れば……**」、愛する妻と十分に語り合うこともしないまま別れてきてしまったので、このあとどうしたらいいのかおぼつかない、と。「岩波文庫」版の注釈者は、〈波雲〉は「愛し妻」にかかる枕詞で、「波雲」のように美しいという意味だろうが、どのような雲かは未詳、といっている。

ケルヴィン・ヘルムホルツ波（2種類の流体が層をなすとき、境界に発生する波）による波雲。撮影／矢野良明）

なよ風　なよかぜ

かすかな風。〈軟風〉。漢字で書けば「弱風」。

ならい

東日本の太平洋沿岸一帯で、冬に吹く冷たい北寄りの風をいう。北は岩手県の三陸海岸から南は三重県志摩地方の海岸までの各地でいう。風向きは、北風から北西風、南西風まで地域によってさまざまである。そのわけは、〈やませ〉が山を背にして直角に吹いてくるのに対して、〈ならい〉は「並び」で、もともとは山と並んで平行に吹いてくる風だからではないかと柳田国男はいっている（『風位考』）。「ならいかぜ」「ならいこち」などともいい、「ならい」の本場の関東地方では「筑波ならい」「下総《しもうさ》ならい」など土地ごとの呼び名がある。冬の季語。

白波や筑波北風《ならい》の帆曳き舟　石原八束

苗代風　なわしろかぜ

種籾《たねもみ》を蒔《ま》いて稲の苗を育てている苗代を吹く風。田植えが五月の上旬から下旬ごろが多いとすれば、それより早い四月ごろの春風ということになる。

男体颪　なんたいおろし

冬に栃木県の山岳部から平地に向かって吹き下ろす乾燥した冷たい北風。日光連山の主峰・男体山からの命名。「二荒颪《ふたらおろし》」ともいう。また地域ごとに「那須颪」「日光颪」とも呼ばれる。

南東貿易風　なんとうぼうえきふう

南半球で吹く〈貿易風〉。〈貿易風〉の風向きは、北半球では北東風だが、南半球では南東風となる。⇩〈貿易風〉

南風　なんぷう

〈南風《みなみかぜ》〉。主として関東以北の太平洋岸で、南から吹いてくる夏の風を〈南風《みなみ》〉という。ほかの地方でいう〈はえ〉〈まじ〉も同意。夏の季語。

南風や故郷を恋へるギリシャ船　野見山朱鳥

軟風　なんぷう

肌に心地よく感ずる程度のそよ風。静かに吹く風。〈陸軟風〉〈海軟風〉の総称。晩唐・温庭筠《おんていいん》の作に「**軟風春を吹いて星斗稀なり**」と。「星斗」は北斗七星。

難風　なんぷう

船舶の航行を妨げる暴風。『吾妻鏡』寛喜三年（一二三一年）六月六日の条に「海路往反《おうはん》の船、或《あるい》は淵に漂ひ、或は難風に遭ひて」、航海している船が転覆したり暴風に遭って遭難したりすると、現地の地頭たちが「寄船《よりぶね》」と称して強奪しているようだが、今後は禁止する、と述べられている。

新霞　にいがすみ

新春の野山にたなびく霞。〈初霞〉。現行暦の一月はまだ寒のさなかで霞が立つことは少ないから、旧暦の初春の霞であろう。新年の季語。

鳰の浦風　におのうらかぜ

琵琶湖を吹く風。鳰《にお》は、カイツブリ。川や湖に棲息し、巧みに潜水して小魚を捕食する水鳥。カイツブリのいる浦は、琵琶湖。

にしかじ

沖縄県鳩間《はとま》島《じま》地方で、北風のことをいう。〈にしかじ〉が吹くと天気はくずれ、〈時化《しけ》〉になる。「にしはじ」ともいう。

西風　にしかぜ

西から吹いてくる風。ただ「にし」ともいう。中国のことわざに「西風、酉《とり》を過ぎず」という。酉の刻とは午後五時から七時ごろを指し、

〈西風〉は夜になるとやむという意味。（⇩「風とお客は夜とまる」）。木《こ》の芽《め》どきに吹く西風が「木の芽西風《にし》」、西高東低の冬型の気圧配置で晩秋から冬にかけて吹く〈季節風〉が「大西風《おおにし》」で、〈涅槃西風《ねはんにし》〉〈浦西風《うらにし》〉「彼岸西風《ひがんにし》」などと多様に展開する。風向きが東から西に変わると急に強い風になることがあり、「鉄砲西」「西風《にし》落とし」などの言い方もある。世界史の中で「西風」が大きな役割を果たした場面を、バーナード・ショーが史劇『聖女ジャンヌ・ダーク』に描いている。時は百年戦争のさなかの一四二九年五月、フランスのオルレアンはイングランド軍に包囲されて陥落寸前だった。窮地にあったフランス軍は、軍勢をいかだに乗り組ませロワール河沿いの陣から上流のイングランド軍に起死回生の反撃を仕掛ける機をうかがっていた。が、吹くのは逆風の東風ばかり。指揮官デュノワは、「西、西、西の風。おぬしは淫売、落ちると見えて落ちもせで、落ちずと見えて落ちるとは」と呪っていた。ところがそこへジャンヌが現れると、風向きが変わってフランス軍のいかだはいっせいに河を遡《さかのぼ》り、劇的な勝利をおさめる。このときフランスを奇跡的な勝利に導いた〈神風〉は「西風」だった。

遠山の雲みなとばし木《こ》の芽《め》西風《にし》　白井常雄

二重雲　にじゅううん

高さの異なる二つの層に重なって浮かんでいる雲。〈重なり雲〉。⇩**〈問答雲〉**

二十四番花信風　にじゅうしばんかしんふう

一年を二四等分して季節の推移を表す「二十四《にじゅうし》節気《せっき》」の、小寒《しょうかん》から穀雨《こくう》までの各気に開花する花を告げ知らせる風。小寒には梅・水仙など、大寒には沈丁花《じんちょうげ》・蘭など、立春には黄梅・辛夷《こぶし》など、雨水《うすい》には杏《あんず》・李《すもも》など、啓蟄《けいちつ》には桃・薔薇《ばら》など、春分には海棠《かいどう》・梨など、清明には桐・柳など、穀雨には牡丹《ぼたん》・楝《おうち》などというように、各気にそれぞれの花を配し、新たな風が吹いて開花させるとした。

鰊曇り　にしんぐもり

かつて春の三、四月ごろ、北海道の日本海沿岸地方は、鰊漁《にしんりょう》が最盛期を迎えた。そのころの曇り空をいう。「**海猫《ごめ》が鳴くからニシンが来ると／赤い筒袖《つつぽ》のヤン衆がさわぐ**」と歌い始まる「石狩挽歌」（なかにし礼作詞・浜圭介作曲）は、一獲千金に目の色変える網元や鰊漁師《やんしゅう》との過ぎ去った日々を追想する鰊番屋の飯炊き娘を主人公にした、昭和歌謡史に残る傑作。しかしかつて大漁に沸き返った活気もどこへやら、今はさびれて破れ網が風に翻るばかりの浜に立ち、「**わたしゃ涙で／鰊曇りの空を見る**」と歌い収める北原ミレイの絶唱が、鈍色《にびいろ》の曇り空に消え昇っていく。春の季語。

　鰊ぐもり濤《なみ》の暗さを負ひ戻る　大竹芳

布雲　にのぐも

古代の東北地方の方言で、風にはためく布のように長くたなびく雲のこと。『万葉集』巻十四に「**夕さればみ山を去らぬ布雲《にのぐも》のあぜか絶えむと言ひし児《こ》ろはも**」、夕方になると決まって山にかかるあの〈布雲〉のように、私の思いが途切れることなんか絶対ないわと言った娘だった、と偲んでいる。

二八月荒れ右衛門　にはちがつあれえもん

「二八月」とは旧暦の二月と八月で、現行暦だと三月と九月。このころは春の温帯低気圧と秋の台風の季節で、嵐が多いことをいった。春秋の強風は風向の急変をともなうことが多く、温帯低気圧や台風による風向急変を「二八月の掌《てのひら》返し」などともいった。ほかにも「二八月に可愛い子を船に乗せるな」ということわざもある。

二百十日　にひゃくとおか

立春から数えて二一〇日目で、九月一日か二日に当たる。この前後は台風がよく来るといわれ、江戸時代の天文暦学者の渋川春海が暦に採りあげたという。また〈二百十日〉ごろは稲の出穂時期にあたり、このころ暴風雨に見舞われると籾《もみ》の中の雄蕊《おしべ》や雌蕊《めしべ》が傷つき、葯《やく》や花粉が被害を受けて受粉しにくくなり、米のできが悪くなる。それを警戒する農民たちの間で「二百十日」が意識されるようになった（『風の世界』）。秋の季語。⇩〈厄日〉

枝少し鳴らして二百十日かな　尾崎紅葉

二百二十日　にひゃくはつか

立春から数えて二二〇日目。このころも暴風雨の多い時期で、新潟県の弥彦《やひこ》神社では、風鎮めの〈風祭〉が行われる。秋の季語。

二百二十日眼鏡が飛んで恐ろしや　高浜虚子

入道雲　にゅうどうぐも

夏になると目にする、大入道が天に向かってそびえ立ったような雲。〈雄大積雲〉や〈積乱雲〉に現れる。特徴のある目立つ雲なので、各地にさまざまな呼び名がある。関東地方では〈坂東太郎〉、京阪地方では「丹波太郎」、九州では「筑紫二郎」、「比古《ひこ》太郎」、その他「信濃太郎」「四国三郎」「上総入道」など親しみをこめた名で呼ばれている。夏の季語。

木曾谷を入道雲が覗きをり　内田恒楓

俄風　にわかかぜ

急に吹きつけてくる突風。

木蓮や塀の外吹く俄風　内田百閒

にんがちかじまーい

漢字で書けば「二月風回り」。この二月は旧暦で、現行暦の三月に当たる。このころ東シナ海付近で発生した低気圧は、発達しながら沖縄県地方を通過する。この低気圧は足早に移動するため、風向きが急に南から北に変わり、非常に強い風をともなうという。「この風の急変をニンガチ・カジマーイといい、過去に多くの海難事故が発生している」と石垣島気象台や現地の海上保安本部は警告している。

ヌーリー雲　ヌーリーぐも

沖縄県地方で〈上層雲〉の〈筋雲〉のような雲をいう。これらの雲は〈偏西風〉によって流されていることが多く「したがって雲速が速くなるのは偏西風が強くなる場合で、いいかえれば太平洋の方から低気圧が接近している時であるから、天気が悪化することが多い」という(『天気予知ことわざ辞典』)。

沼風　ぬまかぜ

沼の上を吹く風。

沼風にそよぐ枯草魚影なく　大場美夜子

濡れぬ雨　ぬれぬあめ

〈松風〉のこと。松の梢を吹く風の音を雨音のように聞きなしていう。雨音はするが、濡れない。『貫之集』第八に「**陰にとて立ちかくるれば唐衣ぬれぬ雨降る松の声かな**」、上等な服を着ていたら雨音がしたので急いで物陰に隠れたが、濡れない雨、松風の音だった、と。

嶺颪　ねおろし

山の嶺から吹き下ろしてくる風。〈山颪《おろし》〉。嶺《ね》風《かぜ》。

熱風　ねっぷう

熱気のある高温の風。猛暑の夏や〈フェーン現象〉のときに吹く乾燥した熱い風。夏の季語。

⇩コラム「**フェーン現象**」

熱風に山七面鳥を狙ひ撃つ　加藤楸邨

根無し雲　ねなしぐも

地表から〈雲底〉までの見えない上昇気流の部分を「雲の根」ということがあるが、そのような根がないように漂っている雲。〈浮き雲〉。

春寒し水田の上の根なし雲　河東碧梧桐

涅槃西風　ねはんにし・ねはんにしかぜ

「涅槃」は釈迦の入寂《にゅうじゃく》で、涅槃会が行われる旧暦二月一五日前後に吹くのが〈涅槃西風〉。西方浄土からの迎えの風にふさわしいゆるやかな西風だが、時節柄、〈春の嵐〉となることもあり、その場合は「涅槃荒れ」。「涅槃吹《ねはんぶき》」「彼岸《ひがん》西風《にし》」などともいい、春の季語。

看経《かんきん》のうちの雑念涅槃西風　京極杜藻

根山颪　ねやまおろし

近くにある山から吹き下ろしてくる風。「根山」は近くの山。

嶺渡し　ねわたし

山の高い頂から吹き下ろしてくる風。また、峰々を吹きわたる風。『千載集』巻六に「**嵐吹く比良の高嶺の嶺《ね》わたしにあはれしぐるる神無月かな**」。また『山家集《さんか》』中に「**嶺渡《ねわた》しにしるしのさをや立てつらん木挽《こびき》待ちつる越《こし》の名香《なか》山《やま》**」、峰々を風が吹きわたり、冬には雪に埋もれてしまう山道のしるしに竿を立てているらしい、杣人《そまびと》を待っている越の名香山、と。「越の名香山」は、現在の新潟県・妙高山だという。

濃雲　のううん

濃く厚い雲。〈黒雲〉。

濃密雲　のうみつうん

普通半透明の部分が多い〈巻雲〉や〈巻積雲〉だが、密度が濃くて刷毛目《はけめ》の見えにくいものをいう。縁《へり》のところが筋状になるため〈巻雲〉とわかる。〈積乱雲〉でも、上層まで高く盛り上がった〈鉄床雲《かなとこぐも》〉が強風で横に広がると、〈濃密雲〉になることがある。

フェーン現象（火災に注意）

湿った風が山にぶつかると斜面に沿って上昇しながら雨を降らせ、山の反対側に乾燥した高温の風となって吹き下りる。この一連の現象が〈フェーン現象〉である。

湿った空気が上昇する際には一〇〇メートルにつき〇・六℃気温が低下し、乾いた空気が下降する際には一〇〇メートルにつき一℃気温が上昇するので、たとえば、風下側で二五℃の風が標高二〇〇〇メートルの山を越えると、反対側に吹き下りたときには三三℃へと気温が上昇することになる。

台風が太平洋側から日本海側に進んだ場合、台風に向かって南から湿った強風が吹き続けるため東海側では大雨が降り、山を越えた北陸側では高温の風が吹き続け、夜間でも三〇℃を下らないこ

濃霧《のうむ》

深く立ちこめた霧。天下分け目の「関ケ原の合戦」が行われた慶長五年九月一五日（現行暦では一六〇〇年一〇月二一日）は、夜来の大雨が早朝には上がって〈濃霧〉だったという。午前八時から午後二時ごろまで続いた合戦は、雨が小やみになった霧の中で行われた。しかし、勝敗が決した午後四時ごろから再び大雨になり、敗走する西軍をいっそうみじめに濡らしたという（『お天気日本史』）。秋の季語。

さやうなら霧の彼方も深き霧　三橋鷹女

野風《のかぜ》

野を吹く風。野づらを吹きぬける秋風。「やふう」ともいう。『古今集』巻十五に「**吹きまよふ野風を寒み秋はぎのうつりもゆくか人の心の**」、寒さが身にしみる〈野風〉に吹かれて萩の花が散っていくように、人の心も移っていくのか、と。

とがある。たとえば、平成二年（一九九〇年）に日本海を北上した台風第一四号では、八月二二日の夜から二三日の日中にかけて南西の風と三〇℃以上の高温が続き、二三日朝の石川県金沢市の最低気温は三一・五℃と高かった。

強風をともなう〈フェーン現象〉の最中に火災が発生すると拡大の危険があるため、〈フェーン現象〉は火災への注意・火の管理への注意を促す「ことば」でもある。過去には日本海沿岸や三陸沿岸で大火が繰り返された。

乾いた風が山を吹き下りて平野部の気温が上昇する現象を広義の〈フェーン現象〉として、「ドライフェーン」と呼ぶことがあり、北関東や北海道東部で見られる。

いずれにしても山の方から風が吹いて気温が高くなったときは〈フェーン現象〉を考え、火の取り扱いには更なる注意をしたい。

野霧　のぎり
野に立つ霧。

のぼり
日本海航路の北前船《きたまえぶね》の乗組員が使った船詞《ふなことば》で、京へ上るときの〈順風〉。福井より北では北風。逆向きの南風は〈くだり〉。近世以前は、京の都を基準にして、いまの列車と同じように「のぼり・くだり」といった。⇩〈**くだり**〉

野良風　のらかぜ
野原や田畑の上を吹いている風。〈野風〉。

野分　のわき・のわけ
〈台風〉という語が定着する以前は、〈二百十日〉〈二百二十日〉前後に野を吹き荒れる強風を〈野分〉といった。台風の語が一般化してからは雅味をつよめ、野の秋草をなびかせて吹く強い風という感覚が優勢になった。台風の〈余風〉や晩秋から初冬の野面《のづら》を騒がせて吹く〈木枯らし〉などにもいう。「日本人は昔から台風を恐ろしいものというより、風流に見てきた傾向」があるという（『空の歳時記』）。清少納言は「野分のまたの日こそ、いみじうあはれにをかしけれ」と書いている。立蔀《たてじとみ》・透垣《すいがい》や庭の草木が乱れ、大きい木が倒れて枝を吹き折られて萩や女郎花《おみなえし》の上に被いかぶさっているのなども実に思いがけない、と感銘を受けたように書いている（『枕草子』二〇〇）。
柳田国男は、単に野の草を吹き分けるから〈野分〉ではなく、秋の稲刈りの時期に襲う強風の〈わいた〉との関連を追究している。激しく湧き出る「わきかぜ」と関係はないか、と（「風位考」）。俳句の分野では散文的な台風より〈野分〉が好まれ、「野分あと」〈野分雲〉「野分波」「野分晴」「野分だつ」「野分の風」等々、多彩な展開を見せている。秋の季語。

鳥羽殿へ五六騎急ぐ野分かな　蕪村
野分だつ疎林や身ぬち疼《うず》きたる　鍵和田秞子

野分雲　のわきぐも
〈野分〉を呼び起こす雲。強風が吹き荒れる秋野の上を、風雲急を告げるようにちぎれ飛ぶ雲。秋の季語。

野分雲夕焼しつ、走り居り　高浜年尾

は行

霾　ばい

中国北部やモンゴルの〈黄砂〉が〈季節風〉に巻き上げられて日本列島に飛来し、三、四月ごろ各地に土埃が降ってくる。「霾天」〈霾晦《よなぐもり》〉などともいう。春の季語。⇩〈霾《つちふる》〉

幻の黒き人馬に霾《ばい》降れり　小松崎爽青

はいかでぃ

沖縄県地方で、南風をいう。はいかぜ。西日本の各地で、夏の南風を〈はえ〉という。

背風　はいふう

背後から進行方向に向かって吹く〈追い風〉で、飛行機の発着には条件の悪い風。航空機は、離陸のときには〈向かい風〉の方が効率よく上昇できるし、着陸時には減速しても〈向かい風〉の方が浮力が大きく安定する。上空を飛行中は、追い風の方が効率がいいのは言うまでもない。

ハウカニ

ハワイのオアフ島マノアに吹く風。池澤夏樹『ハワイイ紀行』に、日系の夫を持つフラの女教師のことばが紹介されている。彼女たちハワイ人の精神の底には自然崇拝の気持ちがあり、ハワイではすべての土地にそこだけの雨や風があるという。たとえば、「マノアの谷のジンジャーの花が雨に濡れる。その時の雨はウアヒネと呼ばれるマノア特有の雨。濡れた花の匂いはやはりハウカニというマノアだけの風によって運ばれる」のだと。

はえ

西日本から南日本一帯で主として夏の南風を指す船方ことば。「はい」とも。漢字で書けば「南風」。梅雨入りのころに吹く〈黒南風《くろはえ》〉、梅雨半ばの〈荒南風《あらばえ》〉、梅雨明けに吹く〈白《しら》南風《はえ》〉などと呼び分ける。また地方ごとに「南《はえ》東風《ごち》」「南西風《はえにし》」「正南風《まはえ》」「ながし南風《はえ》」などさまざまな呼び名があるが、消えつつあることばだという（『風の事典』）。沖縄県には南風原《はえばる》、長崎県には南風泊《はえどまり》という地名がある。夏の季語。

汐満てりはえとなりゆく朝の岬　及川貞

羽風　はかぜ

鳥や虫が飛ぶときに羽や翅《はね》によって起こる風。また、舞を舞う人の翻る袖によって起こる風を「袖の羽風」ということもある。清少納言は、『枕草子』二八で「にくきもの」を次々と挙げ、「ねぶたしとおもひてふしたるに、蚊のほそごゑにわびしげに名のりて、顔のほどにとびありく。羽風さへその身のほどにあるこそいとにくけれ」、ちっぽけな虫のくせに一人前に〈羽風〉があるとは小癪《こしやく》な、といっている。一方、気象学者のエドワード・ローレンツは、「ブラジルで一匹のチョウが羽ばたくとテキサスで大竜巻が起こるか」という問題提起をした。南米にいるチョウの羽風による微小な大気の乱れが、めぐりめぐって遠く離れたアメリカ・テキサス州に大竜巻を引き起こす原因になるだろうかというのである。これは、気象予報における大気の予報可能性と初期値データとの複雑な因果関係を指摘した問いかけで、以後「バタフライ効果」と呼ばれるようになった。

刃風　はかぜ

刃を振るったときに生じる風。

葉風　はかぜ

草木の葉をそよがす風。『千載集』巻四に「**秋きぬと聞きつるからにわが宿の荻《おぎ》の葉風のふきかはるらん**」。⇩〈**吹き変わる**〉

はがち

神奈川県から三重県地方にかけての太平洋岸で、主に秋から初冬にかけて吹く北東風、また北西風をいう。雨をともない、冷たく吹くと歯がガチガチ鳴るからという説がある。『山家《さんか》集』下に「**伊良湖崎《いらござき》に鰹釣り舟並び浮きてはが**

ちの波に浮かびつつぞ寄る」、沖で鰹漁をしていた舟が、悪い北西風《はがち》が吹き始めたのでいっせいに岸の方へ引き上げてくる、と。

萩の風　はぎのかぜ

萩の葉を吹く風。秋草を代表する「萩」について「萩の〈下風《したかぜ》〉」などと用いた。古来萩に字面が似ている「荻《おぎ》」についても、「荻の〈上《うわ》風《かぜ》〉、萩の下露《したつゆ》」と対に詠まれた。⇩〈**上風**〉〈**下風**〉

白雲　はくうん

真っ白な雲。唐・王維《おうい》の詩「送別」の終句に、「**但《ただ》去れ復《また》問うこと莫《な》けん　白雲尽くる時無し**」、君はどうして行ってしまうのか、志が遂げられないので南山のほとりに帰って隠棲するというのか、と問うた末に、「そうか、行くがよい。もう何も聞くまい。南山のあたりにはいつでも白雲が浮かんでいて、山居の楽しみは尽きることがないだろう」と、励ますように、自分に言い聞かせるように呟く。不遇のうちに南山のほとりに隠遁した陶淵明《とうえんめい》を思いやった詩とも、送別に仮託して自分の心境を述べた詩ともいわれる。

白雲皓皓　はくうんこうこう

白い雲が清らかに輝いているようす。

白雲幽石を抱く　はくうんゆうせきをいだく

白い雲が、聳《そび》える巌《いわお》を包み込んでいる。唐時代の寒山《かんざん》・拾得《じっとく》の作と伝える『寒山詩』の中の句。山深い峡谷の黒々とした巨岩に、〈白雲〉がたなびきかかっている脱俗的な光景で、禅画の讃などによく書かれる。

白烟　はくえん

白い靄《もや》がたなびいているようす。

麦信風　ばくしんぷう

中国の長江・淮河《わいが》地帯に陰暦の五月ごろに吹く北東の風をいう。「麦信」とも。

爆発雲　ばくはつうん

大量の火薬や核爆弾の爆発にともなって発生する雲。

爆風　ばくふう

火薬の爆発や爆弾が破裂したときに生じる強烈な風圧。昭和二〇年（一九四五年）八月九日一一時二分、長崎市松山町上空に、三日前の広島に続いて二発目の原子爆弾が投下された。落下地点から南南東約四・五キロにある長崎測候所の職員正崎国光の証言によれば、空を見上げて観測していた同僚が「落下傘が二つふわふわ降りてきよるバイ、おかしかねえ」と呟いたという。そのことばを聞いた中村勝次所長がさっと立ち上がり「それは広島に落された新型爆弾かも知れない、早く防空壕に……」と言い終わらないうちに、「パッと目も眩《くら》む閃光《せんこう》が走りました」。つづいて「百雷が一時に落ちたかと思う爆発がありました。私は目と耳を覆い地に伏せていました。ごうごうと爆風が襲って来ました。首筋にじりじりと焼きつくような熱さを覚えました」。そして後でわかったのは「爆風で北側（浦上に面した方）の事務所が粉々に飛散り、机の脚の上部、引出しの側面、電話機のボックス（木製）などすべて北側に面した部分にはびっしりとガラスの破片が突きさって」いたという（『長崎海洋気象台１００年のあゆみ』）。長崎原爆による死者の数は、当時の長崎市の人口の三分の一に近い七万四〇〇〇人におよんだ。この地球上に二度と吹いてはならない風なのに、二〇一五年一月現在、九つの国が一万五〇〇〇発を超える核弾頭を保有していると、「朝日新聞」の記事にあった。⇩〈**きのこ雲**〉

瀑布雲　ばくふうん

大きな瀑布では、滝壺から大量の水しぶきが上がる。空高く昇ったその水煙でできた雲。

はぐれ雲　はぐれぐも

共に動いていた雲集団から外れたような雲という意味であろう。漢字を当てれば「放浪雲」か。連れから離れて気ままに浮かんでいるマイペースの雲で、なんとなく下界から見上げる人の気を引く雲である。

はじ

沖縄県竹富町の黒島地方で、暴風のことをいう。また「はじまき」といえば、沖縄県各地で、渦を巻く〈つむじ風〉のこと。

馬耳東風　ばじとうふう

人が忠告や意見を言っても、まったく心に留めず聞き流すこと。唐・李白の詩「王十二の寒夜に独り酌して懐《おもい》あるに答う」にある「**世人此《こ》れを聞き皆頭《こうべ》を掉《ふる》ひ　東風の馬耳を射るが如き有り**」の句に由来する。東風＝春風は、人間には心地よいが、馬の耳は何も感じないの意。〈馬の耳に風〉「馬の耳に念仏」も同意。

波状雲　はじょううん

風に吹かれて波のように列をなしている雲。〈高積雲〉や〈巻積雲〉などででき、温度の異なった二つの大気が重なったとき、境界に、湿度や風速の違いによって出没する。ときに全天が〈波状雲〉におおわれると、雄大なすばらしい眺めになる。

旗脚　はたあし

長い旗の下端の、風にひるがえる部分。同じく風にひるがえる先端部分は、「旗手《はたて》」という。

旗雲　はたぐも

風になびく旗のように見える長い雲。〈豊旗《とよはた》雲《ぐも》〉〈八《や》重《え》旗雲《はたぐも》〉〈山旗雲《やまはたぐも》〉などがある。

旗薄　はたすすき

長く伸びた穂が風を受けて旗のようになびいている薄。『万葉集』巻一に「……**夕さり来ればみ雪降る　安騎《あき》の大野に　はたすすき　小竹《しの》を押し靡《な》べ　草枕　旅宿りせす　古《いにしえ》思ひて**」、朝から険しい山路を越え来て、夕暮れになれば雪もよいの下で穂薄《ほすすき》や篠竹《しのだけ》を草枕に、凍えて寝たこともあった、と柿本人麻呂が軽皇子《かるのみこ》になり替わって昔の旅の苦労を偲んでいる。「ススキ」は秋の季語。

芒《すすき》の穂ばかりに夕日のこりけり　久保田万太郎

はためく

風を受けた旗や紙などが、ばたばたと動き鳴る。「ばためく」とも。

八月の風　はちがつのかぜ

はた迷惑のたとえ。旧暦八月はソバが白い花をつける季節、そのころの強風はソバが実を結ぶ妨げになる。長野県で少年時代を送った倉嶋厚は、他人に迷惑をかけることを地元でこのようにいったと記している（『お天気博士の四季暦』）。

蜂の巣状雲　はちのすじょううん

比較的薄い〈巻積雲〉や〈高積雲〉で、たくさん穴があいて蜂の巣のように見える雲。穴は下降気流のところに開き、やがて次々と雲が消えて晴れになる。

初秋風　はつあきかぜ

初秋のころに吹く、ひんやりと秋の到来を感じさせる風。『万葉集』巻二十に「**初秋風涼しき夕解《ゆうべ》かむとそ紐は結びし妹に逢はむため**」（大伴家持）、涼しい秋の〈初風〉の中でほどくはずの服の紐を結んでいます、これからあなたに逢いに行くために、と。〈初秋風〉は『万葉集』の中にこの一例だけしかないから、大伴家持の造語であろうと岩波文庫版の注釈者は記している。〈秋の初風〉〈初風〉とも。秋の季語。

夏草と見し間に秋の初風や　松瀬青々

初嵐　はつあらし

旧暦七月の末ごろから吹く、台風期の間近いことを連想させるような初めての秋の強風。瀬戸内海地方で、夏の終わりから秋の初めに吹く北風を〈嵐〉といい、それが旧暦八月の末になると夜中から吹きはじめ、急に秋の到来を実感させる。そのような風だと『日本大歳時記』で山本健吉は述べている。秋の季語。

戸を搏《う》つて落ちし簾《すだれ》や初嵐　長谷川かな女

初霞　はつがすみ

新春の野山、また里にたなびく霞。〈新霞《にいがすみ》〉ともいう。新年の季語。

初霞して御社《みやしろ》の杉にほふ　柴田白葉女

初風　はつかぜ

季節の初めに吹く風で、特に元日に吹く風。

「初松風」ともいう。新年の季語。また、〈秋の初風〉のことを約《つづ》めていう。〈初嵐〉とちがうのは、微風であることである。〈初秋風〉とも。秋の季語。

(新年)初風の蕭《しょう》々《しょう》と竹は夜へ鳴れる　臼田亜浪

(秋)初風や回り灯籠の人いそぐ　几董

八講の荒れ　はっこうのあれ

滋賀県の白鬚《しらひげ》神社(比良明神)では、比叡山の衆徒が旧暦の二月二四日(現行暦で三月二六日)から四日間『法華経』八巻を朝夕一巻ずつ読誦・供養する「法華八講」を行った。その時節に比良山地から琵琶湖西岸に向かって吹き下りる春の強風を〈八講の荒れ〉という。春の季語。ちょうどこのころ寒の戻りがあり、列車を脱線させるほどの雪まじりの〈烈風〉が吹く。「琵琶湖哀歌」として伝わる一九四一年四月六日の旧制四高(現在の金沢大学)のボート部員一一名の遭難も「八講の荒れ」によるものだったという。〈比良八荒〉とも。

初東風　はつごち

新年になって初めて吹く東風。〈節東風《せちごち》〉ともいう。新年の季語。

初東風や翡翠《かわせみ》が嚥《の》む銀の魚　堀口星眠

初松籟　はつしょうらい

新年最初の〈松籟〉。「初松風」ともいう。新年の季語。

野火止に赤松多し初松籟　沢木欣一

初瀬風　はつせかぜ

奈良県桜井市初瀬《はせ》の古称である初瀬《はつせ》(泊瀬)のあたりを吹く風。「泊瀬風」とも書く。『万葉集』巻十に「**泊瀬風かく吹く宵は何時《いつ》までか衣片敷き我《あ》がひとり寝む**」、風がこんなに吹く夜は、愛し合う男女は互いの袖を敷き交わして寝るものなのに、自分はいつまで衣の片袖だけを敷いてひとりさびしく寝るのだろう、と。恋人がいないか、何かの理由で来てくれないのだ。

初凪　はつなぎ

風のない凪ぎ渡った元日の海。新年の季語。

初凪や千鳥にまじる石たゝき　島村元（「石たゝき」は鶺鴒《せきれい》）

八風　はっぷう

北東・東・南東・南・南西・西・北西・北の八つの方角から吹く風。また仏教では、人心を乱し扇動する八種の事柄をいい、衰（肉体的金銭的衰え）・利（富貴・利得）・毀《き》（不名誉）・誉（栄誉）・譏《き》（譏《そし》りを受ける）・称（称賛を受ける）・苦（苦しみ）・楽（楽しみ）の八種だという。

鳩吹く風　はとふくかぜ

山で鹿狩りをしているときは獲物を発見した者が両方のてのひらを合わせて鳩の鳴き声に似た合図を吹いて教えるのが決まりだが、その鳩吹きに似た音を出す秋の西風のこと。秋の季語。

失へる山河鳩吹きのみひびく　小松崎爽青

花嵐　はなあらし

桜の花の咲くころに吹く強い風。花を散らす嵐。花と風は仇同士のようで、唐・于武陵《うぶりょう》の「勧酒」を日本語に移しかえた井伏鱒二の訳詩は名訳として知られている。「**勧君金屈卮（君に勧む金屈卮《きんくつし》）**コノサカヅキヲ受ケテクレ／**満酌不須辞（満酌辞するを須《もち》いず）**ドウゾナミナミツガシテオクレ／**花発多風雨（花発《ひら》けば風雨多し）**ハナニアラシノタトヘモアルゾ／**人生足別離（人生別離足る）**「サヨナラ」ダケガ人生ダ」。落花が激しく散りしきる情景も〈花嵐〉という。〈花散らし〉。〈花吹雪〉。

花風　はなかぜ

花に吹く風。咲きほこる桜の枝を揺らして吹くそよ風であって、まだ花を散らすほどの強風ではない。『枕草子』能因本には「風は嵐。木枯。三月《やよい》ばかりの夕暮に、ゆるく吹きたる花風、いとあはれなり」とある。〈花風〉について注解者は「用例のない語。花を吹く風の意とみておく」としている。同じ個所が、通行本（三巻本）では「雨風」となっているが、「花風」の方が文意に沿っていて好ましく思われる。〈花信風《かしんふう》〉とも。

花曇り　はなぐもり

春、桜の咲くころに多い薄曇りの空。低気圧が中国の上海あたりに顔を出し、高気圧の中心が三陸沖に抜けたあとの空模様として現れ、「やがて、空いちめんに白い絹雲が流れ、またたく間に広がって、ベールのような絹層雲に変わってゆく」。すると太陽や月に〈暈《かさ》〉がかかり、さらに雲がたれ下がって〈高層雲〉になり、太陽が磨りガラスを通して見たようにボーッとかすんでいる状態、それが〈花曇り〉である、と（『雨のち晴れ』）。春の季語。

音のみの昼の花火や花曇　巌谷小波

花散らし　はなちらし

以前は花見のあとの宴会のことをいったが、近年は花を吹き散らす強風のことをいう。長崎県壱岐地方には「花散らし」という野遊びの行事がある。旧暦の三月四日の風の強い日に磯に出て、凧揚げをして重ね弁当を食べるのだという（『風の世界』）。春の季語。

花の風巻　はなのしまき

花を吹いて桜を散らす強風。『夫木抄《ふぼくしょう》』巻四に「**海かけてひら山颪《やまおろし》行きかへり花のしまきの波たかくみゆ**」、花が咲いてから寒の戻りがあり、海から戻ってきた比良颪《ひらおろし》に花と雪が入り混じって琵琶湖の水面が白く波立っている、と。

花吹雪　はなふぶき

桜の花びらが風で散り乱れるさま。吹雪に見立てていう。春の季語。〈花嵐〉とも。

羽根雲　はねぐも

〈巻雲〉は、イワシやサバの群れのようになったり、魚の肋骨《ろっこつ》を思わせる形になったり、さまざまな姿を見せるが、鳥の一本の巨大な羽根が空に浮かんでいるような見事な〈羽根雲〉になることもある。

破帆風　ははんぷう

『諸橋大漢和』にも見当たらない語だが、「破帆船」といえば帆の破れた難破船だから、帆を切り裂いて船を難破させるほどの〈烈風〉と思われる。

馬尾雲　ばびぐも・ばびうん

馬の尻尾のようにまっすぐ伸びた〈巻雲〉。英語で「mare's tails（母馬の尻尾《しっぽ》）」という。

羽二重曇り　はぶたえぐもり

白く滑らかで光沢のある羽二重のような曇り空。羽二重は経糸《たて》・緯糸《よこ》に撚《よ》りをかけていない生糸を使って織った上質の生地。経糸を二本にするところからその名があるという。

　高原は羽二重ぐもりして晩夏　木村山花

馬糞風　ばふんかぜ

昔、自動車時代になる以前の札幌市内にはたくさんの馬車や馬橇《ばそり》が走っていた。冬には積もった雪をかき分けて馬橇が走る。馬は生き物だから当然糞を落とす。が、たちまち雪に隠れて凍ってしまう。やがて春になり路面の雪が解けはじめると馬糞も姿を現し、春の強風に乗って乾いた馬糞埃《ばふんぼこり》が市中を舞った。いささか不潔で臭気は強いが、〈馬糞風〉は札幌に春を告げる風物詩だったという（ブログ「札幌日和下駄」より）。

浜風　はまかぜ

浜辺を吹く風。〈浦風〉もほぼ同意だが、浜は東日本で、浦は日本海系だという。

浜西風　はまにし

千葉県南房総市や神奈川県横須賀市などの東京湾沿岸地方や三重県尾鷲《おわせ》市、山口県周防《すおう》大島町地方などで、夏から晩秋にかけて吹く西寄りの風をいう。

葉向け　はむけ

風が草木の葉を風下方向にいっせいに吹きなびかせること。『新古今集』巻四に「**いつしかと荻《おぎ》の葉むけの片よりにそそや秋とぞ風も聞ゆる**」、いつのまにか荻の葉がいっせいになびいているのを見ると、風が「そら、もう秋が来た」と言っているように聞こえる、と。

はやて

漢字で書くと、「疾風」「早手」「飆」「迅風」など。「て」は風の意味で、急に激しく吹き起こる風。気象学的には、寒冷前線の通過時によく発生する急風で、雨や雹《ひょう》をともなうことがある。『竹取物語』には「はやても竜の吹かするなり」と記されている。鹿児島県出水《いずみ》市地方に「弁慶どんの恐《おとろ》しか物《もん》」ということばが伝わっている。風下の方から来る〈積乱雲〉は、無敵の弁慶もこわがるほどの強い雨風をもたらすことをいったもので、沖から急速に近づく〈はやて〉のことだと思われる（『お天気博士の四季だより』）。

疾風雲　はやてぐも

寒冷前線の通過時にはよく〈疾風《しっぷう》〉〈はやて〉が吹き起こるが、同時に発生する長く連なった堤防のような形の雲。雨や雹《ひょう》を降らせる。

疾風雲野末は澄みて麦青む　水原秋櫻子

ハリケーン　hurricane

北半球の東経一八〇度より東の太平洋や、大西洋に発生する熱帯低気圧のうち、最大風速三三メートル以上の大型のものをいう。わが国の〈台風〉と同じような性質で、八月から九月ごろカリブ海の西インド諸島からメキシコ湾岸地方を襲い、アメリカのフロリダ州などで多大の被害を出す。〈ハリケーン〉ということばは、西インド諸島の原住民の民族神である嵐の神「ウラカン」(Huracan) に由来するという。大航海時代、西インド諸島の原住民はスペインの侵略を受け、民族宗教まで棄教させられた。しかしただ一つ抹殺できない民族神があった。それが嵐の神「ウラカン」である。カリブ海の想像を絶する大嵐を表現することばを持ち合わせていなかったスペイン人は、「ウラカン」をそのまま自国語に取り入れるほかなかった。さらに後年、奴隷貿易に乗り出したイギリスが、西インド諸島周辺でスペインと植民地争奪戦をしている間に「ウラカン」はいつしか英語にも入り、ついに〈ハリケーン〉(hurricane)に転じたという(『お天気歳時記』)。⇩〈**サイクロン**〉〈**台風**〉

春嵐　はるあらし

〈春の嵐〉。早春の二月から三月ごろに吹く強風。雨をともなうことも多い。〈春嵐〉は二、三時間で駆け抜けることが多く、あとには嵐の前の暖域とは違う冷たい色合いの青空が広がり、北風が吹く。「雨南風《あめまじ》の北晴れ」である。〈春嵐《しゅんらん》〉〈春疾風《はるはやて》〉〈春荒れ〉ともいう。春の季語。⇩〈**春の嵐**〉

　戸鳴りして昼を灯すや春嵐　及川貞

春荒れ　はるあれ

〈春嵐《はるあらし》〉に同じ。春の季語。

春一番　はるいちばん

多くの辞典には「立春後に初めて吹く強い南風」と記されているが、気象庁は「立春から春分までの間で、日本海で低気圧が発達し、初めて南寄りの強風(秒速八メートル以上)が吹き、気温が上昇する現象」と定義している。愛媛県地方には「春一番、鹿の骨折る」という表現があるという。そのことばどおりもともとは、幕末に現在の長崎県壱岐《いき》の漁船七隻が早春の五島列島沖で猛烈な南風を受けて沈没し、五三人の命が失われた海難事故から生まれた不幸なことばだという。壱岐ではこの痛ましい経験を忘れないために春の最初の強い南風を「春一番」と呼び、死者の供養と教訓を語り伝えた(『風の名前　風の四季』)。二〇一五年四月二七日の「朝日俳壇」に、第十席として、

　春一番唐津の海の鳴りわたる　碓井ちづるこ

が選句されていた。金子兜太《とうた》の選評にいわく、「《春一番》はもと壱岐地方の漁師言葉。気象用語として定着の由」と。「春一」ともいい、〈からし落とし〉の異名もある。春の季語。

春霞　はるがすみ

春の野や里に立つ霞。春の季語。

春風　はるかぜ

春に南または東から吹いてくるゆるやかな暖かい風。春は穏やかな風ばかりでなく強風の季節でもあるが、〈春風《はるかぜ》〉というと温和な駘蕩《たいとう》とした気分になる。⇩〈**春風《しゅんぷう》**〉『万葉集』巻十に「**青柳の糸の細《くわ》しさ春風に乱れぬい間《ま》に見せむ児《こ》もがも**」、青柳の枝垂《しだ》れた細い枝が何と美しいのだろう。春風が吹き乱してしまわないうちに見せる人がいればなぁ、と惜しんでいる。春の季語。

春風や女も越《こゆ》る箱根山　一茶
春風やまりを投げたき草の原　正岡子規

子規の句は、東京の上野恩賜公園内の「正岡子規記念球場」の碑に記されている。明治二三年（一八九〇年）三月二一日午後、子規は上野公園博物館横の空き地で野球の試合をしたと随想『筆まかせ』に記している。ポジションは捕手であった。子規が明治期に日本に導入されたばかりの野球を好んでいたことはよく知られている。自身の幼名の升《のぼる》にちなんで、俳号を「野球《のぼーる》」と称したこともあった。「走者」「打者」などの訳語を定めたのは子規だといわれる。

春北風　はるきたかぜ・はるきた

春になって吹く北寄りの〈急風〉。春先に日本海を通過した低気圧が北海道の東に抜けると一時的に西高東低の冬型の気圧配置となり、寒が戻って北寄りの風が吹く。いわゆる「春寒《はるさむ》」で、ときに雪をともなう。北国の人が、春が遅いことを身にしみて感じる時期だという（『日本大歳時記』）。「春ならい」とも。春の季語。

山に住み時をはかなむ春北風　飯田蛇笏

春雲　はるぐも

春の雲。春の空にかかる雲。「春雲《しゅんうん》」とも。雲には本来、花のように決まった季節はないけれど、春の〈朧雲《おぼろぐも》〉、夏の〈入道雲〉、秋の〈鱗《うろこ》雲《ぐも》〉、冬の〈凍雲《いてぐも》〉など、季節と結びつきの強い雲というのはあるだろう。春の季語。

蓼科に春の雲今動きをり　高浜虚子

春三番　はるさんばん

〈春一番〉につづいて「花起こし」の〈春二番〉が吹き、咲いた桜を散らすのが〈花散らし〉の〈春三番〉だ。⇩**〈春一番〉〈春二番〉**

榛名颪　はるなおろし

群馬県中央部で、冬に榛名山方面から吹き下ろす北寄りの強風。シベリア高気圧から日本列島に吹いてきた風は、群馬・新潟の県境の山岳地帯にさえぎられて日本海側に大量の降雪をもたらす。そのあと乾燥した〈寒風〉となって、関東平野に吹き下りる。群馬県の赤城山から吹き下ろすのが〈赤城颪〉で、榛名山から吹き下ろすのが〈榛名颪〉。

春二番　はるにばん

〈春一番〉の南風が吹くと冬の〈季節風〉が弱まり、気温が上がってぐんと春らしくなる。次に吹くのが〈春二番〉、いわゆる「花起こし」で、桜を満開にさせる。が、それもつかの間、〈春三番〉の〈花散らし〉となる。三月は、北風と南風が日本列島の上で入り乱れ、〈春の嵐〉の中で木の芽が育ち、辛夷《こぶし》の白い花が大きく揺れる季節だ。春の季語。

春二番一番よりも激しかり　牧野寥々

春の嵐　はるのあらし

春先に吹く強風で、雨をともなうことも多い。海山が荒れて、海難事故や雪崩《なだれ》・雪融けの洪水などを起こす。「春に『あらし』が多いのは、北に勢力圏を縮小していく寒気団と南から広がってくる暖気団が、温帯低気圧の発達を媒介として、激しく衝突するから」という（『日本の空をみつめて』）。〈春荒れ〉とも。春の季語。⇩**〈春嵐〉〈春疾風《はるはやて》〉**

春の風　はるのかぜ

〈春の風〉は、暖かくのどかな春風だけではない。そよそよ吹くのからビュービュー吹き荒れるのまでたくさんある。温帯低気圧が通過すると〈嵐〉になり、海山が荒れて海や山の事故が多発する。しかし、普通は〈春の風〉というと、木の芽を育てるゆるやかな春風のことだ。春の季語。子どもの詩の雑誌「サイロ」に小学二年生のあべなぎささんの「春の風」が載っていた。**「あっ　風が走ってる／車といっしょに走ってる／あたたかい風／春の風だね／……／「草の子　木のめ　おきなさい。雪のふとんがなくなるよ」／風の声がきこえたよ」**。

春の塵　はるのちり

冬に比較的積雪の少ない関東地方では、春になって風が強くなると、乾燥した地面から塵や埃が吹き上げられる。また雪国でも、雪や霜が融けて乾きはじめた街路などに春の〈突風〉が吹くと、砂や塵が舞い上がる。春の季語。〈春《しゅん》塵《じん》〉。〈春埃《はるぼこり》〉。

春の初風　はるのはつかぜ

新春に吹く風。まだ肌を刺す寒風でも、梅の開花をうながす待望の風。新年の季語。

春の夕焼け　はるのゆうやけ

「夕焼け」は夏の季語だが、〈春の夕焼け〉は夏のものとも冬のものとも違って、おっとりとしてのびやかだと飯田龍太は言っている（『日本大歳時記』）。春の季語。「春夕《はるゆ》焼《や》け」とも。

雪山に春の夕焼滝をなす　飯田龍太

春疾風　はるはやて

春に特有の急に烈《はげ》しく吹く風。日本海を発達した低気圧が進むと、強い南風と寒冷前線通過時の〈疾風〉が吹く。日本列島上の暖気団を押しのけるように、北西から寒気団が突進してくるからだ。絶好の行楽日和と思っていると、西の地平に〈積乱雲〉の横隊が現れ、突然生暖かい南風がビュービュー吹きはじめる。みるみる黒い雲が広がり夕暮れのように暗くなって、電光、雷鳴、大粒の雹《ひょう》。ときには〈竜巻〉が荒れくるう。だが二時間もたつと嵐はうそのようにおさまりパァーッと明るくなって、空の青さと北風が冷たく感じられる。春の季語。

ネクタイの端が顔打つ春疾風　米澤吾亦紅

春埃　はるぼこり
春風が巻き上げる土埃。〈春塵《しゅんじん》〉。春の季語。
老農の洗ふ眼鏡や春埃　中村草田男

晴れ霧　はれぎり
降っていた雨がやんで急に晴れると、放射冷却で空気が冷えて霧が発生する。

晴巻雲　はれけんうん
好天が続く〈巻雲〉。〈積雲〉〈層積雲〉〈層雲〉など〈下層雲〉の上側にある〈雲粒〉が太陽で暖められて蒸発し、空の高層へ上昇して再び凝結した〈巻雲〉。刷毛《はけ》で引いたような筋状だったり乱れた絹糸のようだったり、乾いた印象を与える。⇩**〈雨巻雲《あめけんうん》〉**

ハロ　halo
〈巻積雲〉や〈巻層雲〉がかかった太陽や月の周囲にできる光の環。〈暈《かさ》〉。雲や大気中の〈氷晶〉・水滴によって光が回折されてできる。

晩靄　ばんあい
夕方にかかる靄《もや》。〈夕靄〉。

晩霞　ばんか
夕映え。〈夕霞〉。春の季語。唐・盧照鄰《ろしょうりん》の「長安古意」に「**龍は宝蓋《ほうがい》を銜《ふく》みて朝日を承け、鳳《ほう》は流蘇《りゅうそ》を吐きて晩霞を帯ぶ**」と。「流蘇」は五色の飾り。鳳鳥が口から五色の飾りを吐くとそれが〈晩霞〉になるという。

反対海風・反対陸風　はんたいかいふう・はんたいりくふう
一日の気流の流れは、日中は、大気の下層では速く暖まる陸へ向かって〈海風〉が吹き、上層ではそれを補うために逆向きの風が吹く。これを〈反対海風〉という。夜になると逆に、大気の下層では早く気温が下がる陸から海に向かう〈陸風〉が優勢となり、上層では海から陸への〈反対海風〉が吹く。

反対貿易風　はんたいぼうえきふう
〈貿易風〉は、地球の自転の影響を受けて北半球では北東風、南半球では南東風となる。だが上層では、下層の〈貿易風〉とは反対方向の風

が極地に向かって吹いている。これが〈反対貿易風〉で、北半球では南西風、南半球では北西風となる。⇩〈**貿易風**〉

坂東太郎　ばんどうたろう

坂東太郎とは利根川の異名だが、夏の白雲、〈入道雲〉のこともいう。江戸から見て利根川の方向に見えた。幸田露伴「雲のいろ〳〵」には、「東京にて夏の日など見ゆる恐ろしげなる雲なり」とある。古人の筆などでまだ書かれたこともない知られざる雲で、夕立の豪雨が降りだす寸前、天空一面を黒々とおおい尽くし、強風の気配を含みながら静まり返ったさまが、いっそう殺気を感じさせる雲だ、と。夏の季語。

一方、埼玉県志木市地方などでは、利根川の〈川風〉のことも指す。

筋雲や坂東太郎の風冷えに　船越淑子

半透明雲　はんとうめいうん

〈層雲〉〈層積雲〉などに見られ、薄く広がり雲越しに太陽や月の位置がわかるような半透明の雲。⇩〈**不透明雲**〉

晩風　ばんぷう

日の暮れあとに吹く風。〈夕風〉。

半風子　はんぷうし

虱《しらみ》のこと。虱の字が、「風」の半分だという判じことば。

万籟　ばんらい

風が岩穴や樹木など大自然の万物を吹いて立てる音。「籟」は風に吹かれた穴が立てる響き。〈衆籟〉とも。⇩〈**天籟**〉

万里同風　ばんりどうふう

万里の彼方まで同じ風が吹く。どこへ行っても同じ文化・風俗が行き渡り、天下がよく治まっていることのたとえ。漢の「終軍伝」に「今天下一と為《な》り、万里風《ふう》を同じくす」と。〈千里同風〉とも。

ぴーかじ

漢字で書くと「火風」。沖縄県地方で、雨がほとんど降らず強い〈潮風〉を吹きつけて農作物や山野の草木を赤く枯らしてしまう〈風台風〉をいう。昭和二八年（一九五三年）、まだ琉球政府の統治下だった石垣島を襲った「ピーカジ（キッド台風）」は、作物に壊滅的被害をもたらし、現在まで語り草になっている（石垣市教育委員会市史編集課編『石垣島の風景と歴史』）。

飛雲　ひうん

強風に吹かれて、飛ぶように動いていく雲。また、これを意匠化した文様。

飛雲文様

微雲　びうん

ほんの少しの雲。かすかな雲。永井荷風『断腸亭日常』大正一一年（一九二二年）三月一五日の項に「微《び》雲《うん》淡《たん》月《げつ》春夜の情景漸《ようや》く好し」と。

比叡颪　ひえおろし

冬の京都盆地に積雪の比叡山から吹き下ろす〈寒風〉。「叡山颪《えいざんおろし》」ともいう。

東返しの西こわい　ひがしがえしのにしこわい

各地で、風向きが東から西に変わると急に強風になるから警戒せよと言い伝えている。中国地方から九州地方では、「やまじ返しの西こわい」ともいい、この場合は南寄りの風が西風に変わったときは要注意といっている。「鉄砲西」「西風《にし》落とし」なども西風のこわさをいっている。

東風　ひがしかぜ

東から吹いてくる風。春の訪れとともに日本列島をおおっていた西高東低の冬型の気圧配置がくずれ、太平洋方面からゆるやかな東風または北東風が吹くようになる。日本ではこの春から夏にかけて吹く東風を、古来〈東風《こち》〉とか〈あいの風〉と呼ぶ。⇩**〈東風《こち》〉〈あいの風〉**

ひかた

春夏に日のある方から吹く南西風また南東風。漢字で書けば「日方」。主として北海道・青森と山陰地方の日本海沿岸の漁業者や船乗りの間で警戒された強風。『万葉集』巻七に「**天霧《あまぎら》ひ日方吹くらし水茎《みずくき》の岡の水門《みなと》に波立ち渡る**」、空一面に雲が出てきた。日方の風が吹くらしく、岡の湊《みなと》がいっせいに波立っている、と。「岡の湊」は福岡県遠賀川《おんががわ》の河口付近。「日方《ひかた》風《かぜ》」〈しかた〉とも。夏の季語。

彼岸涅槃の石起こし　ひがんねはんのいしおこし

〈春の嵐〉。お釈迦様が涅槃に入ったという旧暦二月一五日（現行暦三月中旬）ごろの、石まで吹き飛ばすような強い西風を指す。「彼岸荒れ」「彼岸西風《ひがんにし》」「春荒れ」ともいう。⇩**〈春《はる》嵐《あらし》〉**

低い風　ひくいかぜ

⇩**〈高い風・低い風〉**

飛行機雲　ひこうきぐも

一万メートル以上の高空を飛ぶ飛行機は、排気ガスとともに大量の水蒸気を放出している。上空の気温が低く湿度が高いと、その水蒸気が航跡に沿って〈飛行機雲〉になる。また機体後方の空気が急膨張すると、冷却・凝結して雲になる。〈飛行機雲〉がすぐに消えるときは晴天が

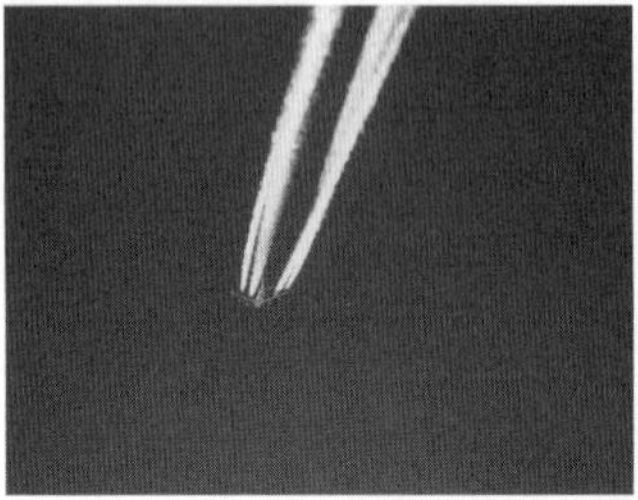

飛行機雲（写真提供／気象庁）

続く。だが〈巻積雲〉や〈高積雲〉に発達していくときは、上空の空気に大量の水蒸気が含まれている兆候だから、天候は悪化する。⇩〈**消滅飛行機雲**〉

飛行雲時経て鱗雲と化す　山口誓子

肱川あらし　ひじかわあらし

愛媛県大洲《おおず》市の肱川河口で、毎年一一月ごろから翌年三月ごろまで吹く〈局地風〉。霧をともなった強風で、朝の通勤・通学者を悩ませるが、午後には穏やかな晴天になるという。

飛絮　ひじょ

風に吹き散らされて空中に舞う柳の綿毛。中国に春の訪れを告げるしるし。唐・韓愈《かんゆ》の「柳《りゅう》巷《こう》」に「**柳巷還《ま》た絮《わた》を飛ばす　春は幾許《いくばく》の時をか余す　吏人《りじん》事を報ずるを休《や》めよ　公は春を送るの詩を作らんとす**」」、柳巷の柳はまた綿毛を飛ばしているが、春はもう余すところ如何《いか》ほどか。役人は事務報告をやめよ、長官は送春の詩を作ろうとしているのだから、と。

飛雪　ひせつ

強風に吹きなぐられるように降りしきる雪。〈吹雪〉。また、積もった雪が強風に吹き上げられるものもいう。

羊雲　ひつじぐも

青空に白い小さな雲の塊《かたまり》が、草原に集まった羊の群れのように並んでいる雲。主に〈高積雲〉に現れ、〈積雲〉や〈層積雲〉のこともある。ただし農耕民族の日本人にとって草原の羊の群れはなじみのある風景ではないから、もともとは中国大陸の内部から西アジア、ヨーロッパにかけての牧畜民の発想ではないかともいう（『お天気博士の四季だより』）。〈羊雲〉というと、耳の奥から、谷村新司作詞で山口百恵が歌った「**いい日　旅立ち　羊雲を探しに**」という美しいメロディが聞こえてくる人も多いかもしれない。

日照り雲　ひでりぐも

夏の日没のころ西の空に出る巴形《ともえ》（大きなコン

マが横に寝た形）の赤く染まった雲、と辞書にあるが、実際にはどのような雲なのか。晴れるしるしの雲というから、要するに巴形の〈夕焼け雲〉と思われる。晴天が続く雲ともいう。「旱雲《ひでりぐも》」とも書き、「旱雲《かんうん》」とも。

一霞　ひとがすみ

ちょっとかかった霞。目の前の霞。室町時代の連歌師桜井基佐《さくらいもとすけ》の『基佐集』に「野霞」を詠んだある人の作、「**一霞野中の庵《いお》にたなびきてけぶりにまがふ朝明《あさあけ》の空**」、野の庵《いおり》にほんの少し霞がかかり、朝餉《あさげ》の煙がただよっているみたいな朝明けの空、と。

ひとつならい

千葉県木更津市、鴨川市地方などで、冬の凍えるような北風をいう。「一つ東風《あゆ》」は北東風。

一吹き百万石　ひとふきひゃくまんごく

昭和二〇年（一九四五年）以前、台風による稲作被害を象徴的に言い表したことば。台風が一度上陸すると、稲が強風や冠水に見舞われておよそ一〇〇万石が減産になるというのだ。出穂直後の柔らかい稲穂は特に強風に弱いという。一〇〇万石は、およそ一五万トン（『風のはなしⅠ』）。

雲雀東風　ひばりごち

瀬戸内海沿岸の漁民たちの間で、揚げ雲雀とともに春を告げる東風のこと。訛《なま》って「へばるごち」などともいう、と（『日本大歳時記』）。似たような表現に〈鰆東風《さわらごち》〉〈いなだ東風《ごち》〉など。春の季語。

悲風　ひふう

もの悲しい音を立てる風。寂しさや悲しみを感じさせる風。前漢・武帝のとき匈奴《きょうど》との戦いで捕虜になった李陵《りりょう》が、自分の身を案じる親友の蘇武《そぶ》に答えた書に、「**胡地《こち》は玄冰《げんぴょう》し、辺土は惨《さん》裂《れつ》して、但《ただ》悲風蕭条《しょうじょう》たるの声を聞くのみ**」、匈奴の地は黒い氷が厚く張り詰めて大地はひび割れ、風がもの悲しい音を立てて吹き過ぎるばかりだ、と。一方、唐・高適《こうせき》の不遇時代の詩「宋中（宋の地にて）」には「**寂寞《せきばく》として秋草《しゅうそう》に向へば、悲風千里より来たる**」とあり、この場合は寂寥とした秋風のこと。

微風《びふう》

弱く吹くかすかな風。そよ風。

ビューフォート風力階級

風速を目測するとき、その強弱の基準として、現在、広く用いられる階級。イギリスの海軍少将F・ビューフォートが考案した。風力を0〜12の13階級に区分する。

ひゅっ

風が強く吹く音。風を切って飛ぶ音。強い風音を表現する擬音語は「ひゅうひゅう」「びゅうびゅう」「びゅんびゅん」「ひゅるひゅる」「ぴゅー」などさまざまある。江戸時代の寛政七年（一七九五年）の「折句柱《おりくはしら》」に「**東寺をけさにヒュッと翦《き》れ鷹《たか》**」、鷹が風のように、京都東寺の五重塔を斜め袈裟《けさ》がけにヒュッとよぎった一瞬を詠《うた》い止めたのだろう。森昌子の「越冬つば

■ビューフォート風力階級

風力階級［昔の呼び名］	状態	風速（m／秒）
0［静穏］	煙がまっすぐ昇る	0〜0.2
1［至軽風］	風向は煙がなびくのでわかるが、風見には感じない	0.3〜1.5
2［軽風］	顔に風を感じ、木の葉が動き、風見も動き出す	1.6〜3.3
3［軟風］	木の葉や細い枝が絶えず動く。軽い旗が開く。	3.4〜5.4
4［和風］	砂埃が立ち、紙片が舞い上がる。小枝が動く。	5.5〜7.9
5［疾風］	葉のある灌木が揺れはじめ、池、沼に波がしらが立つ。	8.0〜10.7
6［雄風］	大枝が動く。電線が鳴る。傘がさしにくい。	10.8〜13.8
7［強風］	樹木全体が揺れる。風に向かっては歩きにくい。	13.9〜17.1
8［疾強風］	小枝が折れる。風に向かっては歩けない。	17.2〜20.7
9［大強風］	煙突が倒れたり、瓦がはがれはじめる。	20.8〜24.4
10［暴風］	樹木が根こそぎになり、人家に大損害がおこる。	24.5〜28.4
11［烈風］	めったにおこらない。広い範囲に破壊をともなう	28.5〜32.6
12［颶風《ぐふう》］	めったにおこらない。広い範囲に破壊をともなう	32.7以上

め」は、不幸な恋をした冬のつばめが、吹雪に打たれるさまを「**ヒュルリ　ヒュルリララ**」と歌い上げるリフレインが印象的だ（石原信一作詞）。

氷晶　ひょうしょう
大気中の水蒸気が冷えてできた微細な氷の結晶。雲や霧はこうした〈氷晶〉や水滴が空気中に浮かんでいるもので、落ちてくれば途中で溶けて雪や雨になる。

飄飄　ひょうひょう
風が吹く音。物が風に吹かれてひらひらと翻るさま。「飄」は速く回転する風。風に吹かれてふらふらしているようすから、世間離れして超然としていることにもいう。鎌倉時代の紀行文『海道記』に「岫崎《くきがさき》と云処《いうところ》は、風飄々と翻りて砂を返し、波浪々と乱《みだれ》て人をしきる」と。「しきる」は隔てる。

飆飆　ひょうひょう
暴風が吹きすさぶさま。「飆」は荒い。〈つむじ風〉。

飄風　ひょうふう
急に激しく吹く〈つむじ風〉。〈はやて〉。「飆風」とも。『老子』に「飄風は朝を終えず、驟《しゅう》雨《う》は日を終えず」、朝の暴風は昼までは吹かない、急雨は翌日まで降りつづくことはない、と。勢いの激しいものは長つづきしないものだ、といっている。

氷霧　ひょうむ
寒冷地や冬山で大気中の水蒸気がさまざまな形の微細な〈氷晶〉になり、霧のように空中を漂っているもの。氷霧《こおりぎり》。⇩〈**ダイヤモンドダスト**〉

飄零　ひょうれい
風に吹かれて木の葉などがふらふらと落ちること。零落の「零」で、落ちぶれることにもいう。「飄落」とも。

ひよりかぜ
天気の回復を予期させる風。また長崎県島原市地方などで、晩夏から初秋の天気の良い日の午後、諫早《いさはや》湾から吹く強い西風をいう。地方によって「ひより東風《ごち》」「ひより西風《にし》」「ひよりまぜ」などがある。

比良八荒　ひらはっこう

比良明神の異名をもつ滋賀県高島市の白鬚《しらひげ》神社では、旧暦二月二四日から四日間「比良八講」という法華経転読の法会が行われたが、そのころ比良山地から吹き下ろす強烈な「比良颪《おろし》」を〈比良八荒〉と称した。京都ではこのころの強風を「比良の八荒、荒れ仕舞い」などといった。春の季語。⇩〈**八講の荒れ**〉

毘嵐婆　びらんば

仏教で、世界の始まりを意味する劫初《ごうしょ》と世界の終わりである劫末《ごうまつ》に吹くといわれる大暴風。ふだんは鉄囲《てっち》山《せん》という鉄でできた山がこの世である三千世界を取り囲み、すべてを破壊する〈毘嵐婆〉を防いでいるという。「毘嵐婆風」「毘嵐風」とも。

尾流雲　びりゅううん

雲の底から雲や霧が尻尾のように垂れ下がったり、斜め下方に尾を引いているように伸びている雲。「尾流雲《おながれぐも》」とも。尾のように見えるのは、〈巻積雲〉の場合は風に流されている〈雲粒〉。〈高積雲〉〈乱層雲〉〈積乱雲〉などの場合は落下している雨や雪だが、途中で蒸発してしまい、降水は地面に届かないことが多い。

翻す・翻る　ひるがえす・ひるがえる

風が、旗や着物を吹きなびかせ、ひらひらと裏返す。「飄す」とも書く。上方の笑咄《わらいばなし》『軽口御《ご》前《ぜん》男』巻之一「久米の仙」に、「色めきたる女、加茂河へ行きて、洗濯しける折ふし、風ははげしく、裾ひるがへり、脛《はぎ》のしろきをわれと見て……」、あだっぽい女が鴨川で洗濯をしていると、強風が裾を翻して白い脛があらわになった。むかし久米の仙人が見とれて神通力を失い下界に落ちてきたというのは私のようなこんな白い脛だったのかしらと自惚《うぬぼ》れ、以来仙人が出てこないかと期待していた。するとあるとき、待望の仙人が雲間に現れた。ところが女の顔が見えるところまで下りてくると、急にそこで止まり、「脛にだまされた」と言うや、女の顔を見て「あっかんべえ」をして、また空へ戻っていってしまったとさ。

昼霞　ひるがすみ

昼の霞。春の季語だが、作例は多くない。

籬《まがき》より麦踏み出でぬ昼霞　高野素十

ビル風　ビルかぜ

高層ビルの谷間や角を曲がったときに吹きつける〈急風〉。風が建物にぶつかると左右に分かれ、建物の角の外側に強風域が出現する。風にあおられてバランスを崩し、ひどいときには歩行が困難となる。こうした〈ビル風〉は、平均風速が強いばかりでなく、〈風の息〉（ガスト）が強く、風向の乱れも大きいのが特徴であるという（『風の世界』）。

広戸風　ひろとかぜ

岡山県津山市や南義《なぎ》町地方に特有の地方風。この地方にかつて存在した広戸《ひろど》村《そん》の名に由来する。列島付近を台風が通過するとき、遠く離れたこの地に日本海からの北寄りの風が鳥取県の那岐《なぎ》山系を越えて南麓に吹き下ろし、「広戸風」となる。「那岐颪《おろし》」ともいう。暴風雨災害史のある研究によれば、天武朝の六八一年八月一六日の大風以来二二四回の暴風雨が記録されているが、そのうち一〇六例が「広戸風」だという（『風の世界』）。

蘋風　ひんぷう

浮き草の上を吹く風。水草を漂わせる風。「蘋」は田字《でんじ》草《そう》という水草。唐・玄宗の詩に「**蘋風、晩に向って清し**」と。

風圧　ふうあつ

風を受けた物体の面にはたらく圧力。風速の二乗に比例して増大する。

風位《ふうい》
〈風向き〉。風が吹いてくる方向。

風威《ふうい》
風の威力。風の勢い。

風韻《ふういん》
〈風の音〉。〈風声〉。劉禹錫《りゅううしゃく》の詩に「**風韻漸**《よう》**く高く、梧葉**《ごよう》**動く**」と。趣があって風雅なことにもいう。

風雨《ふうう》
風と雨。雨に風が加わった嵐。
あぢさゐの弾みて風雨注意報　片岡末美

風雲《ふううん》
風と雲。『易経』乾卦《けんか》に「同声相応じ、同気相求む」としたうえで〈雲は竜に従い、風は虎に従う〉と。英主・賢人・傑物などが頭角を現すきざし。「風雲急を告げる」といえば、世の中が大きく動こうとしている緊迫した状勢で、「風雲児」はそのような時勢に乗じて活躍する人物。また「風雲の会《かい》」は英傑と賢臣とが出会うことで、「風雲の志」といえば、絶好の機会を捉えて出世しようとする大望。

風雲の情《ふううんのじょう》
この場合の「風雲」は大自然のこと。俗塵を離れ、自然の中にとけこんで、山河漂泊の旅に日を送りたいという気持ち。

風炎《ふうえん》
気象学でいう〈フェーン〉の訳語。山を越えて吹き下りる風が乾いた〈熱風〉になる〈フェーン〉を〈風炎〉と訳したのは、それまでの〈颶風《ぐふう》〉を英語の typhoon と語呂を合わせて「颱風《たいふう》」と改めた第四代中央気象台長の岡田武松博士だという（『お天気歳時記』）。中国の気象辞典には〈風炎〉ならぬ「焚炎《フンエン》」として出ている。
⇩〈**フェーン**〉〈**フェーン現象**〉

風化《ふうか》
物が長いあいだ風や雨にさらされて変化していくこと。転じて、心に深く刻まれた印象が薄れていくことの比喩。他方で、徳によって教化することもいった。

風害《ふうがい》

〈台風〉や〈竜巻〉、冬の〈季節風〉などによって引き起こされる災害。家屋や建造物の倒壊、〈時化《しけ》〉の海での船舶の遭難、〈フェーン現象〉の乾熱風や潮風による農作物の被害など。⇩**コラム「冬の季節風と天気図」**

風寒《ふうかん》

風が吹いて寒さが厳しいこと。

風気《ふうき》

風。空気。『淮南子《えなんじ》』氾論訓に「夫《そ》れ戸牖《こゆう》は風気の従《よ》りて往来する所」とある。「戸牖」は、戸と窓。

風狂《ふうきょう》

漢語の本来の意味は激しい風、〈狂風〉のことだが、わが国では文芸・俳諧など風雅・風流の道に邁進《まいしん》する意味に用いられてきた。

風響樹《ふうきょうじゅ》

中国でポプラの異名。枝垂《しだ》れ柳のようには風になびかないが、わずかな風にも葉がそよいで音を立てるところからその名があるという（『お天気博士の四季だより』）。

風極《ふうきょく》

風のいちばん強いところ。地上で最も強い風が吹く南極大陸アデリー・ランドのこと。朝日新聞社会部編の『雨のち晴れ』に、「地上風で一ばん強いところは台風やハリケーン圏内だが、強い風がもっともひんぱんに吹く土地は南極大陸のアデリー・ランド」とある。ここでは、七月の平均風速が二三・六メートルで、風速五〇メートルの風が八時間も吹きつづけたことがあるという。ちなみに雨が最も降るところは「雨極」といい、インド北東部のチェラプンジだといわれる。

風禽《ふうきん》

烏賊幟《いかのぼり》、凧《たこ》のこと。昔の子どもたちは、凧を自分で作って揚げたものである。篠竹《しのだけ》を糸で結んで四角く組み立てて紙を貼る。それから四隅と中央に糸を結び、糸目を作る。糸目の上手下手で凧がうまく揚がるかどうかが決まる。尻尾は紙を細く切ったものを付けるが、この紙の長さも腕の見せどころであった。東京・大阪などでは正月に揚げるが、浜松では五月の節句に揚げる。徳川家康と次男の結城秀康の家臣が、浜松城の大手門の前で凧合戦をしたのが始まりだという。

風系　ふうけい
組織的な動きになっている大気の流れ。大規模な〈風系〉である〈偏西風〉〈貿易風〉〈季節風〉などに対して、局地的な〈海陸風〉〈山谷風〉〈フェーン〉〈颪《おろし》〉などの小規模の風系がある。

風穴　ふうけつ
山間、谷間などにあって夏に冷たい風を吹き出す洞穴。〈風穴《かざあな》〉。夏期には洞穴の中の温度は外気に比べると低く、空気の比重が重くなるので、上方に開いている穴から外気が吹き込み、下の穴から吹き出す。このように風の吹き出す穴を〈風穴〉といい、土地の人たちはそこに〈風神〉などを祭ってきた。富士山麓には溶岩流の外殻が固まったあと中の溶岩が流れ出してできた溶岩洞穴が多くあり、昔から野菜などの貯蔵庫として利用されてきた（『お天気博士の四季だより』）。富士山麓の青木ケ原樹海にある富岳風穴は、夏でも平均気温が三℃だという。富岳風穴、鳴沢氷穴は、昭和四年（一九二九）に国の天然記念物に指定されている。

風向　ふうこう
風が吹いてくる方向。〈風向き〉。〈風向〉は、一般的には、北・北北東・北東・東北東・東・東南東・東南・南南東・南……のように十六方位で表し、一〇分間の平均で表現している。風向きが重要な航空機の場合には、一分間の平均で表す。

風香　ふうこう
花の香りを帯びて吹く風。一方で、花の香を含んで降る雨を意味する「雨香」という表現もある。

風向計《ふうこうけい》

〈風向〉を調べる器械。〈風見《かざみ》〉。以前は「風信器」といった。⇩〈**風速計**〉

風車《ふうしゃ》

風で回転する羽根車から動力を得る装置で、製粉・製材・揚水・発電などに使われてきた。蒸気機関の実用化ですたれたが、近年無公害の自然エネルギーとして再評価され、〈風力発電〉の原動機として利用されるようになっている。エジプトのアレキサンドリアには三〇〇〇年前、六枚または八枚羽根の風車があった。さまざまな風向きに対応できるよう一ヵ所に複数の〈風車〉が立てられていたという。オランダの風車は、スクリューを回転させ水をかきあげて排水し、干拓地を造成する動力として利用された。日本で風車が利用されなかったのは、夏から秋にかけて台風が来襲するためで、台風に耐えられるような風車を造ることは構造的にも費用的にも問題が多かったからだという（『風の世界』）。⇩**コラム「資源としての風力発電」**

風車のことば《ふうしゃのことば》

気候環境学者の吉野正敏が〈風車のことば〉を紹介している。オランダの〈風車〉の羽根は反時計回りに回るが、今まさに頂点に達しようとする寸前の位置に羽根を止めることは未来を意味し、希望と喜びを表現するという。誕生日・結婚記念日などの祝意を表すときには、この位置に羽根を止めておく。羽根を頂点を少し過ぎた位置で止めることは過去を意味し、悲しみ、喪の気持ちを表す。風車番本人が死ぬと風車の腕木についている二〇枚の板が全部外され、妻の場合は一九枚、子どもの場合は一三枚だという。羽根が上下に垂直、左右に水平の位置「十」の形に停止することはしばしの憩いを意味し、「×」の形に止めることはかなり長い間この風車を使用しないことを意味するという。

風樹の歎　ふうじゅのたん

「風樹」は風に吹かれ揺れている木。『韓詩外伝』巻九に「樹《き》静かならんと欲して風止まず、子《こ》養わんと欲して親待たず。……往きて見ることを得べからざるものは、親なり」、木が静かにしていようとしても風はやまない。子がいまに孝行しようと思っても親は待っていてくれない、と。「風木《ふうぼく》の悲しみ」ともいう。

風食　ふうしょく

風が長い間に岩石や地形などを浸食・変形させていくこと。風が直接土や砂を吹き削り、風に飛ばされた土砂がさらに岩石を摩耗・破壊する。「風蝕」とも書く。

風信　ふうしん

風向き。『椿説弓張月《ちんせつゆみはりづき》』続編巻一に「われ西国に成長《ひととな》り、又伊豆の島々に、十年《ととせ》の春秋《はるあき》をおくりしかば、渡海《とかい》の風信自然にくはし」と。また、季節に従って吹く風。〈風の便り〉。

風神　ふうじん

風を支配する神。世界中の神話に伝承されており、日本神話では伊弉諾尊《いざなぎのみこと》・伊弉冉尊《いざなみのみこと》の子の級長津彦命《しなつひこのみこと》（級長戸辺命《しなとべのみこと》とも）。また、インド神話から仏教に入った風天、ギリシア神話では北風の神ボレアス、西風の神〈ゼピュロス〉等々。後世の日本では、雷神と対をなし、裸で〈風袋《かざぶくろ》〉をかついで天空を駆ける妖怪の姿をとる。京都の三十三間堂で二十八部衆とともに安置されている「風神・雷神像」、それを手本にし

俵屋宗達「風神雷神図屏風」（部分。建仁寺蔵）

て俵屋宗達が描いたといわれる建仁寺の「風神雷神図屛風」はともに国宝として知られている。

風塵　ふうじん

風に吹き立つちり。砂ぼこり。『太平記』巻十七に「命を風塵よりも軽くして防ぎ戦ひける程に寄手の大勢進みかねて」、後醍醐天皇を匿《かくま》い支援する延暦寺勢と新田義貞軍は命を塵ほどに軽く見て勇敢に戦ったので、足利尊氏軍は攻めなずんだ、と。

風水　ふうすい

吹きつける風と流れゆく水。また、地相や水利に神秘の力を認め、それによって宅地や墳墓などの吉凶を占う中国古来の占術。

風勢　ふうせい

風のいきおい。風力。

風成　ふうせい

風の作用でできること。「風成岩」は、風で運ばれてきた細かい砂礫《されき》や石粒が地表に堆積して固まった岩。「風成土」は、わが国の関東ロームや中国の黄土地帯のように、風で運ばれ堆積してできた土壌。「風積土」「風成層」も同様。

風声　ふうせい

〈風の音〉。謡曲「高砂」の始まり近く「**有情《うじよう》非情の其《その》声、みな歌に洩るる事なし、草木土沙《そうもくどしや》、風声水音《ふうせいすいおん》まで、万物の籠もる心あり**」と。一方、「風声鶴唳《かくれい》」といえば、敗残の兵などが風音や鶴の鳴き声などの些細な物音にも敵の再来ではないかとおじけづくこと。『晋書』謝玄伝に、三八三年、淝《ひ》（肥）水《すい》の戦いで敗れた前秦軍が「風声鶴唳を聞き、皆以て王師《おうし》已《すで》に至ると為す」、些細な物音に東晋軍の来襲かと怯えて潰走《かいそう》したために、謝玄は山のような軍資・珍宝・一〇万余の牛馬駱駝《らくだ》などの大戦果を獲得した、と。

風雪　ふうせつ

風と雪。吹雪。人生の厳しい苦難のたとえ。

風選　ふうせん

風を利用して、軽くて実入りの悪い種を吹き飛ばし、実入りの重い良質の種だけを選ぶ、古来伝わる種子選別法。

風前の灯　ふうぜんのともしび

人の命がはかないことのたとえ。風の前で揺らめく灯のように人の命もいつ消えるかわからない。死が目前に迫っている状態をいう。「風前の塵」「命は風前の灯のごとし」などとも。

風船爆弾　ふうせんばくだん

太平洋戦争終盤、戦況不利の日本軍はアメリカ本土の空襲を狙って、昭和一九年（一九四四年）一一月から翌年四月の間に、上空約一万メートルの〈偏西風〉（〈ジェット気流〉）にのせて九三〇〇個の気球爆弾を放った。このうち二八七個がアメリカに届いたとされる。七〇〇〇キロ以上の海陸を渡って、北はアラスカの北極圏、南は亜熱帯のメキシコまで、到達点の南北幅は約四五〇〇キロに及んだ。B29との比較で〈風船爆弾〉などと揶揄され、敗戦の象徴のようにいわれた。だが一方で七〇〇〇キロ以上離れた地点を攻撃する史上初の大陸間横断兵器であった。

風霜　ふうそう

風と霜。転じて、厳しかった苦難の年月をいう。星霜。「風霜高潔」とは北宋の政治家欧陽《おうよう》脩《しゅう》「酔翁亭の記」にあることばで、風は空高く吹き地上の霜はきびしく、水は澄んで石が見える清らかな秋の光景を詩っている。

風葬　ふうそう

死者を地中に埋葬するのでなく、山林や平地・樹上などにさらして風化させる葬送法。日本の南西諸島をはじめ、東南アジア・オーストラリアなど世界各地で見られた。

風速　ふうそく

風の吹く速さ。一般的には、一〇分間の平均速度を「メートル／秒」で表す。風速一〇メートルといえば、その時点の直前一〇分間の平均風速が毎秒一〇メートルであるということ。二〇一五年八月二三日、台風一五号が沖縄県石垣島で、この地域での観測史上最大の瞬間風速七一メートルを記録した。風速の上限について、伊藤学編『風のはなしⅠ』に、「高橋浩一郎氏は陸上では毎秒約一三〇メートル、海上では一五〇メートルと推定しています。もちろん、いままでにこんな強風が観測されたことはありません」と記されている。人は風速二〇メートルくらいで風に向かって歩けなくなり、風速七〇メートルになると家が壊れ、鉄骨の構造物も変形するという。一〇〇メートルを超える風が吹いたらどうなってしまうのかは、想像を絶する。

⇩**コラム「瞬間風速」**

風速計《ふうそくけい》

風速を測定する機器。現在は、風向と風速を同時に計測する「風向風速計」が用いられている。地上一〇メートルの高さの塔または支柱上に設置したお椀形の風杯やプロペラの回転によって一〇分間の風の移動量（風程）を測り、毎秒当たりの平均値を求める。以前は「風力計」といい、気象台や測候所の塔の上でお椀形のものがクルクル回り、回転数によって空気の動いた距離を測っていた。その後、風で回転するプロペラの速度を電流として検出する発電式を経て、さらに光パルスを用いた電子式に進化している（『お天気博士の四季暦』）。ほかに風圧によって測定する計器、超音波風速計など各種ある。

風鐸《ふうたく》

寺院の塔や仏堂の軒先に吊り下げてある小さい鐘の形をした風鈴。風に吹かれると古雅な音を発する。「宝鐸」とも。「**あはれ花びらながれ／をみなごに花びらながれ**」と詩《うた》いだされる三好達治の名作「甃《いし》のうへ」には、〈風鐸〉に桜の花びらが散りかかる景色が描かれている。「**み寺の甍《いらか》みどりにうるほひ／廂《ひさし》々に／風鐸のすがたしづかなれば／ひとりなる／わが身の影をあゆまする甃《いし》のうへ**」。

風知草《ふうちそう》

風にそよぐ葉に風情があるとして人気のあるイ

ネ科の多年草〈風草《かぜくさ》〉の別名。日本特産で山の尾根や渓流沿いなどに自生する。「風知草《かぜしりぐさ》」「裏《うら》葉草《はぐさ》」とも。夏の季語。

風知草女主《おんなあるじ》の居間ならん　高浜虚子

風知草にのりたる風をたのしめり　三谷いちろ

風知草

風濤　ふうとう

風と大波。〈風波〉。『日本書紀』神代紀下に、失くした釣り針を求めて海底に降り海神《わたつみ》の娘である豊玉姫《とよたまひめ》と結婚した彦火火出見尊《ひこほほでみのみこと》（山幸彦《やまさちひこ》）が、釣り針を探してもらい地上に帰るとき、妊娠した豊玉姫が山幸に向かって言う。「妾已《やつこすで》に娠《はら》めり。……風濤急峻《はや》からむ日を以て、海辺《うみへた》に出で到らむ。請《ねが》はくは、我《やつこ》が為に産屋《うぶや》を造りて相待ちたまへ」。風と波の強い日にその勢いに乗って海辺に行くから、私のために産屋を造って待っていてほしい、と。

風動　ふうどう

風が動く。また、風で草が動くようになびくこと。「四方風動」は、国中がひれ伏し従うこと。

風道　ふうどう

鉱山や炭坑などに掘った通気用の穴。〈風道《かざみち》〉と読むと、風が吹き抜けていく道。

風洞　ふうどう

風を研究するために実験室内で人工の風を起こす装置。筒状のトンネル構造の中でプロペラを回して風を作る。

風波　ふうは

風と波。強風で荒立つ波。なみかぜ。〈風濤《ふうとう》〉

〈風浪《ふうろう》〉も同意。転じて、人生や社会生活の中での揉め事や困難を指す。

風媒花　ふうばいか

花粉を風に乗せて飛ばし受粉させる植物。松・杉・稲など。花粉症の原因となるものがある。

風伯　ふうはく

〈風の神〉。〈風神〉。「伯」は、長《おさ》、頭《かしら》。『太平記』巻十一に「雨師《うし》、道を清め、風伯、塵《ちり》を払ふ」。『淮南子《えなんじ》』原道訓にあることばで、ここでは後醍醐天皇の進路を、雨の神が清め、風の神が掃き清める、と。「風伯雨師」。

風発　ふうはつ

風が吹き起こること。また、風が吹きだすように、物事が急に始まること。「談論風発」といえば、活発な議論が起こること。

風帆　ふうはん

風をはらんでふくらんだ帆。帆に風を受けて航海する西洋式の帆船を「風帆船《ふうはんせん》」、「帆前船《ほまえせん》」という。

風靡　ふうび

風に吹かれた草木がなびき伏すように人びとがみな従う。「一世を風靡する」とは、世に広く知られ、流行すること。『後漢書』馮異《ふうい》伝に「方今《いまし》英俊雲集し、百姓《ひゃくせい》風靡す」、と。

風の強さ（風力階級）

風の強さ〈風速〉を知るには、風を受けてプロペラやお椀が回転する〈風速計〉を使うことが多い。回転数が風速に比例することから、一定時間の回転数や回転により内蔵したモーターが発電した電圧から風速を求めている。学校の屋上や高速道路のわきで見かける風速計は、飛行機から主翼と尾翼を外したようなプロペラと胴体・垂直尾翼だけの構造だが、風速と同時に風向も測ることができるので多用されている。最近は、超音波を

風紋《ふうもん》

砂丘の表面などに、風が吹いて作った模様。〈砂紋〉「砂漣《されん》」ともいう。

風紋に千鳥の跡の新らしく　松岡伊佐緒

風籟《ふうらい》

風が吹く音。〈風声〉。「籟」は笛。風が自然の中を吹き過ぎるときに鳴る音。⇩〈**天籟**〉

風来人《ふうらいじん》

風に運ばれてきたように、どこからともなくふらりと現れた人。住所の定まらない人。「風来坊」とも。近松の浄瑠璃『国性爺合戦《こくせんやかっせん》』に「ヤアヤアうぬは何国《いずく》の風来人。わが高名を妨ぐる」、主人公和藤内《わとうない》は虎狩をしている敵の竹林に迷いこみ虎と組み打ちになる。護符の加護で虎をしっかり確保したところへ敵将が現れ、俺の手柄を横取りするのはどこの風来坊だと威嚇する。

風力《ふうりょく》

風の強さ、風の力。目測で風速を判定するため

使った可動部のない風速計も使われている。

風速計がなかった時代には、陸上では〈吹き流し〉の垂れ方や木のゆれ方、海上では波の高さや白波の状況から風の強弱を見積もっていた。また、それらを一覧にして海と陸のおおよその風速を見積もる〈ビューフォート風力階級〉という分類表も作成され、船乗りは風の強さとして航海日誌に記入していた。風速計が普及した現在でも、気象庁がＮＨＫラジオを通じて毎日発表している気象通報で使われている。

〈吹き流し〉の傾きから風の強さを見積もる方法は少し離れたところからでも簡便に風速の強弱を把握できることから、空港や高速道路で現在も利用されている。ちなみに、〈春一番〉や〈木枯し一号〉が吹いたという判断の目安は〈ビューフォート風力階級〉５以上（毎秒八メートル以上）に相当する風が吹いた場合である。

に定めた数値を「風力階級」という。現在では、陸上でも海上でも主に〈ビューフォート風力階級〉が用いられている。地上の煙や旗などのそよぎ、木の枝葉・海の波などの動きによって〈風力〉を〇〜一二までの一三階級に分類し、強くなるほど階級番号が大きくなる。ただし近年の気象情報では、風の勢いは〈風力〉でなく〈風速〉で表すことが多い。⇩**コラム「風の強さ」**

風力計《ふうりょくけい》
風力を測定する機器。⇩〈**風速計**〉

風力発電《ふうりょくはつでん》
風で風力タービンを回転させて発電する方法。クリーンな自然エネルギーとして注目されるが、季節や時間による不安定性・不確実性、騒音被害などの課題がある。しかし、二〇一五年一二月三〇日付の「朝日新聞」によれば、世界の〈風力発電〉施設の発電能力の合計は、二〇一六年には四億キロワットを超え、初めて原発を上回るという。ただし風に頼る風力発電の稼働率は三〇パーセントほどだから、実際の発電量はまだ原発にはおよばない。が、二〇三〇年

資源としての風力発電

地球温暖化が危惧される現在、石油や石炭などの化石燃料の代替エネルギーとして〈風力発電〉に注目が集まっている。太陽光発電も増えているが、天気に左右されずコンスタントに発電できるという点、昼夜を問わず発電できる点で太陽光発電よりも有望ともいわれている。日本では強い風がコンスタントに吹く岬の突端や山の稜線などに大きなプロペラを備えた大規模な風力発電装置が設置されている例が多いが、小型の風力発電装置は市街地でも見かけることがある。最近は蓄電技術の開発も進んでおり、「発電＋蓄電」による風エネルギーの更なる有効利用が進みつつある。

には二〇億キロワットに達する見込みで、このままいけば将来は発電量でも原発を超える可能性があるという。

風鈴　ふうりん

鉄・瀬戸物・ガラスなどでできた小さい釣り鐘形の鈴。中の舌《ぜつ》から下がった短冊を風が吹き揺らすと涼しげな音がたつ。蟬時雨《せみしぐれ》の中で、時折風鈴がチリンと鳴り、簾《すだれ》ごしの風をかすかに感じながらの午睡。それが日本の夏の午後の過ごし方だった。夏の季語。

風鈴の処に風のありにけり　藤田耕雪

風林火山　ふうりんかざん

武田信玄の軍旗と伝えられる旗に書かれていることば。「疾如風　徐如林　侵掠如火　不動如山」とあり、読み下すと「疾《はや》きこと風の如く　徐《しず》かなること林の如し　侵掠《しんりやく》すること火の如く　動かざること山の如し」。群青《ぐんじょう》の絹布に金泥《きんでい》で書かれていて、それぞれの末字を並べて〈風林火山〉と称される。筆者は、織田信長によって焼き討ちにあったとき、猛火に包まれた恵林寺《えりんじ》の山門の楼上で、「心頭《しんとう》滅却すれば、火もまた涼し」とうそぶき、泰然として死についたといわれる快川紹喜《かいせんじょうき》だと伝えられている。

風冷力　ふうれいりょく

風が吹いて体の表面温度を低下させ、涼しく感じさせる効果。一平方メートルの体表面から一時間に失われる熱量（キロカロリー）で表す。気温二五℃で風速二メートル／秒だと〈風冷力〉は一九〇となり、快適とされる（内嶋善兵衛「体温と葉温」『風のはなしI』所収）。⇩**ウインド・チル（wind-chill）**

風浪　ふうろう

風と波。風が海面を吹いて引き起こす波。これに対して、風がやんだあとの海に残っている波や、遠くの海の風浪が伝播してきた波を「うねり」という。夏の土用（七月二〇日前後）ごろ、はるか南方海上の台風が起こした「うねり」が日本の太平洋岸に打ち寄せてきたものを

「土用波」という。

浮雲　ふうん
〈浮き雲〉。頼りなくはかないもののたとえ。「浮雲の富貴」といえば、財貨・権勢などは頼むに足りないということ。

フェーン　Föhn（ドイツ）
元来はスイスのアルプス地方やオーストリアのチロル地方などで、南から山脈を越えて吹く温暖な下降風。一般には、〈フェーン現象〉をともなう〈局地風〉をいう。〈フェーン〉（Föhn）はドイツ語で、語源はラテン語の風の神の名だとか、ゴート語で火を意味する「フォン」に由来するといわれる。

フェーン雲　フェーンぐも
〈フェーン現象〉にともなって発生する雲。風が山脈を吹き越えるとき、山の風上側や風下側に出現する。

フェーン現象　フェーンげんしょう
湿潤な空気が海上から風となって山を越える場合、山腹を上る際に冷えて雨や雪を降らせたあと、山頂を越えて吹き下ろす際に熱風となって高温と乾燥をもたらす現象。春先日本海を強い低気圧が通るとき、これに向かって日本列島の脊梁《せきりょう》山脈を越えて吹き下ろす南風が、日本海沿岸地方で〈フェーン〉となり、雪崩《なだれ》・融雪洪水・大火事などを引き起こすことがある。⇩コラム「フェーン現象」

ふぇんかでぇ
鹿児島県大島郡地方などで南風をいう。

フォール・ウインド　fall wind
気象用語で〈颪《おろし》〉のこと。

フォッグ　fog
濃い霧や靄《もや》。ほぼ同意の〈ミスト〉（mist）よりも濃い。

吹き出し雲　ふきだしぐも
西高東低の冬型の気圧配置で、大陸から寒気が吹き出してくるときに見られる筋状の雲。

吹き流し　ふきながし

端午《たんご》の節句に、鯉幟《こいのぼり》の上に結んで風になびかせる五色の布飾り。もともとは戦場で用いた旗・指し物の一種で、旗竿《はたざお》の先に付けた枠に長い布を結びつけて風になびくようにしたもの。また、風速を知るために高速道路のわきなどに立てる標識（ウインドザック）をいう。〈吹き流し〉の角度が四五度だと風速五メートル以上、ほぼ水平まで上がると風速一〇メートルくらいだという。強風のときは、あわてずに速度を落とし、ハンドルをしっかり持って緩やかなハンドル操作を心がけること。「特にワンボックス・カーのように重心の高い車は、横風に弱いので注意」とされる（『いつまでも安全運転を続けるために』）。夏の季語。

雀らも海かけて飛べ吹流し　石田波郷

鯉のぼりと吹き流し

吹く　ふく

風がおこる。風が動く。『古事記』中に、神武天皇が亡くなり、皇后の伊須気余理比売《いすけよりひめ》を娶《めと》った異母兄の当芸志美美命《たぎしみみのみこと》が三人の子を殺そうとしているのを知って心を痛めた伊須気余理比売が、その陰謀を知らせた歌「**狭井河《さいがわ》よ　雲立ちわたり　畝火《うねび》山《やま》　木の葉騒《さや》ぎぬ　風吹かんとす**」、狭井河の方から雲が湧き上がり、畝傍山の木々の葉が騒いで今にも〈大風〉が吹き出そうとしています、と。

〈吹く〉の多様な展開

吹き上げる　ふきあげる

風が低い方から吹きのぼってくる。風が吹いてものを宙に舞い上がらせる。

吹き下ろす　ふきおろす

風が高い方から下方に吹きくだる。「山越しの風が峰から吹き下ろしてきた」。

吹き交う　ふきかう

風がさまざまな方向から入り乱れて吹いている状態。鎌倉時代初期の『建礼門院右京大夫集《けんれいもんいんうきょうのだいぶしゅう》』に「**雲のうへをよそになりにしうき身にはふきかふかぜのおともきこえず**」、知り人の消息を尋ねられても、宮中と縁が切れた不遇の身には吹き交っている風の噂ももう耳に入らないのです、と返事している。

吹き返す　ふきかえす

「吹き返す」には三つの意味がある。①風向きが変わって今までと逆の方向に吹くこと。『宇治拾遺物語』三に「**吹きかへすこちの返しは身にしみき都の花のしるべと思ふに**」、〈東風《こち》〉の返しの西風は、都の花を思い描く道しるべと思うと心に残りました、と東国に住む人が都からの便りに返歌している。②風が吹きつけて衣服や旗などを裏返すこと。『万葉集』巻一に「**采女《うねめ》の袖吹《ふき》かへす明日香《あすか》風《かぜ》京《みやこ》を遠みいたづらに吹く**」、明日香が今も都なら道行く采女たちの袖を美しく翻しているはずの風が、都から遠ざかってしまったのでただ空しく吹いている、と。③風が物を元の方向へ吹きもどす。平安後期の『金葉集』巻一に「**庭の花もとのこずゑに吹き返せちらすのみやは心なるべき**」、花を吹き散らすばかりが風の本意ではないでしょう、そうなら庭に散り積もった花びらを梢に吹き戻してください、と。

吹き通う　ふきかよう

風が吹きとどくこと。『源氏物語』椎本《しいがもと》に、匂宮《におうのみや》が薫《かおる》の兄の夕霧の宇治にある別荘を訪ね姫君たちと遊んだとき、「げに、川風も、心わかぬさまに吹きかよふ物のねども、おもしろく遊び給ふ」、川風が分け隔てなく吹き届けてくる楽の音がまことに味わい深く楽しく過ごした、と。

吹き枯らす　ふきからす

激しい風が草木を枯らす。

吹き変わる　ふきかわる

風の吹き方がそれまでと変わる。『千載集』巻四に「**秋きぬと聞きつるからにわが宿の荻《おぎ》の葉風のふきかはるらん**」、秋が来たと聞いたからには、うちの軒端の荻の葉をそよがす風も吹き方や音が変わってくることだろう、と。

吹き切る　ふききる

強風が吹いて、物をちぎる。『方丈記』に、安元三年（一一七七年）四月、都に大火があり、「風に堪へず吹き切られたる焔《ほのお》、飛ぶが如くして一二町を越えつつ移りゆく」、そして朱雀門、大極殿まで灰燼《かいじん》に帰したさまが描かれている。風が吹き尽くすことにもいう。

吹き込む　ふきこむ

風や雨・雪が家や車の中などに入ってくる。

吹き曝す　ふきさらす

野外に放置して風が吹きつけるのにまかせる。四方赤良《よものあから》（大田南畝《なんぽ》／蜀山人《しょくさんじん》の別号）編『狂歌才蔵集』六に「**吹《ふき》さらす磯辺の風のおとこ松若木とみへて寒さうもなし**」、磯辺で風に吹きさらされている黒松は男だし若木でもあるから寒そうではない、と。松には雌雄があり、黒松はその色から男松とされた。

吹き萎る　ふきしおる

風が吹きつけて草木などをしおれさせる。鎌倉時代中期の紀行文『海道記』に「峯の梢を払《はらい》し嵐の響《ひびき》に、思はぬ谷の下草まで吹《ふき》しほれて」、山頂の木々の梢を揺るがす強風のうなりに谷間の草までしおれてしまって、と。「思はぬ」は一説に「およばぬ」。

吹き頻る ふきしきる
風がさかんに吹きつづける。

吹き敷く ふきしく
風が、紅葉などを吹き散らし、あたり一面に敷きつめたようにする。『源氏物語』藤裏葉《ふじのうらば》に、太政天皇に準ずる高位につき栄華を極めた光源氏のもとを冷泉帝と朱雀院が行幸した秋の一日、住まいの六条院の庭には、「夕風の吹きしく紅葉の色々、濃き薄き錦を敷きたる、渡殿《わたどの》のうへ見えまがふ庭の面《おも》に」、夕風が濃いのや薄いのやとりどりの紅葉を吹き散らし、まるで錦を敷きつめた回廊と見まがうばかりに彩った庭に、きらびやかな衣装を着飾った良家の童《わらべ》たちが祝賀の曲を舞い奏でる。

吹き荒ぶ ふきすさぶ
風が激しく吹く。『玉葉集』巻三に「五月雨《さみだれ》の**雲吹きすさぶ夕風に露さへかをる軒の橘《たちばな》**」、五月雨を降らす雲を吹き荒らす夕風に乗って、露の香りまでが漂ってくる軒先の橘の木、と。

吹き添う ふきそう
風などが吹き加わる。『源氏物語』常夏《とこなつ》に、玉鬘《たまかずら》は和琴の手ほどきをしてくれている源氏に「いかなる風の吹きそひて、かくは響き侍るぞとよ」、どんな風が吹き加わったからあなたの弾く琴の音はこんなに美しく響くのでしょう、と問いかける。

吹き溜まり ふきだまり
落ち葉やごみなどが風に吹き運ばれてきてたまったところ。

吹き募る ふきつのる
風がますます強く吹く。

吹き通し ふきどおし
風が絶えず吹きつづけること。また、その場所。「吹き抜け」とも。

吹き響む ふきとよむ
風が音たてて吹く。風音が響き渡る。

吹き晴れる ふきはれる
風が立ちこめていた霧や雲を吹き払って青空に

なる。『玉葉集』巻十四に「**明けしらむ波路の霧は吹きはれて遠島《とおしま》みゆる秋の浦風**」、白み始めた朝の航路の霧を吹き払い、遠くの島影を見せた秋の浜風、と。

吹き綻ばす　ふきほころばす

風が吹き、蕾《つぼみ》や閉じ込められていたものが開かれる。『山家集《さんか》』下に「**大方の秋をば月に包ませて吹綻《ふきほころ》ばす風の音哉《かな》**」、あたり一帯の秋を月光の中に包みこんでおいて、その光景を蕾を綻ばすように吹きほどく風の音だなぁ、というのだ。

吹き細る　ふきほそる

風に吹かれて弱まり衰える。また、風の勢いが次第に弱くなる。

夜嵐に吹き細りたる案山子《かがし》かな　太祇

吹き舞う　ふきまう

風が舞うように吹く。『千載集』巻一に「**春の夜は吹きまふ風のうつり香《か》を木ごとに梅《むめ》と思ひけるかな**」、風が舞を舞うように吹き、木から木へ移り香を運ぶので、どの木もみんな梅と思えてしまう、と。

吹き紛う　ふきまがう

風が吹いて入り乱れ、区別がつかなくなる。『源氏物語』初音《はつね》に、とりわけ春の紫上《むらさきのうえ》の御殿の前は「梅の香も、御簾《みす》のうちの匂ひに吹きまがひて、生ける仏の御国《みくに》とおぼゆ」、風が梅の香を吹き運び、御簾の中の匂いと入り乱れて、さながら仏国土がこの世に出現したようなありさまです、と。

吹き捲る　ふきまくる

風が物を巻き上げるほど強く吹きつける。『方丈記』に、治承四年（一一八〇年）四月、京極から六条のあたりにかけて、大きな〈辻風〉が「三四町を吹きまくる間にこもれる家ども、大きなるも小さきも一つとして破れざるはなし」と。

吹き増さる　ふきまさる

風の勢いが前よりもいっそう激しくなる。

吹き惑う　ふきまどう

風が度を越すほどひどく吹く。『更級日記』に、大津（現在の大阪府泉大津市）で暴風雨にあったときのことが書かれている。雨風が岩を動かすほど激しく降りふぶき、雷鳴がとどろき、「浪のたちくる音なひ、風のふきまどひたるさま、恐ろしげなること」、ここで命が尽きるのではないかと取り乱すありさまだった、と。

吹き回す　ふきまわす

風向きが一定せずあちこち回るように吹く。渦巻く風が物をぐるぐる回す。『竹取物語』の中盤に、かぐや姫が求愛の証しに求めた竜の首にあるという五色の玉を手に入れるため、大伴大納言が筑紫の海に船を漕ぎ出す場面がある。するとどうしたことか、一天にわかに掻き曇り、疾風が吹きはじめて、「何《いず》れの方とも知らず、舟を海中《うみなか》にまかり入《いり》ぬべくふきまはして」、舟を海中に沈めてしまおうとするように吹き回した、と。

吹き迷う　ふきまよう

風が方角を定めずにあちこちから吹く。『古今集』巻十五に「**吹きまよふ野風をさむみ秋はぎのうつりもゆくか人の心の**」、野を吹き乱れる風の寒さに秋萩が移ろっていくように、人の心もほかの人に心変わりしていくのか、と思い沈んでいる。

吹き乱る　ふきみだる

風が強く吹いて物を乱す。『万葉集』巻十に「**我がかざす柳の糸を吹き乱る風にか妹が梅の散るらむ**」、私の髪に差している柳の葉を乱れさせている風が、妻の家の庭の梅も散らせているだろうか、と。

吹き満つ　ふきみつ

あたり一面あまねく風が吹きわたる。すみずみまで風が吹き届く。

吹き結ぶ　ふきむすぶ

激しく風が吹いて草木などをからませもつれさせる。特に風が露を集め玉と結ばせること。

『源氏物語』桐壺《きりつぼ》に、鍾愛《しょうあい》の桐壺の更衣が亡くなったあと面影を忘れかねる帝は、ある夜、靫負《ゆげい》の命婦《みょうぶ》を更衣の母親のもとに遣わし、深い悲しみと幼い光源氏を案じた便りを寄せる。そこにしたためられた歌、「**宮城野の露吹きむすぶ風の音に小萩がもとを思ひこそやれ**」、宮中を吹きぬけて私の目に露を結ばせる風の音を聞くと、あの人の幼い忘れ形見の身が案じられてならない、と。

吹き弱る　ふきよわる
吹く風の勢いが弱まる。

吹きわたる　ふきわたる
風が遠くまで吹いていく。風が吹き通っていく。

房状雲　ふさじょううん
雲片の一つ一つが丸い房のように並んだ雲。〈巻雲〉〈巻積雲〉〈高積雲〉などで現れる。が、見かける機会はあまり多くない。

藤　ふじ
房状に伸びた雲のことを〈藤〉ということがあった。東海地方の天気俚諺《りげん》に、「戌亥《いぬい》藤《ふじ》は張り悪く、未申《ひつじさる》藤《ふじ》は張り良し」といった。「ここでいう藤は房状にのびた雲のこと、戌亥（北西）の方向からのびる雲は雨の知らせ、未申（南西）からのびる雲は晴のつづく知らせをいったもので、この予報則は秋によく当るという」（『江戸晴雨攷』）。

富士颪　ふじおろし
静岡県地方で、冬に富士山から吹き下ろしてくる北寄りの風。千葉県地方などでは西寄りの風となる。「不二颪」とも書く。

富士風　ふじかぜ
埼玉県入間市地方で南西風をいう。茨城県地方では春から夏の南西風を「富士方《かた》」といい、また「富士西風《にし》」「富士南風《みなみ》」など地域ごとにさまざまな呼び名がある。

藤田スケール　Fujita scale

シカゴ大学名誉教授の藤田哲也が提唱した〈竜巻〉（〈トルネード〉）の強さの等級区分。竜巻による建造物や樹木等の被害状況を分析して等級を定めた。「Ｆスケール」と略称され、Ｆ０～Ｆ６までの七段階に分類されている。二〇一五年六月一五日午後、群馬県伊勢崎市近辺を襲い家屋などを倒壊させた〈ダウンバースト〉は、〈藤田スケール〉で下から二番目の「Ｆ１（秒速三三～四九メートル）」だったと発表された。なお、日本では、建物の被害だけでなく車の被害等にも対応して精度良く〈突風〉の風速を評定することができる「日本版改良藤田スケール」を二〇一六年四月から用いている。

舞台風　ぶたいかぜ

劇場の中はエアコンがきいているが、エアコンの風とは別の風が吹く。開演のチャイムが鳴って幕が上がると、舞台から客席の方へ冷たい風が吹いてくる。幕が開く前の舞台は大道具・小道具の入れ替えで外気が流れ込み、冷たく重い空気がたまっている。一方、客席は人いきれで気温が高い。そこへ幕が上がると、舞台から冷たい空気が客席に吹き下りてくるのだ。

吹越　ふっこし

〈寒風〉に乗って少し降ってくる雪のことを、栃木・群馬・埼玉など関東地方の山沿い地域では〈風花《かざはな》〉といい、群馬には〈吹越〉と呼ぶ地方もある（『お天気博士の四季だより』）。冬の季語。

　吹越やつぎつぎに嶺夕日脱ぐ　千代田葛彦

不定風　ふていふう

吹く季節が定期的でない風。〈旋風〉などのように風向・強弱などが一定しない風。

不透明雲　ふとうめいうん

太陽や月がどこにあるかわからないほど空全体を厚くおおっている雲。〈高層雲〉〈層積雲〉〈層雲〉など全天に一様にかかる雲が〈不透明雲〉になることが多い。⇩〈**半透明雲**〉

■日本版改良藤田スケールにおける階級と風速の関係（気象庁ホームページより）

階級	風速（m/s）の範囲（３秒平均）	主な被害の状況（参考）
JEF0	25—38	・木造の住宅において、目視でわかる程度の被害、飛散物による窓ガラスの損壊が発生する。比較的狭い範囲の屋根ふき材が浮き上がったり、はく離する。 ・園芸施設において、被覆材（ビニルなど）がはく離する。パイプハウスの鋼管が変形したり、倒壊する。 ・物置が移動したり、横転する。 ・自動販売機が横転する。 ・コンクリートブロック塀（鉄筋なし）の一部が損壊したり、大部分が倒壊する。 ・樹木の枝（直径2cm～8cm）が折れたり、広葉樹（腐朽有り）の幹が折損する。
JEF1	39—52	・木造の住宅において、比較的広い範囲の屋根ふき材が浮き上がったり、はく離する。屋根の軒先又は野地板が破損したり、飛散する。 ・園芸施設において、多くの地域でプラスチックハウスの構造部材が変形したり、倒壊する。 ・軽自動車や普通自動車（コンパクトカー）が横転する。 ・通常走行中の鉄道車両が転覆する。 ・地上広告板の柱が傾斜したり、変形する。 ・道路交通標識の支柱が傾倒したり、倒壊する。 ・コンクリートブロック塀（鉄筋あり）が損壊したり、倒壊する。 ・樹木が根返りしたり、針葉樹の幹が折損する。
JEF2	53—66	・木造の住宅において、上部構造の変形に伴い壁が損傷（ゆがみ、ひび割れ等）する。また、小屋組の構成部材が損壊したり、飛散する。 ・鉄骨造倉庫において、屋根ふき材が浮き上がったり、飛散する。 ・普通自動車（ワンボックス）や大型自動車が横転する。 ・鉄筋コンクリート製の電柱が折損する。 ・カーポートの骨組が傾斜したり、倒壊する。 ・コンクリートブロック塀（控壁のあるもの）の大部分が倒壊する。 ・広葉樹の幹が折損する。 ・墓石の棹石が転倒したり、ずれたりする。
JEF3	67—80	・木造の住宅において、上部構造が著しく変形したり、倒壊する。 ・鉄骨系プレハブ住宅において、屋根の軒先又は野地板が破損したり飛散する、もしくは外壁材が変形したり、浮き上がる。 ・鉄筋コンクリート造の集合住宅において、風圧によってベランダ等の手すりが比較的広い範囲で変形する。 ・工場や倉庫の大規模な庇において、比較的狭い範囲で屋根ふき材がはく離したり、脱落する。 ・鉄骨造倉庫において、外壁材が浮き上がったり、飛散する。 ・アスファルトがはく離・飛散する。
JEF4	81—94	・工場や倉庫の大規模な庇において、比較的広い範囲で屋根ふき材がはく離したり、脱落する。
JEF5	95—	・鉄骨系プレハブ住宅や鉄骨造の倉庫において、上部構造が著しく変形したり、倒壊する。 ・鉄筋コンクリート造の集合住宅において、風圧によってベランダ等の手すりが著しく変形したり、脱落する。

吹雪　ふぶき

強い風にあおられて横なぐりに吹きつける雪。積もった雪が強風で舞い上げられ入り乱れているのは〈地吹雪〉。鈴木牧之《ぼくし》『北越雪譜』に「雪吹《ふぶき》は樹などに積りたる雪の風に散乱するをいふ」と。「暴風雪」〈雪しまき〉も同様。「花吹雪」「紙吹雪」は激しく舞い散るたとえ。「乱吹《ふぶき》」とも書く。冬の季語。

行人や吹雪に消されそれつきり　松本たかし

吹雪く　ふぶく

強風が雪をともなって吹き乱れること。覚性法《かくしょう》親王の『出観集《しゅつかん》』冬に「**はれのぼるあさゐの雲のしたごとにはつ雪ふぶくひらのたか山**」、晴れた空に朝雲が動かずじっと浮かんでいるが、その雲の下では初雪がふぶいている比良の高い山並み、と。「あさゐの雲」は、動かずにじっとしている朝雲。冬の季語。

天の声地の声のあり能登吹雪く　清水静峰

冬の季節風と天気図

日本海側と太平洋側では雪の降り方は異なる。日本海側の場合は、中国大陸から流れてくる冷たく乾いた冬の〈季節風〉が日本海上空を通過する際に日本海から水蒸気が補給されて湿った冷たい〈季節風〉となり、これが日本海側の山にぶつかって雪を降らせる。冬の〈季節風〉が吹くのは、天気図上で西高東低と呼ばれる中国大陸側に高気圧、日本の東海上に低気圧があり等圧線の間隔が狭い場合（コラム「風と天気図」参照）だが、これだけで雪が降るとは限らない。日本海から水蒸気が供給される場合、つまり気象衛星の画像で日本海に北西から南東に向かって雲の列が並んでいる場合に雪が降りやすい。気象庁ホームページに掲載された天気図と気象衛星画像を併用するのが良い。もちろん、地元気象台が発表する天気予報

冬霞　ふゆがすみ

冬の風のない早朝や夕方、野山や町を柔らかく包む霞。〈寒霞〉とも。冬の季語。

冬霞濃くて煤《すす》降る丸の内　菅裸馬

冬雲　ふゆぐも

冬の雲。どんよりと垂れこめて雪を降らせる〈乱層雲〉や〈積乱雲〉に〈冬雲〉の印象が強い。〈寒雲〉「凄雲《せいうん》」などともいう。しかし、晴れた日の群青《ぐんじょう》色の空に浮かぶ白い〈積雲〉や強い風に吹かれて現れては消える〈ちぎれ雲〉も〈冬雲〉で、こちらは美しい。凍ったように動かない〈冬雲〉は〈凍雲《いてぐも》〉。冬の季語。

冬雲の三日月の金つゝみ得ず　野澤節子

冬の風　ふゆのかぜ

冬に吹く北風または西風。〈寒風〉に比べてやさしい調べがあり、抽象的ないし象徴的な意味を含む場合が多い、と飯田龍太はいっている（『日本大歳時記』）。冬の季語。

冬の風人生誤算なからんや　飯田蛇笏

もしかり。

　これに対して太平洋側の雪は、日本列島の南岸を東に進む低気圧に向かって、北から水蒸気を多く含む寒気が吹き込み、雪を降らせる。たとえば関東では低気圧が陸地に接近して通過する場合には寒気が南関東まで達しないため雨となり、逆に大きく南を通過する際には雨も雪も降らない。三宅島や八丈島付近を通過する際に関東は雪になりやすいといわれているが、あくまで目安であり、関東の雪は予報官泣かせの気象現象である。

　日本海側では、山の初冠雪、平地での降雪、そして平地での積雪へと進む。一一月から一二月ごろに降った雪はいったん融け、新年になったころに降る雪が根雪となって積雪が進むことが多い。

冬の霧　ふゆのきり

霧は秋の季語だが、冬にも発生する。冬の季語。⇩〈**スモッグ**〉

寄席を出し目鼻に寄るや冬の霧　石田波郷

冬の靄　ふゆのもや
冬の風のない朝夕などに、煙るように水蒸気が立ちこめているようす。平井照敏『新歳時記』は冬の靄について、「霧より暗く、陰鬱なもので、冬のくらさ、陰鬱さを作り出す」といっている。冬の季語。

日上れば芦原は冬の靄となる　開原冬草

冬夕焼け　ふゆゆうやけ・ふゆゆやけ
冬の夕焼けは短いが、街の空や野末の空に妙に余韻を残す、と金子兜太《とうた》はいっている（『日本大歳時記』）。「寒《かん》夕焼け」ともいう。冬の季語。

寒夕焼海峡を火の燠《おき》とせり　加藤かけい

扶揺　ふよう
〈つむじ風〉。「飆《ひょう》（〈旋風〉）」の音を二字で表した表記という。『荘子』逍遥游《しょうようゆう》に、鵬《ほう》の大きさを表現して「鵬の南の冥《うみ》に徙《うつ》るや、水に撃つこと三千里、扶揺に搏《はばた》きて上《のぼ》ること九万里」とある。「扶揺風」とも。

ブリザード
南極や北極で見られる「暴風雪」。⇩コラム「ブリザード」

平均風速　へいきんふうそく
気象庁では、風向風速計で毎正時前一〇分間の風向・風速を観測し、そのデータから平均風向・風速を算出し「風向・風速」として公表している。

へえかじ
沖縄県地方で南風をいう。「へぇぬかじ」「へぬかじ」「へえはじ」などとも。

ベール雲　ベールぐも
地上から見ると、〈積雲〉や〈積乱雲〉の雲頂に薄いベールか頭巾を被せたように見える雲。上空の湿った空気が、湧き上がる雲にともなう上昇気流に押し上げられ、冷えてできる。小さいものは〈頭巾雲《ずきんぐも》〉で大きなものが〈ベール雲〉。ベールを雲の頭が突き抜けてマフラーをした形になると〈襟巻き雲〉。

碧雲　へきうん

「碧」は青緑。緑色がかった雲。

辺つ風　へつかぜ

海岸のあたりを吹く風。『日本書紀』神代紀下に、海神《わたつみ》が、失くした釣り針を彦火火出見尊《ひこほほでみのみこと》に返してやるとき、〈風招《かざお》き〉をすれば邪《よこしま》な兄（火闌降命《ほのすそりのみこと》）を懲らしめるために、「吾瀛《おきつ》風《かぜ》辺《へつ》風《かぜ》を起《た》てて」、奔《はや》い波を起こし兄を溺れさせてやる、という。⇩〈**沖つ風**〉

べっとう

千葉県・神奈川県から愛知県・三重県にかけての太平洋沿岸の漁村で北寄りの風をいう。台風時の南寄りの風〈いなさ〉の吹き返しの、北から吹く暴風をいうことも多く、海難・災害をもたらす風として警戒された。「べっとう風」「べっとう時化《しけ》」ということばもあるが、〈べっとう〉の語源はよくわからないようだ。冬の季語。

へばりごち・へばるごち

広島県佐伯地方で、雲雀《ひばり》が鳴く季節に吹く東風。「へばり」は「ひばり」の訛音《かおん》。⇩〈**雲雀《ひばり》東風《ごち》**〉

片雲　へんうん

一片の雲。切れぎれの雲。『奥の細道』の「予も、いづれの年よりか、片雲の風に誘はれて、漂泊の思ひやまず」は、よく知られている。

偏形樹　へんけいじゅ

一年のある季節、あるいは一年中、いつも同じ方向から吹いてくる風のために、枝が折れたり偏《かたよ》った形に成長している樹木のこと。風上側の枝の新芽は乾燥によって成長を阻害され、結果として枝は風下側にのみ発達してゆく。カラマツ・ポプラなど、また山岳地帯の針葉樹のカラマツ・オオシラビソなど、海岸部の風が強いところに生えているマツ・イトスギ・ヤナギなど、多くの樹木がこの形をとる。群馬県と長野県の境にある四阿山《あずまやさん》や根子岳《ねこだけ》付近は風が強いため〈偏形樹〉が多いという（『風の世界』）。

偏西風　へんせいふう
地球の南北両半球の緯度およそ三〇～六〇度の上空を一年中吹いている大規模な西寄りの風。南北両半球の中緯度の亜熱帯高圧帯から高緯度の亜寒帯低圧帯へ向かって吹く風は、地球の自転の影響を受けて曲がり、北半球では南西風、南半球で北西風となる。これが〈偏西風〉である。⇩**コラム「コロンブスはなぜヨーロッパに戻ることができたのか？」**

片積雲　へんせきうん
〈積雲〉が小さな断片にちぎれたもの。

片層雲　へんそううん
〈層雲〉は多く一様な雲の層として空をおおうが、不規則にちぎれたものをいう。

偏東風　へんとうふう
常に東から西へ吹いている風。南極・北極の対流圏の下層を吹いている〈極偏東風〉と、赤道をはさんで三〇度以内の低緯度地域を吹いている〈貿易風〉（熱帯偏東風）がある。⇩〈**極偏**

コロンブスはなぜヨーロッパに戻ることができたのか？

コロンブスが帆船を使って大西洋を横断し、アメリカ大陸をヨーロッパに紹介したのは有名だが、コロンブスはもう一つ大きな発見をしている。それが〈貿易風〉と〈偏西風〉という地球規模で吹く風を区別して利用したことだ。

スペインが位置する北緯四〇度付近では常に西風が吹いていることから帆船が西に向かうには不利である。このため、コロンブスはまず東から西に向かう風が吹く北緯三〇度付近（アフリカ大陸の西にあるカナリア諸島）まで南下して、そこから東風を背に受けて西に向かった。この東風はのちに〈貿易風〉と呼ばれるようになった。そして帰りは北緯四〇度付近まで北上し、今度は西から東に向かって吹く西風を利用しスペインまで帰っ

東風〉〈貿易風〉

辺風　へんぷう
中国で国境地方に吹く風。また、岸近くを吹く風。〈辺つ風〉。

便風　べんぷう・びんぷう
〈追い風〉。〈順風〉。唐の楊炯《ようけい》の詩「梅花落つ」に「**影は朝日に随いて遠く、香《か》は便風を逐《お》いて来たる**」と。

扁平雲　へんぺいうん
〈積雲〉の三つの発達段階の初期で、雲の頂があまり盛り上がらない平らなもの。⇩**〈積雲〉**

片乱雲　へんらんうん
天候が崩れ始めるとき、空をおおう厚い〈乱層雲〉の下を飛び走る黒い〈ちぎれ雲〉。この雲が動き出すと、雨が近い。

暮靄　ぼあい
夕方立ちこめた靄《もや》。

望雲の情　ぼううんのじょう
故郷を遠く離れた任地や旅先で父母を案ずるこ

てきた。この風は後に〈偏西風〉と呼ばれるようになった。コロンブスがこの二つの風を区別して利用したことが、無事スペインに帰国することができた理由である。
なお、〈貿易風〉と〈偏西風〉の境界域は風が弱く、そこに入り込んだ帆船は動けなくなって漂流することから、当時の船乗りたちは、この無風地帯を恐れていた。

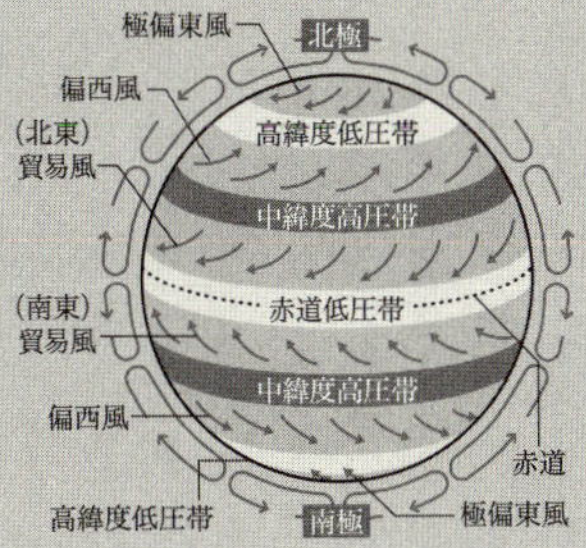

と。『旧唐書《くとうじょ》』狄仁傑《てきじんけつ》伝の「南望して白雲の孤飛するを見る。左右に謂いて曰く、わが親の居する所、此の雲の下に在り」、都督府法曹に出世した狄仁傑が、太行山《たいこうさん》に登って遠隔の地にある親を偲んだ佳話に因《ちな》むことば。

貿易風　ぼうえきふう

地球の南北両半球の五〜三〇度の低緯度地帯で、地上付近を一年中ほとんど変わらずに吹いている東寄りの風。赤道付近では海水が暖められて膨大な上昇気流が発生するため、赤道低圧帯と呼ばれる気圧の低い地帯ができる。この赤道低圧帯に向かって中緯度の亜熱帯高圧帯から風が吹き込む。風向きは地球の自転の影響により右に曲げられ、北半球では北東風、南半球では南東風となる。一年中ほとんど変わらずに吹く「恒常風」であるため、帆船貿易が盛んだった一九世紀には大西洋横断の航海に特に重要な風であり〈貿易風〉(trade wind) と名づけられた。「熱帯偏東風」〈恒信風〉ともいう。

放射霧　ほうしゃぎり

穏やかに晴れた夜の陸上に発生する霧。放射冷却で冷えた地面に接した空気が冷えてできる。上空に雲があるときは、雲のおおいが放射冷却を妨げるのでできない。

放射状雲　ほうしゃじょううん

風の吹く方向に沿って平行に並んだ何本かの帯状の雲。地上から見上げると、遠近法によって一点から放射状に広がっているように見える。高度数万キロの人工衛星から見下ろせば、平行に見える。

暴風　ぼうふう

激しく吹き荒れる風。気象観測の上では〈ビューフォート風力階級〉10ランクの風を指し、風速は毎秒二四・五メートルから二八・四メートルで、「樹木が根こそぎになり、人家に大損害がおこる」とされる。沖縄生まれの詩人山之口貘《ばく》は、上京して間もなく、東京というところは物事をバカに大げさにいうところだと思ったそうだ。「風が吹くと『暴風』だというので、ぼくなどにはそれがこっけいに感じられたのであった。……東京あたりでは、十メートル、二十メートルの風速を『暴風』にしておかないと、暴風と名づけられるような、暴風らしい暴風などないからだということがわかった」。だが沖縄の暴風はものすごいもので、五〇メートル、六〇メートルの奴が吹きまくり、人びとは三日も四日も家屋に閉じ込められていなければならない、と（「暴風への郷愁」）。〈暴風〉の吹いている区域が「暴風圏」。「暴風雨」といえば、台風や強い低気圧によってもたらされる雨まじりの大嵐。〈時化《しけ》〉。冬季に吹雪をともなえば「暴風雪」となる。

浜木綿《はまゆう》の花と暴風圏に入る　後藤比奈夫

防風　ぼうふう

風をさえぎり、風害から家や田畑を守ること。

暴風警報　ぼうふうけいほう

暴風の襲来する恐れがあることを知らせる気象警報。〈暴風警報〉の発表基準は、気象台によって若干の違いがある。東京都心では陸上、海上とも平均風速二五メートル以上に達したときとされている。明治一六年（一八八三年）二月から天気図を作り始めた東京気象台が最初の「暴風警報」を発令したのは、同年五月二六日のことだった。その発表文に曰く「晴雨計ハ前《ぜん》八時間ニ多ク沈下セリ。就中《なかんずく》中国及ビ内海ヲ最トス。而シテ低度ノ部位（低気圧の中心のこと）ハ高知ト宮崎ノ間ニ在リテ南西部ニ於テハ軟（軟風＝風力階級3）ヨリ和（和風＝風力階級4）ニ至ル速度ノ旋風吹《ふき》ケリ。沿海ノ各地方へ警報ヲ発セリ」というものであった（『お天気歳時記』）。

防風林　ぼうふうりん

農作物の風害や飛砂による埋没を防ぐための樹林。風の強い土地では海などから吹きつける風から農作物の乾燥・低温被害等を防ぐために、〈防風林〉・防潮林・防霧林などを造成する。風に乗って移動してくる塩の粒子・霧粒・砂塵などを防いで作物を守る。吹雪のときは風下側の積雪を減少させ、防雪林の役割も果たす。「防風施設」としてはほかに「防風垣」「防風柵」などもある。

ほーちょーかぜ

漢字を当てれば「包丁風」。愛媛県越智《おち》郡、岡山県苫田《とまだ》郡地方などで、肌を切るように冷たい冬の〈寒風〉をいう。

ホールパンチ雲　ホールパンチぐも

層状に薄くかかった〈巻積雲〉や〈高積雲〉などで、雲の一部に穴があいたように見える現象をいう。〈穴あき雲〉ともいう。穴があく理由については、雲の中のマイナス一〇度くらいの過冷却状態（氷点下でも液体のままであること）にある水滴の一部が〈氷晶〉に変わるにつれ、周囲の水滴が蒸発して氷晶の表面にくっつき氷晶を成長させる。重くなった氷晶は落下し始めるので雲に穴があくのだという。このとき穴の中心付近から、落下する氷晶による〈尾流《びりゅう》雲《うん》〉が垂れ下がることがある。

帆風　ほかぜ

帆船の進む方向に向かって吹く〈追い風〉。〈順風〉。

風をはらむ帆船

暮霞には千里を行く　ぼかにはせんりをゆく

⇩〈朝霞《ちょうか》には門を出《い》でず〉

ほくせい

漢字を当てれば「北西風《ほくせい》」。全国的に冬の北西の〈季節風〉をいう。海上は時化《しけ》て海難の恐れがあり、出漁を控える。

ほくとう
漢字を当てれば「北東風《ほくとう》」。関東以西で、多く秋に吹く北東からの比較的弱い風をいう。

北風　ほくふう
〈北風《きたかぜ》〉に同じ。冬の季語。⇩〈**北風**〉

星の入り東風　ほしのいりごち
旧暦一〇月中旬の明け方、昴星《すばるぼし》が西に没する時分に吹く東寄りの風。畿内・中国地方で船乗りや漁業者の間で使われた船詞《ふなことば》。幸田露伴『水上語彙』に、「星の入り東風　十月頃吹く風の名、昴星の入る頃吹く故《ゆえ》名づく」とある。また野尻抱影『星の民俗学』は、江戸期の国語辞典『俚言《りげん》集覧』より「十月の風を星の入ゴチと云《いう》」と引用したうえで、「この星はスバルをいふ。九月の節より正月の節中にはスバル星の出入にヒヨリ変り易し」としている。冬の季語。

　スバル出て星の入東風吹きどよむ　奥田杏牛

ほそまい雲　ほそまいぐも
幸田露伴によれば、この雲が見られるのは大抵、空が青く澄み風も凪《な》いでいるときで、「刷《は》毛《け》にてひきたる如く淡く白く天に横たはるなり」と記したうえで、その雲の名を古老に尋ねても知る人がなかったが、村上海賊の野島家の兵書の中で「ほそまひ雲」というと知ったと記している（「雲のいろ〳〵」）。記述内容から察するに〈巻雲〉の一種と思われ、漢字で書けば「細舞雲」であろうか。

ぼやぼやみなみ
茨城県竜ケ崎地方で初春の南風を指すという。

ボラ　bora
山岳や台地の高所から吹き下ろす寒冷な強風。〈フェーン〉と違い、吹きはじめると気温が下がる。バルカン半島のアドリア海沿岸や黒海の沿岸に吹き下ろす北東風が有名で、その名はギリシア語の Boreas ＝北風に由来する。日本でいう〈颪《おろし》〉（『風の世界』）。

本曇り　ほんぐもり
雲が厚くなり、雨が降りだしそうな本格的な曇

は行

り空になること。（『風の事典』）。

盆東風　ぼんごち

旧暦七月一三日から一五日ごろにかけて行われる盂蘭盆《うらぼん》は祖霊を慰める施餓鬼《せがき》の仏事だが、そのころに吹く東風をいう。北風だと「盆北風《ぼんぎた》」。この風が吹くと、いっとき涼しくなる。風が強くなり海が荒れると「盆荒れ」。鹿児島県鹿屋《かのや》市地方などでいう「ぼんごつ」は〈盆東風〉の転訛《てんか》であろう。秋の季語。

盆東風や波に日暑き須磨の浦　谷村凡水

盆北風の濤《なみ》立つ灘となりにけり　大野雑草子

盆地風　ぼんちかぜ

夜間、盆地を取り巻く斜面で冷やされた空気が盆地の底に向かって流れ下る下降風。

ぼんぼかぜ

石川県小松市地方で、春先の〈フェーン現象〉のときの風をいう。「方向によらない風」だという。一方、輪島市地方では三月から五月上旬ごろの南風を「ぼんぼろかぜ」といったという

ま行

まーいぅあまかじ
沖縄県宮古島市平良《ひらら》地方で、激しい雨をともなって吹く〈突風〉をいう。漢字で書けば「廻り雨風」。風向きが突然変わったように吹きつけ、船を転覆させることがある。

真東風　まあゆ
真東から吹いてくる「あゆの風」。⇩**〈あいの風〉**

舞風　まいかぜ
渦を巻いて舞い上がる風。〈旋風〉〈つむじ風〉。

マイナス飛行機雲　マイナスひこうきぐも
⇩**〈消滅飛行機雲〉**

前七日　まえなのか
風害を警戒すべき〈二百十日〉（現行暦では九月一日頃）の直前の七日間の意。旧暦の八朔《はっさく》から〈二百十日〉前後は苦労して育てた稲が穂を出し実の入る重要な時期。同時に台風の最盛期でもある。稲が開花し花粉を飛ばすのはほんの二時間ほどだといわれるが、古来農民はこの時期に〈大風〉が稲を倒したり稲穂の花粉を吹き飛ばしたりして米のできが悪くなることを恐れ、風鎮めの祈禱や祭りを行った。

魔風　まかぜ・まふう
魔物や悪霊が吹かせ人を悪運や病に誘うという、もの恐ろしい風。『妖怪事典』などには、盆が明ける七月一六日の朝に死霊を冥界に送り返す風などと記されている。宮城民謡の「遠島《としま》甚句《じんく》」に、

風は北風　片帆に魔風　思う遠島に　寄せかねる

巻き雲　まきぐも
「捲き雲」とも書く。⇩**〈巻雲《けんうん》〉**

真東風　まごち・まこち

真東から吹く〈東風《こち》〉。「正東風」とも書く。平安時代の歌集『永久百首』春に「**まこちふくはなのあたりの木《こ》の下《もと》は時ぞともなき雪ぞふりける**」、春の東風が花を散らすので、桜の木の下には時ならぬ雪が降っている、と。

まじ・まぜ

太平洋岸から瀬戸内海地方の船人たちが春から夏にかけて吹く南寄りの弱い風をいった船方ことば。「まで」とも。山陰地方や九州の一部では南風を〈はえ〉ということもあるが、〈まじ〉がゆるく吹く好い風であるのに対して、〈はえ〉は荒れることのある好ましくない風だと区別したのか、と柳田国男はいう（『風位考』）。漢字で書けば一般には「南風《まじ》」だが、「真風《まじ》」とも書く。気象学者の根本順吉は、〈まじ〉は地方ごとに風向きがまちまちで、その土地のもっとも主要な風（〈卓越風〉）を指すのだろう、といっている。ある地域の北側を春の温帯低気圧の中心が通るとき、最初は雨雲の下を寒々とした北東風が吹くが、中心が近づいて温暖前線が通過すると暖域に入る。すると風が南寄りに変わって気温が上がり、明るい青空が広がる。瀬戸内海の漁師たちがこれを「雨東風《あめごち》の南風《まじ》晴《ば》れ」と言い伝えてきた（『お天気博士の四季だより』）。夏の季語。

地の闇を這《は》ひなく猫や夜の南風《まじ》　原石鼎

南風《まぜ》吹けば海壊れると海女嘆く　橋本多佳子

マゼラン雲　マゼランうん

地球のある銀河系の隣に位置するもう一つの銀河で、肉眼では淡い雲のように見えるという。「大マゼラン雲」と「小マゼラン雲」があり、多くの星雲や星団を含んでいる。南十字星とともに南半球の空を代表する天体。一五世紀ごろから南半球の航海者の間で知られていたといい、初めて世界一周をしたマゼランにちなんで名づけられた。

斑雲　まだらぐも
〈巻積雲〉や〈高積雲〉で、白い小さな雲片が波状に群がりまだら模様をしているものをいう。天気は下り坂。〈叢雲《むらくも》〉も同種。

松風　まつかぜ
松の梢を吹き鳴らす風。『万葉集』巻三に「**天の香具山　霞立つ　春に至れば　松風に　池浪立ちて　桜花　木《こ》の暗茂《くれしげ》に**」、香具山に霞が立つ春になると、松を吹く春風が池の水面を波立たせ、木の下が暗くなるほど桜がびっしり咲く、と。一方、謡曲の「松風」は、秋の松風である。「潮汲《しおくみ》」という田楽の原曲にもとづいて観阿弥が創作し「松風」と名づけ、さらにそれを子の世阿弥が改修した曲という。ある秋の夕暮れ、西国行脚《あんぎゃ》の旅僧が須磨の浦の磯辺で仔細ありげな松の木の下にさしかかる。浦人に聞くと、この松はかつてこの地に流された在原行平《ありわらのゆきひら》ゆかりの松風・村雨姉妹にまつわる旧跡だという。旅僧は経を手向《たむ》けて懇《ねんご》ろに回向する。ほどなく日が落ち、僧は通りすがりの塩屋に一夜の宿を乞う。迎え入れたのは二人の美しい潮汲みの海女であった。物語りするうちに、二人は実は松風・村雨の幽霊だと明かす。行平との過ぎし日々を懐かしみ、やがて松風は行平の形見の烏帽子《えぼし》狩衣《かりぎぬ》を身にまとって未練の恋心を狂おしく舞う。松の梢を吹く風の声を聞くたび、必ず帰ってくると言った行平のことばを忘れかね、待ち続ける妄執に身を焼く苦しさを訴える。やがて旅僧に成仏するための回向を頼むと亡霊は別れを告げて姿を消す。すると塩屋は跡形もなく消え失せ、夜が明けそめた海辺には、ただ「**松風ばかりや　残るらん　松風ばかりや　残るらん**」と謡い収められる。「松風の時雨」といえば、風が松の梢を吹きわたる音を時雨の降る音に聞きなした雅語で、〈松籟《しょうらい》〉ともいう。

松風月　まつかぜづき
旧暦六月の別名。「松」は「待つ」の懸詞《かけことば》で、暑さのあまり「風を待つ月」だと雅《みや》びていったのだろう。

真艫　まとも

艫《とも》は船の後ろ、すなわち船尾で、船尾から一直線に吹いてくる〈順風〉をいう。

真西　まにし

愛知県から三重県地方で冬の強い西寄りの〈季節風〉を指す。海が荒れて出漁できなくなる。

まはえ

漢字で書けば「正南風」または「真南風」。⇩〈はえ〉

まみがらにし

鹿児島県喜界島《きかいじま》地方で、旧暦九月ごろに吹く強い北風のこと。「まみ」は大豆で、豆殻を風で吹き飛ばす〈風選《ふうせん》〉を行っていたことからの呼び名であろうという（『お天気博士の四季暦』）。

豆台風　まめたいふう

風の強い領域が小さい台風の俗称。ただし、油断を招きかねないため、気象庁では使用を控えている。気象衛星のなかった時代には事前に予報しにくく、不意打ちに襲来して被害をもたらした。

摩耶颪　まやおろし

兵庫県神戸市の六甲山地の中央にある摩耶山から吹き下ろす冬の寒風。

みーにし

鹿児島県沖永良部島《おきのえらぶじま》から沖縄県地方で、初冬以降に吹く強い北風をいう。沖縄に冬の訪れを告げる風で、漢字で書けば「新北風」。一〇月、九州の南端ではサシバ（刺羽）と呼ばれる中型のタカが北風に乗って沖縄諸島沿いに南下する。その北風を沖縄では〈みーにし〉と呼ぶ。方言辞典によれば、沖縄方面では昔から北を「ニシ」と呼んでいたという。強い北風は「アラニシ（荒北風）」で晴れた日の「アラニシ」は「シラニシ（白北風）」という。一方、西は「イリ」で太陽が沈む方角を意味し、太陽が昇る東は「アガリ」。西表島は「イリオモテジマ」で、大東島は「オオアガリジマ」。西風は

「イリカジ」で、東風は「アガリカジ」である(『お天気博士の四季暦』)。

ミスト mist

英語で、霧や霞・靄《もや》のこと。〈フォッグ fog〉ほど濃くないという。

ミストラル mistral

フランスを中心とする地中海の北岸地方に、冬から春にかけてアルプスからローヌ峡谷を通って吹き下ろしてくる強い北風。冷たく乾燥しており農作物に被害を与えることもある。が、プロヴァンス地方のカラリとした清涼な風土を作り出すもとにもなっているという。しかしゴッホは、弟テオへの手紙の中で「今ここはたまらない季節風《ミストラル》に吹き曝《さら》されていて、仕事にはとても都合が悪い。……とても始末におえない季節風《ミストラル》だ」と「無慈悲な」〈ミストラル〉のことを繰り返し呪っている。

水まさ雲 みずまさぐも

雲の筋が何本も並んで、虎の体の縞模様のように見える雲。〈巻層雲〉に現れ、この雲が出ると雨が近いといわれる。「みずまさ」の語源について幸田露伴の「雲のいろ〳〵」に次のようにあった。「慈鎮《じちん》和尚の歌に、**『まだ晴れぬ水まさ雲にもる月を空しく雨の夜はやおもはん』**といへるがあり。水まさ雲は如何《いか》なる雲をさすにやと久しく思ひ疑ひ居《お》りけるに、全流の兵書に、雨雲の一種にて、はなればなれに魚の鱗のならべるやうに空に布《し》くものなり、とありたるにて、さては水増雲の義なるべしなど思ひぬ」と。また貝原益軒の『万宝鄙事記《ばんぽうひじき》』巻之六に「ところどころに虎ふ（斑）のごとくこまかに横にすぢある雲たつは、是《これ》を水まさと云《いう》。此《この》雲見《あらわ》る、かならず一両日に雨ふる」と。富山県南砺《なんと》市の五箇山《ごかやま》地方では〈高積雲〉のことを「みずまさ」といい、熊本県八代《やつしろ》地方では〈入道雲〉を「みずまさぐも」ということがあるという。

密雲 みつうん

厚く隙間なく空をおおっている雲。密集して雨や雪を催す雲。

みなぎり

愛知県東加茂地方、富山県五箇山《ごかやま》地方などで、南寄りの風をいう。

水無月の風　みなづきのかぜ

「水無月」は旧暦六月の別名で、古くは「みなつき」と清んだ。會津八一《あいづやいち》に、

みすずかる　しなの　の　はて　の　むらやま　の　みね　ふき　わたる　みなつき　の　かぜ

『自註鹿鳴集』に、「作者がこの温泉に遊びしは新暦五月なり。水無月頃の山風のすがすがしかるべきさまを想像して詠めるなり」と註している。

港風　みなとかぜ

港や河口のあたりを吹きわたる風。『万葉集』巻十七に「**湊風《みなとかぜ》寒く吹くらし奈呉《なご》の江に偶《つま》呼びかはし鶴《たづ》さはに鳴く**」、奈呉の入り江のあたりを寒い風が吹いているようだ、番《つがい》の相手を呼ぶのか鶴がしきりに鳴き交わしている、と。

みなみ

「南風」と書いて「みなみ」。東日本の主として太平洋岸で四月ごろから八月の末ごろまで吹くあまり強くない南寄りの暖かい風。晴天の日にそよそよと長く吹き、海辺で暮らす人びとや漁業者の間で歓迎されるが、ところによっては被害をもたらすよくない風を指すこともある。「正南風《まみなみ》」〈大南風《おおみなみ》〉とも。夏の季語。

海女《あま》葬《はふ》る砂丘の南風《みなみ》夕なぎぬ　西島麦南

南風　みなみかぜ

南から吹いてくる暖かい風一般をいう。西日本では〈南風〉は昔から〈はえ〉「はい」とか〈まじ〉〈まぜ〉と呼ばれてきた。しかし沿岸漁業者や海上輸送業者の減少とともにそれらの生活に密着したことばもすたれ、学校教育による「南風」に統一されてきた。〈南風《なんぷう》〉「南吹く」とも。夏の季語。

向日葵《ひまわり》の葉にとぶ蠅や南風　飯田蛇笏

峰雲 みねぐも
山の峰のような雄大な雲。〈雲の峰〉。また、山の峰にかかった雲。「嶺雲《みねぐも》」とも書き、「嶺雲《れいうん》」ともいう。夏の季語。

峰雲を生みつぐ海の力業　原裕

深山颪 みやまおろし
山の奥から吹き下ろしてくる寒風。『源氏物語』紅葉賀《もみじのが》に、「木だかき紅葉のかげに、四十人の垣代《かいしろ》、いひ知らず吹き立てたる、ものの音どもにあひたる松風、まことの深山おろしと聞えて……」、紅葉の高い木の陰で円陣を組んだ四〇人が何とも言えず奏した笛の音に合わせるように吹いてきた松風は、本物の「深山おろし」のように聞こえて、と。

霧海 むかい
谷間や平野部一面を霧がおおっているのを海にたとえた語。〈霧の海〉。

向かい風 むかいかぜ
自分の前方から吹いてくる風。〈逆風〉。反対に自分の後ろから吹いてくる風は〈追い風〉。読売新聞の「よみうり寸評」に、自転車の前に子どもを乗せて「向かい風」の中を走っているお母さんの歌が引かれていた。

「いま風をたべているの」という吾子《あこ》と自転車のベル鳴らしつつゆく　小野光恵

「風を食べている」という子どもの表現が、何ともかわいらしく、非凡だ。

迎えの雲 むかえのくも
阿弥陀信仰で臨終のとき阿弥陀如来や菩薩が乗って迎えに来るという雲。「迎え雲」とも。

麦嵐 むぎあらし
麦を収穫する五月ごろを麦秋《ばくしゅう》というが、その時期の黄金色に色づいた麦畑を吹き抜けていく爽やかな初夏の風。「麦の風」〈麦の秋風〉とも。夏の季語。

地蔵堂の子等ちりぢりに麦嵐　戸川稲村

麦の秋風 むぎのあきかぜ
麦秋に吹く風。夏の季語。⇩〈**麦嵐**〉

無月　むげつ

空が曇って月の見えないこと。特に十五夜（旧暦八月一五日）の晩、曇って月が見られないこと。それでも俳人たちは月を想い浮かべながら、見えない名月を詠んでいる。秋の季語。

いくたびか無月の庭に出でにけり　富安風生

現行暦だと十五夜は九月上旬から下旬にあたり、秋の長雨の時期でもあることから名月の見られる夜は意外に多くない。「しかし人々はそれでも、空は曇っていてもどこかほの明るいのを愛《め》でて、曇り空の月を無月、雨の日の月を雨《う》月《げつ》といって親しんできた」と静岡気象台長などを務めた安井春雄は書いている（『俳句の中の気象学』）。

無常の風　むじょうのかぜ

突然人の命を奪っていくこの世の無常を、容赦なく花を散らす風にたとえたことば。〈常無き風〉ともいう。蓮如《れんにょ》上人の「御文章《ごぶんしょう》（御文《おふみ》）―白骨《はっこつ》の章」に、「一生すぎやすし。……朝《あした》には紅顔ありて夕《ゆうべ》には白骨となれる身なり。すでに無常の風きたりぬれば、すなはちふたつのまなこたちまちにとぢ……」と。

霧中　むちゅう

霧にとざされて見通しがきかないこと。

無風　むふう

風が無いこと。〈ビューフォード風力階級〉0レベルの「静穏」とは、煙がまっすぐ昇る状態とされる。

無風帯　むふうたい

文字どおり風の弱い地帯のことで、気候学的には「赤道無風帯」を指す。この地域は南北両半球の〈貿易風〉にはさまれた区域で、風が弱い。帆船で航海した時代には、船がこの地域にさしかかると船足が止まってしまうので、積み荷を軽くするために馬を海中に捨てたところから「馬の緯度」の異名があったという（『日本大百科全書』）。

無毛雲 むもううん

〈積乱雲〉の雲頂が高く盛り上がって、対流圏と成層圏の境である圏界面に達しながらも、まだ鉄床《かなとこ》状に崩れださず、繊維状・羽毛状に広がっていないもの。⇩〈**多毛雲**〉

叢霞 むらがすみ

あたり一面に立ちこめた霞。「群霞」とも書く。慈円《じえん》の『拾玉集』四に「**雲雀《ひばり》あがる春の野沢のあさみどり空に色こきむら霞かな**」、揚げ雲雀が鳴く春野の沢の岸辺は若草色に萌え、空には一面霞がかかっている、と春たけなわの情景を詠っている。

叢雲 むらくも

〈高積雲〉や〈層積雲〉に現れる斑《むら》のある雲。また、風などでにわかに群がり立った雲。「群雲」あるいは「村雲」とも書く。月にかかる雲をいうことが多く、「月に叢雲　花に風」といえば、「世の中は、好ましいと思ったことにはとかく邪魔が入るものだ」というたとえになる。『源氏物語』総角《あげまき》に、九月《ながつき》一〇日ごろのこととして野山の秋の趣を案じていると、案の定、「時雨《しぐれ》めきてかきくらし、空の村雲、おそろしげなる夕暮」、時雨模様の空は掻き乱したように暗くなり、群がり立った雲が恐ろしそうに見える夕暮れに、匂宮《におうのみや》の落ち着きなく物思いする姿があった、と描かれている。

叢雲の剣 むらくものつるぎ

⇩〈**天叢雲剣**《あまのむらくものつるぎ》〉

紫の雲 むらさきのくも

紫色をした雲。阿弥陀如来や二十五菩薩が来迎《らいごう》するときに乗ってくるというめでたい雲。〈紫雲〉ともいう。平安時代中期の『拾遺集』巻十六に「**紫の雲とぞ見ゆる藤の花いかなるやどのしるしなるらむ**」、めでたい〈紫の雲〉のように見える藤の花はどのような名家の瑞兆なのでしょう、と。長保元年（九九九年）一一月一日、藤原道長の娘の彰子《しょうし》が一条天皇の后妃として入内《じゅだい》するに際し、藤原公任《きんとう》が寿《ことほ》いで詠み奉った屏風歌。「紫の雲」は皇后の象徴で、「藤」は藤原家のこと。

明庶風　めいしょふう

春分のころに東方から吹いてくる風。『史記』律書に「明庶風は東方に居る」。明庶とは衆(万物)が明らかに出つくすこと、とある。

メイストーム　May storm

四月後半から五月ごろに吹く〈大風〉。昭和二九年(一九五四年)五月、黄海で発生した低気圧は急速に発達しながら北海道・千島方面に進み、低気圧の中心気圧は一日に三六ヘクトパスカルも急降下した。いわゆる「爆弾低気圧」である。これに現地で出漁中のサケ・マス漁船群が巻き込まれ、死者・行方不明者三六一人というわが国海難史上の最大級の遭難となった。

迷霧　めいむ

方角もわからなくなるほど深く立ちこめた霧。心の迷いを濃い霧にたとえた仏教語。

蒙古風　もうこかぜ

モンゴル共和国や中国北西部の内モンゴル自治区付近の黄土地帯では、春の三～四月ごろになると強風が大量の〈黄砂〉を巻き上げ、日本列島の九州から関東にまで吹き送ってくる。この風が〈蒙古風〉で、俳句の世界では大正期ごろから〈霾《つちふる》〉「胡沙《こさ》来《きた》る」〈霾晦《よなぐもり》〉などと詠まれてきた。春の季語。

毛状雲　もうじょううん

〈巻雲〉や〈巻層雲〉のうち、髪の毛や繊維の形をした筋状の雲。やさしくいえば〈筋雲《すじぐも》〉。白くて先端がまっすぐ伸びているのが特徴だと。

猛風　もうふう

猛烈に吹く風。

盲風　もうふう

秋に吹く〈疾風〉をいう。〈大風〉。『礼記』月《がっ》令《りょう》に「仲秋の月、日は角に在り。……盲風至り、鴻鴈《こうがん》来り、玄鳥《げんちょう》帰り」とあり、注に「盲風は疾風なり。玄鳥は燕《つばめ》なり」と。

蒙霧　もうむ

もうもうと立ちこめる霧。「濛霧」とも書く。

モーニング・グローリー　morning glory

オーストラリア、アメリカ中部、イギリス海峡などで目撃されるという巨大な回転雲の帯。「雲を愛《め》でる会」の創始者ギャヴィン・プレイター＝ピニーは、〈モーニング・グローリー〉の航空写真を初めて見たときの驚きを書いている。それは「途轍《とてつ》もなく長くてなめらかな円筒状の低い雲で、まるで白いメレンゲのかかった長いロールケーキが前後に青い空を広げて地平線の端から端まで伸びている」見たこともない壮麗な雲だったという（『「雲」の楽しみ方』）。特にオーストラリア東北部クイーンズランド州のバークタウンで観測される巨大な回転雲が有名。

虎落笛　もがりぶえ

昔、貴人が死ぬと本葬の日まで遺体を仮にまつる葬礼を殯《もがり》とか殯《あらき》といった。竹を筋交いに組み縄で囲んだ仮葬場が「もがり」。中国では虎の侵入を防ぐ柵を「虎落《もがり》」といったというが、冬の強風が虎落《もがり》の柵や竹垣を吹き抜けるときに立てる音を笛の音になぞらえたというのが、〈虎落笛〉の由来についての通説である。しかし飯田龍太は、「もがる」には「強請《ゆす》る」というような意味もあって、駄々っ子が言い分を通そうとしてぐずることだから、寒風に高く低く泣くように聞こえる音を、駄々っ子が「もがって」いる声に聞きなしたのであろうといっている（『日本大歳時記』）。冬の季語。

　じょんがらの途絶えて激し虎落笛　中岡昌太

もつれ雲　もつれぐも

〈巻雲〉のうち、上空で白い毛糸か絹糸がもつれたような捉えどころのない形になっている雲。風が弱いときに見られるといわれ、〈もつれ雲〉が出ると晴天がつづくという。

靄　もや

〈靄〉は地表近くの空中を浮遊する細かい粒子に水蒸気が冷えて凍りついた状態で、〈霧〉と同様の現象。気象観測上は、水平方向に一キロメートル以上離れた物体がはっきりとは見えない場合を「霧」、一キロメートル先でも見える場合を「靄」と呼んでいる。

靄る　もやる

〈靄〉がかかる。

モンスーン　monsoon

季節を意味するアラビア語の「マウシム」に由来することばで、一般には〈季節風〉と訳される。ほぼ半年ごとに風向きが変わる風で、その原因は大陸と海洋との季節的な温度変化にある。夏は陸上は暖まりやすく上昇気流が著しいので、気圧が低くなった陸地に海から風が吹き込む。逆に冬は低温になり気圧の高くなった大陸から海洋に向かって風が吹き出す。つまり〈モンスーン〉は、中緯度地帯に広大なユーラ

日本の風・世界の風

風は古来、日本人の生活や風習に密接に絡んでおり、風を生活に取り込んで利用したり、あるいは克服するための工夫をしてきた。

歴史を遡《さかのぼ》ると、遣唐使・遣隋使などの大陸との行き来、江戸時代に発達した帆船による国内海運にも風が欠かせなかった。北関東の平野部で目にすることが多い〈防風林〉は、杉などの背の高い木々を家の敷地の北や西に植えて冬の強い北風（〈季節風〉）から住居を守ってきた。沖縄には台風の強風から民家を守るヒンプンという石でできた衝立《ついたて》がある。これは門と家屋の間に立てて門から入る風を左右に分散させ、風が家屋に直接当たるのを防ぐものである。ＮＨＫの朝のドラマ『ちゅらさん』の舞台、古波蔵《こはぐら》家の玄関先にもヒンプンが設置されていた。

シア大陸が横たわる北半球で特に著しい現象である。帆船時代の航海には特に重要で、海上交通・交易に大きな影響を与えた。夏季の海からの湿潤な季節風は、風下側の各地に雨を降らせ、農作物や生活に恩恵と、ときに災害をもたらしてきた。インド洋地域・東南アジア・中国南部などでさらに顕著で、日本や東アジアでは季節風だが、南アジアの人たちにとっては「乾季」と「雨季」の意識が主流になるという(『風の世界』)。

モンスーン気候 モンスーンきこう
一年が、低温で降水量が少ない乾季の冬と高温多湿の雨季の夏に二分される熱帯気候の一種。雨季には海からの〈モンスーン〉のために多量の雨が降る。東アジア一帯からインドシナ半島およびインド西岸、アラビア海沿岸などで見られる気候。〈季節風気候〉ともいう。

問答雲 もんどうぐも
複数の雲が、高さの違う上空で重なりながら、異なる速さと方向に動いているもの。二つの雲が問答しながら動いていると見立てた。主に〈巻雲〉〈巻層雲〉などに現れる。⇩〈**二重雲**〉

また、日本には凧揚げ《たこあ》という遊びがあり、ウインドサーフィン、ハンググライダー、熱気球等、風を利用したスポーツも盛んである。男の子の無事成長を祈って揚げる鯉のぼりも風を利用したものである。鯉のぼりに似ているが、風の強さを見積もる〈吹き流し〉が設置されている空港や高速道もある。

ヨーロッパではコロンブスのアメリカ大陸発見など、帆船を使った世界各地との貿易に風が利用されてきた。〈貿易風〉はもともと決まった経路を吹く風(the wind blows trade)という意味だったが、日本ではtradeが貿易と訳されて貿易風として使われるようになった。風の力を動力に換えて粉を挽《ひ》くオランダの風車も有名だ。

や行

野雲　やうん

野の上にたなびく雲。盛唐・杜甫《とほ》に「**野雲低《た》れて水を渡り、簷雨《えんう》細かに風に随う**」、野の上に低くたなびく雲が水の上をよぎっていき、簷《のき》に降りかかる細かい雨が風に吹きあおられている、と。

八重霞　やえがすみ

「八重」は、幾重にも重なっていること。何重にも厚く重なってたなびいている霞。「八重霧」も同様。『新後撰集』巻一に「**難波《なにわ》がたかりふくあしのやえ霞ひまこそなけれ春の曙**」、葦の名所の難波潟で刈り取った葦を幾重にも重ねて葺《ふ》いたような霞が、隙間なくたなびいている春の朝です、と。春の季語。

八重雲　やえぐも

幾重にも重なっている雲。『源氏物語』橋姫《はしひめ》に、「峰の八重雲、思ひやる隔て多く、あはれなるに」、薫《かおる》が気にかける父光源氏の腹違いの弟の八宮《はちのみや》が籠もっている寺の鐘がかすかに聞こえ、霧が深く立ちこめ、峰の寺と自分との間を厚い雲が何重にも隔てているのがしみじみと物哀しい、と。

八重立つ　やえたつ

雲などが幾重にも重なってかかる。『後拾遺集』巻一に「**吉野山八重たつ峰の白雲にかさねて見ゆる花桜かな**」、吉野山の峰に幾重にもかかっている白雲に、さらに重なるかのように咲き誇っている花桜だなぁ、と雲と桜とが分かちがたく重なり合って見える情景を詠んでいる。

八重棚雲　やえたなぐも

厚く重なり横にたなびいて空一面をおおっている雲。『古事記』上の天孫降臨の場面には、天《あま》照大神《てらすおおみかみ》の命で孫の天津日子番能邇邇芸命《あまつひこほのににぎのみこと》が、

「天《あめ》の石位《いわくら》を離れ、天の八重たな雲を押し分けて、……竺紫《つくし》の日向《ひむか》の高千穂のくじふる嶺《たけ》に天《あま》降《くだ》りまさしめき」、高天原の玉座を離れると、幾重にも重なっている棚雲を押し分け、威風堂々と道を踏み開いて、……日向の高千穂の峰に降臨した場面が描かれる。

八重の潮風　やえのしおかぜ

はるかな遠い海路から吹いてくる風。『新古今集』巻十一に「**しるべせよ跡なき波に漕ぐ舟のゆくへも知らぬ八重の潮風**」、どこへ行くのか行く先もわからない恋をしている私の道案内をしておくれ、と八重の潮路から吹いてくる風に呼びかけている。また『千載集』巻八に、平家討伐の謀議が発覚して鬼界ケ島（一説に硫黄島）に流された平康頼《たいらのやすより》が、望郷の思いを一〇〇〇本の卒塔婆《そとば》に書きつけて海に流した和歌が載っている。

薩摩潟をきの小島に我ありと親には告げよ八重の潮風

そのうちの一本が厳島《いつくしま》大明神の渚に漂着し、歌を詠《よ》んで哀れに思った平清盛が康頼を許し、島に赦免船がやってくる。しかし俊寛僧都《しゅんかんそうず》だけが島に残される哀話はよく知られている（『お天気博士の四季暦』）。

八重旗雲　やえはたぐも

何重にも重なって旗のようにたなびいている雲。謡曲「弓八幡《ゆみやわた》」に「**蓮台寺の麓に、八幡宮と現はれ、八重旗雲をしるべにて、洛陽の、南のやま高み**」、豊前国宇佐郡に鎮座した宇佐八幡が、旗のように重なり棚引く雲を道案内に、聖代を守護するため京都の南に分霊・来臨した、と石清水八幡宮の由来を語る。「洛陽」は京都。

矢風　やかぜ

ヒョウと放った矢が飛んでいく途中で起こす風。

厄日　やくび

農家にとって、〈二百十日〉〈二百二十日〉など、大風が農作物に被害をもたらす忌まわしい日をいう。各地で風鎮めの祭りが行われ、風神に豊作を祈った。秋の季語。

よべの雨あがり厄日の恙《つつが》なし　江島つねお

八雲　やくも

何重にも重なった雲。『古事記』上に、須佐之男命《すさのおのみこと》によるわが国における初めての和歌が記されている。すなわち、「**八雲立つ　出雲《いずも》八重垣　妻籠《つまご》みに　八重垣作る　その八重垣を**」、盛んに湧き起こった雲が、妻を籠もらせるための八重の垣根を作ってくれる、見事な八重垣を、と。

夜光雲　やこううん

北ヨーロッパ、ロシア、カナダなど中・高緯度地方で、日没後あるいは日の出前に現れる光る雲。夏期だけに現れ、上空約八〇キロメートル付近で、灰色から次第に輝きを帯び、最終的には燻《いぶ》し銀のような青みがかった白色になるという。氷の結晶からなり、〈巻雲〉〈巻積雲〉を思わせる。平成二七年（二〇一五年）六月二一日のTBSテレビの天気予報番組で、この雲が北海道で初めて観測されたと報じられた。暗い空にオレンジ色がかって青白く見えたという。北海道では、「夜光雲」ばかりでなく、かつて「オーロラ」が観測されたこともある。

ヤコブの梯子　ヤコブのはしご

太陽の光の箭《や》が雲間から地平線や海に放射状に射し、梯子《はしご》が掛けられたように見える現象。『旧約聖書』創世記二十八章に、ヤコブがハランに向かう途中で日が暮れ、石を枕に眠りについたときの夢の中に「地に立てられた一つの梯子が、天にまで達していて、神の使いたちがそれを上ったり下りたりしていた。突如、主が彼の前に現われて、こう仰せられた」と神との出会いが記されている。これを受けて西洋では、雲間から放射される光の梯子を〈ヤコブの梯子〉とか〈天使の梯子〉という。日本では〈雲間の御光〉ともいう。

屋敷林　やしきりん

屋敷の周縁に強風や豪雪から家屋を守るために植えた松・樫《かし》・欅《けやき》などの樹林。夏の日射しをさえぎり、火災の延焼を防ぎ、冬の燃料を供給する一方で、家の中が暗くなり大量の落ち葉の処理や枝打ちの手数などのデメリットもあると吉野正敏は述べている（『風の世界』）。

八ケ岳颪　やつがたけおろし

山梨県の八ケ岳南麓から冬の甲府盆地に吹き下ろす冷たい北西風。

柳に風　やなぎにかぜ

柳が風になびくように、逆らわず受け流すこと。『お天気博士の四季暦』に「**むっとして戻れば庭に柳かな**」という句が引かれていた。「名句とは思えないが、気持ちはわかる。出先で面白くないことがあり、帰ってきて春風にそよぐ庭の柳を見ているうちに、腹を立てたことを後悔しているのだろう。人生には、『柳に風』と受け流したほうがいい場合が多いようだ」とあった。〈風に柳〉とも。

山颪　やまおろし

山から吹き下ろしてくる風。「山下ろし」とも。『万葉集』巻九に「**君が見む　その日までには　山おろしの　風な吹きそと　うち越えて　名に負へる社《もり》に　風祭りせな**」、難波に一晩泊まって帰ってくる道すがら、急流の瀬に散った桜の花びらが流れているのを見た作者は、あなたが花見をする日までは花を散らす風が吹かないように、風神で知られる龍田《たつた》大社に風鎮めのお祈りをしよう、と歌っている。

山鬘　やまかずら

夜明けの山頂や山の端に鬘《かつら》をかぶったようにかかる長い〈横雲〉。この雲がかかると雨の前兆だという。『拾遺愚草』上に「**山かづら明《あけ》行く雲にほととぎすいづる初音も峰わかるなり**」、明けゆく空に長い横雲がかかっていたが、ホトトギスの初鳴きが聞こえると雲が峰から離れていった、と。「山の蛇雲」「大蛇雲《おろちぐも》」などともいう。

山風　やまかぜ

明星や桜さだめぬ山かつら　榎本其角

山の中を吹く風。山から吹いてくる風。夜間に冷えた山腹や谷間から平地に向かって吹き下りてくる風。〈山颪《おろし》〉〈山下風〉も同意。昼間は逆に平地から谷間に向かって〈谷風〉が吹き上げる。『古今集』巻五に「**吹くからに秋の草木のしをるればむべ山風をあらしといふらむ**」、草木を吹き荒らしてしおれさせるから「あらし」で、字形を分解すれば「山風」なのだな、といっている。

山霧　やまぎり

気流が山腹を上昇するときに湧く霧。『万葉集』巻九に「**ふさ手折り多武《たむ》の山霧繁みかも細川の瀬に波の騒《さわ》ける**」、野の草花を摘んで手向《たむ》ける多武峰《とうのみね》に山霧が濃くかかり、雨が降っているのだろう。それで下流の細川の水かさが増して波立っているのだ、と。

山霧に囚はれの身となりにけり　稲畑汀子

山雲　やまぐも

山にかかっている雲。雲と霧は本質的に同じ気象現象で、山に立ちこめている雲も中に入れば〈山霧〉で、両者の区別はつきにくい。〈山雲〉の方が霧粒が細かいといわれる。

山雲の野に下りしより栗の花　水原秋櫻子

やまじ・やまぜ

主に中国・四国・九州地方で、台風や発達した低気圧が通過するときに吹く暴強風をいう。秋の季語。

山下風　やましたかぜ

山から麓へ吹き下ろす風。⇩**〈山風〉**

やませ

北海道・東北・関東地方で吹く低温の湿った北東風。六月から八月ごろ吹くことが多い。漢字では一般に「山背」と書き、もともとは山を越えて吹き下ろしてくる風をいったようだ。気象庁天気相談所長やＮＨＫの気象キャスターを務めた宮沢清治の『朝雨は女の腕まくり』には、「山はどこにもあるから全国各地にやませがある。例えば、石川県白峰では山風を、愛媛県伊予では山からの突風を、……やませの風向きもさまざまである。出雲では山が南にあるから南風、……函館では東風」とある。しかし、山を背にして吹くから〈やませ〉というのは漢字表記にとらわれすぎた解釈のようで、夏の東北地方に冷害をもたらす〈やませ〉は、三陸沖のオホーツク海高気圧から吹く〈海風〉で「山背」ではない。柳田国男は、ほかの土地で風向きが決まったあとに採用された呼び名かもしれないといっている（「風位考」）。一方〈やませ〉を陰鬱な曇り空もたらす〈闇風《やみかぜ》〉の転訛《てんか》とする説もある。いずれにしてもオホーツク海は初夏になっても北部では流氷が見られるほど北半球のこの緯度では最も冷たい海で、オホーツク海高気圧や三陸高気圧から北日本、東日本に吹いてくる東寄りの風は夏でも湿っていて低温だ。東北地方の農民たちは、冷害を運んでくる「凶作風」「餓死風」と恐れ、「ケカジ（飢饉《ききん》）は海から来る」と忌み嫌った。「山瀬風」とも。夏の季語。

津軽女等やませの寒き頬被《ほほかぶり》　富安風生

山谷風　やまたにかぜ

〈山風〉と〈谷風〉。山の谷あいは空気の容積が小さいので暖まりやすく冷めやすい。したがって日中は先に温度が上がって上昇気流が生じ、平地から〈谷風〉が吹き上がってくる。逆に夜間は早く冷えるから重くなった空気が平地に向かって〈山風〉となって吹き下りる。この両方の風を一括して〈山谷風〉という。これに山の斜面を上昇・下降する〈斜面風〉が加わるので、山間を吹く風は複雑な風系をなしているという。昼と夜で風向きが変わるところから〈昼夜風〉ともいう。⇩**〈山風〉〈谷風〉〈斜面風〉**

山鳴らし　やまならし

ヤナギ科でポプラなどの仲間のハコヤナギの別

称。少しの風でも葉がいっせいに翻り、山が鳴るようにそよぐところから名づけられた。

山旗雲　やまはたぐも

山越えの風が風下側で山腹を上ってきた気流とぶつかったとき、山頂から風下に向かって旗が翻っているようにかかる雲。ただ〈旗雲〉とも。

山窓　やままど

雲の間に現れた空間を窓に見なしていう。

闇風　やみかぜ

三陸海岸地方で、悪天候のときに海上から吹いてくる風をいう。

闇雲　やみくも

見通しのきかない闇の中で、捉えどころのない雲をつかもうとするような、思慮の浅い行いをいう。『誹風柳多留拾遺』初篇に、

やみ雲といふ雲の出るのうてん気

野霧　やむ

野に立つ霧。〈野霧《のぎり》〉の漢語読み。

油雲　ゆううん

盛んに湧き起こる雲。〈雨雲〉をいう。また、春の雲。

夕霞　ゆうがすみ

日暮れにかかる霞。〈晩霞《ばんか》〉。春の季語。

橋桁《はしげた》や日はさしながら夕霞　北枝

夕風　ゆうかぜ

夕暮れに吹く風。『万葉集』巻十に「**恋ひつつも稲葉かき分け家居《お》れば乏《とも》しくもあらず秋の夕風**」、妻を恋しく思い稲の葉をかき分けて稲刈りの仮小屋にいると、たっぷり吹いてきた秋の〈夕風〉、と。強い〈夕風〉だと「夕嵐」〈夕山颪《おろし》〉。

秋蟬をききつつ磴《とう》の夕風に　亀井君枝

(「磴」は石段、石畳の坂道)

夕霧　ゆうぎり

夕方に立つ霧。『万葉集』巻十四の防人歌《さきもりのうた》に、「**蘆《あし》の葉に夕霧立ちて鴨が音《ね》の寒き夕《ゆうべ》し汝《な》をば偲《しの》はむ**」、蘆の葉に〈夕霧〉が立ちこめて、鴨

の鳴く声が寒々と聞こえる晩はしきりにお前のことが思われてならない、と。秋の季語。

夕霧を来る人遠きほど親し　野澤節子

夕雲　ゆうぐも

夕方の雲。

夕曇り　ゆうぐもり

夕方曇ること。

夕暮れ層積雲　ゆうぐれそうせきうん

昼間高く盛り上がっていた〈積雲〉が、上昇気流の弱まる夕方になって平たくしぼみ、雲と雲の間隔がせばまってつながり〈層積雲〉になったもの。

夕東風　ゆうごち

夕方吹く東風。春の季語。

夕東風や海の船ゐる隅田川　水原秋櫻子

夕下風　ゆうしたかぜ

〈下風〉は、地上近く木々の下の方を吹いている風。地面や樹木の下をはうように吹いてくる夕風。『山家集《さんか》』上に「**夏山の夕下風の涼しさに楢《なら》の木蔭のたたまうき哉《かな》**」、夏の山道を行くうちに楢の木蔭を見つけてしばしの憩いをとった。腰を上げようとすると夕風が渡ってきて、あまりに涼しく気持ちがよいので立ちたくなくなった、というのである。「たたまうき」は「立つ」の未然形に「まほし」の反対語の「まうき」がついたかたちで、「立ちたくない」の意。

ゆうず

大分県地方で台風などのときの強い南東風をいった古語。「ゆうずまじ」とも。

油然　ゆうぜん

雲が盛んに湧き起こるさま。『孟子』梁恵王《りょうけいおう》上に「天油然として雲を作《おこ》す」、注して「油然、興雲の貌《かたち》」と。

雄大積雲　ゆうだいせきうん

〈積雲〉の発達段階の三番目で、夏の強い日射しを受けた上昇気流によって雄大に発達した雲。いわゆる〈入道雲〉。「雄大雲」ともいう。

夕立風　ゆうだちかぜ

夕立をもたらす風。

夕立雲　ゆうだちぐも

夕立を降らせる雲。夏の強い日射による激しい上昇気流によって発生する。気象用語としては〈積乱雲〉。雲の中は電気を帯び、稲妻や雷鳴をともなうと〈雷雲《らいうん》〉となり、夕立を降らせる。南北朝時代の『風雅集』巻四に「**松をはらふ風はすそのの草におちて夕立つ雲に雨きほふなり**」、松の枝を揺らした風は麓の草むらに吹き下り、夕立を降らせる雲で雨の勢いが強くなった、と。〈夕立雲〉の出現する地形は、山に囲まれた盆地など一定の傾向があり、雲に〈坂東太郎〉「丹波太郎」などと土地の名前がつけられていることが多い。夏の季語。⇩〈**入道雲**〉

夕凪　ゆうなぎ

海沿いの土地で、昼間の〈海風〉がやみ、代わって〈陸風〉が吹き出すまで、無風か、いつもの〈海風〉の半分以下の弱い風になった状態。夕方、陸と海の温度がつりあって風が動かなくなった状態をいう。〈讃岐《さぬき》の夕凪〉が有名。『万葉集』巻七に「**夕なぎにあさりする鶴《たず》潮満てば沖波高み己が妻呼ぶ**」、〈夕凪〉の干潟で餌をついばんでいた鶴が、潮が満ちて沖の波が高くなってきたので妻を呼んでいる、と。夏の季語。⇩〈**朝凪**〉

　夕凪や仏勤めも真つ裸　宮部寸七翁

雄風　ゆうふう

涼しく心地のよい風。一般には勢いのよい爽快な風のことだが、旧気象用語では、風速毎秒一〇・八〜一三・八メートルの〈ビューフォート風力階級〉6の風をいい、「大枝が動く。電線が鳴る。傘がさしにくい」とされた。

夕靄　ゆうもや

夕暮れに立ちこめる靄。

　夕靄となりゆく雨や藪椿　光本正之

夕焼け雲　ゆうやけぐも・ゆやけぐも

日没が近づくと夕日の光線は斜めに射し、空気の分子や浮遊している細かい塵のために散乱・回折して雲を照らす。そのとき青色は散乱してしまうが、波長の長い赤色や黄色の光線で雲は黄赤に染まる。夏の季語。小学三年生斉藤雄介くんの詩の「夕日」は、あそびから帰る子どもたちを見送り、「**まっかな光りを／雲にわたして／夕やけ雲にかえてから／だんだん／自分の山に帰る**」と詩《うた》っている。夕方の景色の移り変わりをしっかり見つめている視線がすばらしい（『子どもの詩 1985〜1990』）。

夕山颪 ゆうやまおろし
夕方、山から吹き下ろす風。

夕山風 ゆうやまかぜ
夕方、吹いてくる山風。夕山から吹き下ろしてくる風。日が落ちると放射冷却で山の斜面が冷え、重くなった冷気が山頂から山麓に吹き下る。

行き合いの空 ゆきあいのそら
行く夏と来る秋、二つの季節が行き合っている空。上空では夏を代表する〈入道雲〉と秋を代表する〈筋雲《すじぐも》〉や〈鱗雲《うろこぐも》〉が同居し、地表では夏の風と秋の風が吹き交う、そんな時節の空。また織姫と彦星が出会い別れる七夕の空のこともいう。『新古今集』巻三に、「**夏衣かたへ涼しくなりぬなり夜やふけぬらむ行合ひの空**」、着ている夏衣の片側が涼しく感じられるのは、夏と秋が行き交っている夜空が更けてきたからだ、と。

雪起こし ゆきおこし
冬の日本海沿岸などで、雪が降る前に降雪をさそうように吹く風、また冬に寒冷前線が通過するときに鳴る雷をいい、直後に雪が降り始める。冬の季語。

雪下ろし ゆきおろし
新潟県地方などで、一二月中旬に雷をともない雪まじりに山から吹き下ろす風をいう。普通は屋根に積もった雪を掻《か》き下ろすこと。

雪風　ゆきかぜ

雪と風。雪をさそう風。また、雪を交えて吹く風。冬の季語。『蜻蛉日記《かげろうにっき》』下に、作者が帰宅して三日ほどあと賀茂神社にお参りしたときのこと、「雪風いふかたなう降り暗がりて、わびしかりしに、風邪おこりて臥しなやみつるほどに、霜月にもなりぬ」、雪交じりの風があたりを暗くするほど吹雪《ふぶ》き、難渋したうえに風邪をひいて寝込んでいるうちに、一一月になった、と。「風雪《かざゆき》」とも。

雪風の峡に並べて紙を干す　蛯江ゆき子

雪雲　ゆきぐも

雪をもたらす雲。雪が降りだしそうな〈寒《かん》雲《うん》〉。雪曇り。冬の季語。

雪雲に青空穴のごとくあく　高浜年尾

雪暗れ　ゆきぐれ

雪雲が空をおおって暗いこと。冬の季語。

雪暗の波に紛るる大白鳥　鈴木貞雄

雪雲と人工降雪

地上では雨粒でも上空では雪粒として存在している。自然界では、上空に存在する雲の中にある水蒸気が核と呼ばれる小さな種に集まって雪の結晶が成長し、それが集まって大きくなり、浮力よりも重力が勝ったときに雪として落下し、途中の気温が高ければ解けて雨になって地表に降る。したがって、人工降雪と人工降雨は同じこととなる。

渇水時など、水資源が乏しくなった際に行われているのが人工降雪実験である。過去にはヨウ化銀水溶液を燃やした煙を上空の雲に向かって、のろしのように上昇させて核としていた。現在は、環境汚染防止の観点から核としてドライアイスの煙を用い、航空機を使って上空から雲に向かって散布する方法が多い。すべての雲に対して人工降

雪解風《ゆきげかぜ》

春になって積もった雪を融かす風。「雪消風」とも書く。春の季語。

雪解風月山はまだ天のもの　市村究一郎

雪解靄《ゆきげもや》

春になった雪国で、雪解け水のために立つ靄。〈雪靄〉ともいう。「雪解（雪消）」は、春の季語。

雪解靄海に流れて島見えず　柿島貫之

雪しまき《ゆきしまき》

雪が強風に乱舞するように降るようす。ただ〈しまき〉ともいい、漢字で書けば「雪風巻」。冬の季語。

知床の山容奪ふしまきかな　戸川幸夫

雪空《ゆきぞら》

雪が降りだしそうな空模様。冬の季語。

雪空の拡がりゆくや湖の寺　寺田寅彦

雪ねぶり《ゆきねぶり》

新潟県・長野県などの雪深い地方で、早春、雪

雪が有効というわけではなく、冬の日本海側の〈雪雲〉でも有効なのは一～二割程度である。

「なぜ人工降雪が成功するのか？」の答えは、核を増やして雪の結晶生成を支援するからである。核となる物質がなければ空気がマイナス四〇℃まで冷えなければ雪の結晶はできないが、核が十分にあればマイナス五℃程度でも雪の結晶の生成が始まる。〈雪雲〉と呼ばれる雪を降らせる高さ約二キロメートルの雲の冬の温度はマイナス一〇℃前後である。この雲の中に核を撒《ま》いて雪の結晶生成を促すのが人工降雪である。また、核を撒きすぎると雪の結晶生成が阻害されることもわかってきた。

人工降雪実験は日本に限らず世界各地で取り組まれており、米国は五〇州すべてで人工降雪に関する州法が制定されている。中東では雨が降るはずだったところに降らなくなったと部族間抗争に

解け水が蒸発して霞のように立ち上ることをいう。「ねぶる」は眠る。春の季語。

山神の祠《ほこら》隠しの雪ねぶり　富沢みどり

雪靄　ゆきもや

雪解け水が蒸発して立つ靄。〈雪解《ゆきげ》靄《もや》〉。

雪催い　ゆきもよい

空を〈雪雲〉が一面におおい、今にも雪が降りだしそうな空模様。「雪曇り」〈雪暗《ゆきぐれ》〉などとも。冬の季語。

鯉跳んで雪の匂ひす雪催ひ　殿村菟絲子

夜嵐　よあらし

夜に吹く嵐。謡曲「紅葉狩《もみじがり》」に、紅葉狩りに出た平維茂《たいらのこれもち》が深山の中で出会った高貴な姫（実は鬼神）に勧められるままの美酒に酔い、「**暮れ行く空に、雨うち注ぐ、夜嵐の、ものすさまじき、山陰に**」、月を待ちながらつい転寝《うたたね》していると、本性を現した鬼神が襲いかかり、大立ち回りとなる。

なった例もある。このように水資源確保は世界各国で重視されており、日本でも気象庁気象研究所と国土交通省利根川ダム統合管理事務所が共同研究を実施している。この共同研究は、日本海側の〈雪雲〉にドライアイスを過供給して山越えをさせ、群馬県側で降らせて雪ダムを作り春から梅雨のシーズンまでの関東での水資源確保を目指している。

妖雲　ようun

不吉な出来事を予感させるような怪しい雲。

羊角　ようかく

羊の角のように曲がりくねり、躍り上がるように吹く〈つむじ風〉。『荘子』逍遥游《しょうようゆう》に「鵬《ほう》」という巨大な鳥の描写がある。「翼は天垂《そらみ》つ雲の若《ごと》し、扶揺《ふよう》に搏《はばた》き、羊角《ようかく》して上ること九万里」と。〈扶揺〉＝飆《ひょう》も〈つむじ風〉。

養花天　ようかてん

春の〈花曇り〉の空をいう。中国の場合、花は桜ではなく、牡丹。牡丹が咲くころの〈薄曇り〉の空。釈仲林の「花品」に、「毎《つね》に牡丹の開く日に至れば、多く軽雲《けいうん》微雨有り。之を養花天と謂う」と。〈養花天〉から降るのが「養花雨」。春の季語。

一庵の竹に沈める養花天　遠藤梧逸

八日吹き　ようかぶき

旧暦一二月八日に雪をともなって吹く強風。「師走の八日吹き」ともいう。東北や山陰地方で、事納めや針供養のこの日には必ず吹雪があると言い伝える。冬の季語。

ようず

四国地方を中心とする西日本で春から夏にかけて吹く南寄りの風。「南気《みなみけ》」とも。気象学と医学を横断する生気象学の分野で足跡を残した神山恵三は、近畿・中国・四国地方で春四月ごろから吹く〝ようず〟とか〝ようで〟あるいは〝ミナミケ（南気）〟と呼ばれている風は、頭痛や眠気を誘う風として、あまり好ましく思われていない風だ、と記している（『天気と健康』）。毎年四月に春風が吹き荒れるころになると、気が滅入って嫌な気分に襲われるという人は少なくない。ゴッホが南フランスの冬から春にかけて吹く〈ミストラル〉に悩まされていたことはよく知られている。アメリカのある地方には東風が吹くと殺人事件が増加するという統計があるともいう（横光利一「無常の風」）。近年は春風に飛ばされてくる花粉になやむ人も多くなった。春風は必ずしも駘蕩《たいとう》とした快い風ばかりではないのかもしれない。春の季語。

淀川をようず渡れる夜の鴨　森澄雄

羊頭風　ようとうふう

南風。南西風。『和漢三才図会』天象類に「坤《ひつじさるのかぜ》風、和で羊頭風と称す。多く夏月に吹きて、之《これ》に中《あた》るや則ち人畜皆悩む」、坤風は日本では〈羊頭風〉といっている。多くは夏に吹き、この風に当たると人も動物もみな具合が悪くなる、と。

陽風　ようふう
「陽」は日向《ひなた》、また「陰」の対極の春・夏の意で、「陽風」は春風また東風を意味する。

鷹風　ようふう
秋風《しゅうふう》。初唐・王勃《おうぼつ》の「韋兵曹に餞《はなむけ》る」の詩に「**鷹風晩葉を凋《しぼ》ませ、蟬露秋枝に泣く**」、秋風が枯れかけた葉をしぼませ、透明な露が秋の枝に涙のように滲《にじ》んでいる、と。

夜風　よかぜ
夜吹く風。〈夜風〉を歌った演歌は少なくないが、古希を過ぎた高齢者には映画『愛染《あいぜん》かつら』の主題歌、西条八十《さいじょうやそ》作詞で一世を風靡したた「旅の夜風」のメロディが今でも耳の奥に残っているかもしれない。「**花も嵐も　踏み越えて　行くが男の　生きる道**」とはじまり、その第三連は「**加茂の河原に　秋長《た》けて　肌に夜風が沁みわたる**」。

竹の秋夜風やさしくなりにけり　中村忠夫
（「竹の秋」は旧暦三月ごろをいう）

よぎた
大阪府、兵庫県から四国地方で、秋の夜吹く北風をいう。漢字で書けば「夜北風」だろう。寒い日の夕方から吹き始め、翌日は晴れることが多い。

夜霧　よぎり
夜に立ちこめる霧。秋の季語。『万葉集』巻十に「**ぬばたまの夜霧に隠《こも》り遠くとも妹が伝へは早く告げこそ**」、〈夜霧〉に包み籠められて遠くとも、妻からの伝言は早く伝えてほしい、と。

夜霧来てしろき牛乳飲む一息に　藤田湘子

横霞　よこがすみ
横にたなびいている霞。

横風　よこかぜ
横から吹きつける風。高速道路のトンネルの出口付近などにはよく「横風注意！」の〈吹き流し〉が立っている。

横雲　よこぐも

横に細長くたなびいている雲。明け方、東の空にかかることが多い。『新古今集』巻一に、「**霞立つ末の松山ほのぼのと波に離るる横雲の空**」、春霞のかかる末の松山がほのかに明け初《そ》めてきた。ぼうっとした〈横雲〉が水平線から離れようとしているえもいわれない朝の空、と。「横雲」にまつわる天気予知のことわざに「浅間山に横雲がかかれば雨」（長野県小県《ちいさがた》郡）がある。

横しま風　よこしまかぜ

横なぐりに吹きつける強風。『万葉集』巻五に「男子《おのこ》、名古日《ふるひ》を恋ひし歌」がある。世間の人たちは金銀財宝をもてはやすが、なんでそんなものをほしがることがあろうか。私には妻との間に生まれた白玉のような男の子の古日がいるのに、と作者は歌いだす。朝がくればともに遊び戯れ、夕方になれば「手をつないでいっしょに寝てよ。父さん母さんの真ん中で寝たいな」と可愛らしくねだる。早く大人になり、良きにつけ悪しきにつけ将来を楽しみにしていたのに、「**横しま風の　にふぶかに　覆《おお》ひ来ぬれば　せむすべの　たどきを知らに**」、いきなり横なぐりの突風が吹きつけてきて、どうしたらいいかなすすべもなく手だてもわからず、ただ天神《てんじん》地祇《ちぎ》に祈るしかなかったが、次第に顔つきが変わりことばも途切れて、ついに命が尽きてしまった、と。

ヨット　yacht

風を受けて帆走する洋式の小型帆船。青い海を白い帆を膨らませて走る〈ヨット〉は夏の風物詩だ。しかし〈向かい風〉のときにはどうやって前方に進ませるのか。それは流体の速度が増加すると圧力が下がるという「ベルヌーイの定理」を利用しているという。斜め前方から風を受けるようにすると、膨らんだ帆は飛行機の翼と同じ形状になり気圧差によって膨らんだ側に揚力を生ずる。そのままだとヨットは風と直角方向に吹き流されてしまうが、船底についているセンターボードと呼ばれる板が横に進む力を打ち消す。そのためヨットは風に対して四五度前方に進むことができる。これを繰り返すと、ヨットはジグザグに進みながら目的地に向かって走行することができるという。

夜凪　よなぎ
夜、風が凪いで海上が穏やかになること。

霾晦　よなぐもり
春、中国大陸から飛来した〈黄砂〉で日本各地の空が黄色く曇る現象。〈霾《つちふる》〉〈霾《ばい》〉「つちぐもり」〈黄塵〉〈蒙古風〉などみな同意。春の季語。

余風　よふう
強風・〈大風〉・台風などが吹き過ぎたあとで、なおしばらく吹いている残りの風。

蓬生嵐　よもぎうあらし
蓬《よもぎ》などがはびこった荒れ野を吹く春の強風。

夜の雲　よるのくも
幸田露伴が、都会に住む人は気がつかないだろうが、「夏より秋にかけての夜、美しさいふばかり無き雲を見ることあり」と書いている。荒海を航行している深夜、眠られぬままに艙《ふなぐら》のあたりで舷《げん》を打つ波音などを聞いていると、突然、暗雲垂れこめた沖合に稲妻が凄まじく光る。すると無数の波《は》濤《とう》が白銀のように輝き、「怪しき岩の如く獣の如く山の如く鬼の如く空に峙《そばだ》ち蟠《わだかま》り居《おり》し雲の、皆《みな》黄金色の笹縁《ささべり》つけて、いとおごそかに、人の眼を驚かしたる、云はんかたなく美し」と(「雲のいろ〳〵」)。

夜半の嵐　よわのあらし
夜中の嵐。また「親鸞聖人御絵伝」の「**明日ありと思ふ心の仇桜《あだざくら》夜半に嵐の吹かぬものかは**」に歌われている、容赦なく花を散らす風に因《ちな》んで、突如命を奪い去るこの世の無常をいう。

ら行

雷雲　らいうん

雷・稲妻・夕立をもたらす〈積乱雲〉。夏空に勢いよく伸びていく〈雲の峰〉が高さ八キロメートルぐらいに届くと、電光が走り、雷鳴がとどろき始める。さらに〈雷雲〉の雲頂が一二キロメートルから一五キロメートルぐらいに達すると、すさまじい大雷雨となる。夏の季語。

雷雲の光りて音を待たせけり　龍野龍

落梅風　らくばいふう

「落梅」は梅の花が散ること。梅の花を散らす春風。

乱雲　らんうん

乱れ飛ぶ雲。盛唐・杜甫《とほ》の詩「対雪」に、「**乱雲薄暮《はくぼ》に低《た》れ、急雪廻風《かいふう》に舞う**」と。「廻風」は〈つむじ風〉。安禄山《あんろくざん》の反乱に巻き込まれて幽閉されたときの作といわれる。

乱層雲　らんそううん

〈十種雲形〉のうち〈中層雲〉に分類されるが、数百メートルほどの低空にできることもある、どんよりした暗灰色の層状の雲。温暖前線や低気圧が通過するときに発生し、全天を厚くおおって長時間にわたり雨や雪を降らせる。太陽を隠してしまい、昼間でも暗くなる〈雨雲〉、また〈雪雲〉。厚い〈乱層雲〉の下を黒っぽい雲の切れはしの〈断片雲〉〈ちぎれ雲〉が飛ぶ。

離岸風　りがんふう

岸から沖へ向かって吹く風。海岸付近の海面は比較的穏やかでも、沖合では波が高くなっていることが多い。

鯉魚風　りぎょふう

秋風のこと。旧暦九月の風の別名。中唐の鬼才李賀《りが》の詩に「**楼前の流水、江陵《こうりょう》の道、鯉魚風起**

りて、**芙蓉《ふよう》老ゆ**」、高殿の前の流れは江陵へ至る道で、〈鯉魚風〉が吹くころになると芙蓉の花はしぼむ、と。

陸軟風　りくなんぷう
夜間、陸から海へ向かって吹くゆるやかな風。〈軟風〉は、肌に心地よく感ずるくらいの穏やかな風。〈陸風〉。⇩〈**海軟風**〉

陸風　りくふう・りくかぜ
夜間、陸地から海に向かって吹く風。日没後、陸は海より早く冷えるため、大気は陸から上昇気流のある海に向かって動く。〈陸軟風〉とも。⇩〈**海風**〉

流雲　りゅううん
流れて散っていく雲。

柳煙　りゅうえん
柳を煙らせるように立ちこめる靄《もや》。また、芽吹いた柳を遠くから見ると、靄がかかったように煙って見えること。

瀏風　りゅうふう
清らかで涼しい風。「瀏」は、水清く風が疾《はや》いこと。

陵雲　りょううん
雲をしのぐ。雲よりも高く昇る。旺盛な覇気をいう。「陵雲の志」といえば、世俗から超然として生きる志。また、高い地位を目指す気概。「凌雲」とも。

涼風　りょうふう
涼しく吹く風。〈涼風《すずかぜ》〉。真夏の風はわずかに吹いても涼しい。太平洋高気圧が崩れると、大陸の高気圧から北風が吹き、一服の涼感を届けてくることがある。杜甫《とほ》が流刑の李白を懐《おも》う詩に「**涼風天末《てんまつ》に起こる、君子の意や如何**」、天の果ての当地に涼しい風が吹き始めたが、あなたはどんな思いでいるだろうか、と。「涼飆《りょうひょう》」ともいい、杜甫は「**涼飆、南嶽を振わす**」とも詩《うた》っている。夏の季語。

涼風やドナウにかかるくさり橋　玉山翠子

陵風 りょうふう
昇る風。「陵」はしのぐ。激しい雨を「陵雨」というから、〈陵風〉は激しい風。「凌風」とも。韓愈《かんゆ》が雁に託して自らの失意を述べた詩「鳴鴈《めいがん》」に「**凌風一挙、君何とか謂ふ**」、鴈(私)は風を凌《しの》いで遠くに去るけれど、君は何と言うだろうか、と。

猟猟 りょうりょう
風にはためくこと。また、風が立てる音。六朝時代の詩人呉均《ごきん》の詩に「**皓皓《こうこう》として日将《まさ》に上らんとし、猟猟として微風起こる**」と。

緑雲 りょくうん
緑色の雲。白居易の詩「雲居寺《うんごじ》の孤桐」に「**一株青玉《せいぎょく》立ち、千葉《せんよう》緑雲委《い》す**」、一本の桐の樹が聳《そび》え、葉が緑の雲のように盛んに茂っている、と。一方、女性の美しい緑の黒髪のこともいう。中唐・元稹《げんじん》の詩「劉阮《りゅうげん》の妻」に「**芙蓉《ふよう》脂肉 緑雲の鬟《かん》**」、美しい芙蓉のような肉置《ししお》きと豊かな緑の黒髪、と。

緑風 りょくふう
初夏、青葉を吹く爽やかな風。

霊雲 れいうん
霊力が感じられる尊い雲。〈瑞雲〉「祥雲」と同意。

冷風 れいふう
ひんやりと冷たい風。

厲風 れいふう
西北から吹く風。ものさびし気に吹く風。『呂氏春秋』有始覧に「西北を厲風と曰う」とある。また「厲」は厳しいの意で、〈大風〉。『荘子』斉物論に「厲風済《や》めば則ち衆竅《しゅうきょう》虚と為る」、〈烈風〉がやめばどの穴も静かになる、と。「厲風は悲風なり」「厲風は大風なり」とも。

烈風 れっぷう
烈《はげ》しく吹く風。気象用語では樹木の太い幹が吹き動かされるほどの風。〈ビューフォート風力階級〉の和名では、最強から二番目のレベル11

の風で、「めったにおこらない。広い範囲に破壊をともなう」風とされる。風速は毎秒二八・五〜三二・六メートル。

烈風にかもめ煌《きら》めく寒の入り　中町和子

裂葉風　れつようふう

木々の葉を引き裂くような烈《はげ》しい風。

連陰　れんいん

連日空が曇ること。また、毎日曇って雨が降ること。

連雲　れんうん

雲に届くほど高いこと。「連雲の勢い」。

レンズ雲　レンズぐも

凸レンズのような楕円形をした雲。水分を多く含む強い風が山を越えて吹くとき、冷えて風下側にできる。〈巻積雲〉〈高積雲〉〈層積雲〉などででき、山頂をおおってかかるものは〈笠雲〉と呼ばれる。緑やピンクなどの色のついた〈彩雲〉になることもある。〈吊るし雲〉〈莢《さや》雲《ぐも》〉〈莢《きょう》状雲《じょううん》〉も同種。雨の前兆とされる。

ヘクトパスカルとミリバール

昭和の頃、風が近づくとテレビやラジオから「台風の中心気圧は○○ミリバール」と流れていた気圧の単位が、平成四年（一九九二）から「ヘクトパスカル（hPa）」と変わった。1hPa＝1mbなので、従来の観測値などは数値を変換することなくそのまま使える。

日本では、気圧の単位に戦前は水銀の気圧に換算した「mmHg」が使われ（今も血圧計で使われている）、第二次大戦後、国際的に使われていた1気圧という標準大気圧を基にした単位「ミリバール（mb）」が日本でも使われるようになった。しかし、ミリバールは国際単位系に基づく気圧の単位ではなく、世界各国は国際単位系であるヘクトパスカルへ順次移行した。

ヘクトパスカルは、主として気象関係で使われ

漏斗雲　ろうとうん

雲の底が渦を巻きながら漏斗状に垂れ下がった雲。〈積乱雲〉の内部で生じた空気の渦のために上昇気流が発生し、雲底に円錐状の雲ができる。成長すると下に伸び、地面や海面にまで達すれば、〈竜巻〉となる。

六甲颪　ろっこうおろし

兵庫県の神戸市から西宮市にかけての背後の六甲山地から吹き下ろす風。主として冬の寒風をいうことが多いが、ほかの季節にも吹く。熱狂的な応援で知られるプロ野球阪神タイガースの球団歌として知られる。「**六甲颪に　颯爽《さっそう》と／蒼天翔《そうてんか》ける日輪の／青春の覇気　美《うるわ》しく／輝く我が名ぞ　阪神タイガース**」。

ろっこじぐも

〈肋骨雲《ろっこつぐも》〉が訛《なま》った言い方。秋田県地方で、秋の高い空に現れる〈絹雲〉＝〈肋骨雲〉をいう。

肋骨雲　ろっこつうん・ろっこつぐも

直線状の〈巻雲〉から雲が垂直に分枝し、魚の背骨と肋骨のような形になったもの。上空の気温や風向・風速の違いによって気流が乱れると、細かい上昇気流と下降気流が発生する。空気が上昇したところでは気温が下がって〈雲粒〉ができ、下降したところでは雲が消える。その結果波状の雲ができ、波の間に隙間が空くと肋骨状となる。天気が崩れる前兆の〈雨巻雲〉といわれる。

る気圧（圧力）の単位である。圧力を示す国際単位系「パスカル」と百倍の意の「ヘクト」を組み合わせたもので、1ヘクトパスカル＝100パスカル。1パスカルは1平方メートルあたり1ニュートンの力がはたらく圧力の大きさ。1ニュートンは、1キログラムの質量の物体に毎秒、毎秒1メートルの加速度を生じさせる力と定義されている。パスカルもニュートンも、科学者の名にちなんだもの。

わ行

わいた・わいだ

西日本の紀伊半島から中国・四国地方で、台風が通過したあと海上から急に吹いてくる暴風をいう。主として北風だが、場所によっては東寄りのことも西寄りのこともあり、風向きは一定しない。

わかさ

富山県・石川県地方などで秋から冬にかけて吹く強い南西風。漢字で書けば「若狭」だろう。その名のゆえんは、この風が吹くころになると若狭から漁師や舟子《かこ》が出漁してきたからではないか、と（『風の事典』）。

若葉風　わかばかぜ

若葉を吹き過ぎる初夏の風。「若葉」は「青葉」に対して初夏の季感が濃厚で、〈薫風〉などよりも季節感が明確だと山本健吉はいっている（『基本季語五〇〇選』）。夏の季語。

吹きあらはるる巌の大きさ若葉風　吉田冬葉

若葉曇り　わかばぐもり

若葉のころの曇りがちな空模様。「菜種梅雨」「若葉雨」などという季語があるように、木の芽時から新緑の候にかけては、雲の多い日が少なくない。

脇嵐　わきあらし
船が東に進んでいる場合、南あるいは北の方から吹きつける強風をいう（『水上語彙』）。

綿雲　わたぐも
綿のような白い雲。多くは地上五〇〇〜一五〇〇メートルほどの空に浮かぶ〈積雲〉で、形を変えながらゆっくりと動いていく。

和風　わふう
のどかに吹く風。穏やかで暖かな春風。〈ビューフォート風力階級〉４の風の和名。風速は毎秒五・五〜七・九メートル。砂ぼこりが立ち、紙片が舞い上がり、小枝が動く程度の風。

んまぬばかじ
沖縄県地方で台風のときなどに吹く強い南寄りの風をいう。漢字で書けば「午《うま》の方風」。方位で「午」は南。

風と雲の天気ことわざ

静止気象衛星「ひまわり8号」やアメダス（AMeDAS＝地域気象観測システム）のもたらす情報によってわが国の天気予報は飛躍的に精度を高めている。だがそれでも近年の不安定な気象状況とあいまって予想外の結果が生じ、甚大な気象災害が起きることも稀《まれ》ではない。

これと対照的に、日本の各地では、自然の中で生きてきた農業・漁業者の長年の生活の中から、地域ごとの自然条件を踏まえた多くの「天気ことわざ」が言い伝えられてきている。それらは科学的な裏付けとは無縁の伝承だから、的外れのものも多いのだろうが、一方で経験に基づき的確に天気を予知している英知も少なくない。ここでは、そのような生活現場に伝わる伝統的、経験的な「風」と「雲」にまつわる天気予知・観天望気のことわざを抜粋してみた。

あいの朝凪《あさなぎ》くだりの夜凪《よなぎ》

〈あいの風〉、ここでは北寄りの風が、朝吹くと午前中は風が弱く、〈くだり〉＝南西の風が吹くと、夜の風が弱くなるという。

赤城に三角窓があくと雨

赤城山に「三角窓」ができると、風が強くなり雨が近いとする言い伝え。空に灰色の〈高層雲〉がかかり、雨が近づくと暗灰色の〈乱層雲〉となって全天をおおう。さらに雲の底が低く降りてくると〈雲底〉の水平のラインと山々の稜線の斜めの二本の線で区画された三角形ができる。これを赤城山の麓の地方では「三角窓」と呼び、雨の前触れとした。

秋北《あききた》に鎌を研げ

「秋北」は秋の北風。秋に冷たい北風が吹くのは、大陸から移動性高気圧が日本列島に近づいてきたしるしだから、好天が期待できる。農作業や旅行の準備をしても大丈夫というのである。「秋の夜の北風は晴れ」ともいう。

悪風は日没にはやむ

日中強い風が吹いても、夕方になると静かになるということ。〈北風と夫婦喧嘩は日が入ればやむ〉「西の風は日いっぱい」など、風は夜になると吹き止むということわざは多い。

朝焼けに傘持て

朝焼けは、大気中の湿度が高く水蒸気で朝日の光が回折され、空や雲が赤や紫に染まる現象。湿度が高い兆候だから雨が近いといわれる。ちなみに「夕焼けの翌日は晴れ」というのは、いわばお天気ことわざの初歩の初歩。だが詳しい統計をとると、このことわざの的中率も六〇パーセントほどだという（『観天望気のウソ・ホント』）。また、「朝霞《あさがすみ》は近いうちに雨」ともいうが、この場合の朝霞は、「朝霞《ちょうか》＝朝焼け」のことであろう。⇩〈朝霞《ちょうか》には門を出でず〉

あなじの八日吹き

広島県をはじめとする瀬戸内海地方で、冬に〈あなじ〉（北西の〈季節風〉）が吹きはじめると何日も続いて吹くと言い伝える。古来、海上交通や漁業の妨げとなるとして嫌われた。

淡い雲が北斗七星を覆うと三日のうちに雨

「淡い雲」というのは〈巻雲〉や〈巻層雲〉のことであろう。これらの雲が北斗七星のある北の空まで広がってきたのは、西の方に低気圧や温暖前線が近づいてきたしるしと考えれば、近々雨になるというのは一理ありそうだ。〈巻雲〉や〈巻層雲〉が さらに広がり厚さを増して〈高積雲〉や〈高層雲〉に発達するようなら、雨の可能性は高くなる。

入雲は雨、出雲は晴れ

〈入雲《いりぐも》〉とは、北ないし西北の方向に雲が動いてゆくこと。つまり上空では南風が吹き始めており、雨の兆しとされる。福井県・岡山県地方などで「雲足が北へ行くときは雨」というのも同意。逆に、雲が南に動く〈出雲《でぐも》〉のとき、風は北風だから高気圧が張り出してきて晴れる前兆という。

牛が吼《ほ》えると曇りて風が吹く

群馬県・長野県地方などで、牛が鳴くと風または雨になるといわれる。

梅や桜の花が横向いて咲けば風

「辛夷《こぶし》の花が横向きに咲く年は大風多し」と言い伝えるが、早春、梅・桜に先駆けて咲く辛夷の大きめの花弁が横に翻っているのは風が強い証拠だから、その年は〈大風〉が吹くといったのだろう。そこから連想して梅・桜にも適用したのか。後半では「下向いて咲けば雨、上向いて咲けば晴れ」という。

ウンカが群れ飛ぶは風の吹く兆し

長野県地方でこのようにいうようだが、ウンカは梅雨の時期に中国大陸から下層〈ジェット気流〉に乗って日本列島に飛来するという。水田農家では稲の害虫として嫌い、あわせて天候悪化の兆しとして警戒したのか。

雲仙《うんぜん》腰巻き阿蘇頭巾

佐賀県地方で、雲仙岳の山麓に雲が腰巻きのようにかかるとき、また阿蘇山のてっぺんが頭巾のような雲をかぶったときは雨が近いという。

越後の山の見えるときは風無し

群馬県伊勢崎市地方で、遠く新潟県の山々の頂がきれいに見えるときは、強い風は吹かないという。広く高気圧におおわれ大気中に水蒸気が少ないから、遠い山並みが普段にも増してくっきりと見えるのであろう。

大風の明日《あした》大天気《おおてんき》

〈大風〉の翌日はとてもよい天気になるということ。波も穏やかになり「大風の明日には舟を出せ」などという。長崎県五島地方には「大風の後はテフテフ（蝶々）の灘《なだ》渡り」という俚諺《りげん》がある（『五島民俗図誌』）。安西冬衛《ふゆえ》の有名な「韃靼《だったん》海峡」の一行詩を連想させる。

海陸風が吹かなくなると雨

都会の高層ビルに遮られてわかりにくくなっているが、関東平野や大阪平野でも陸地の深いところまで朝夕の〈海陸風〉は届いている。しかし正常な海陸風が吹かなかったり風向きが乱れたりするのは、低気圧や前線の影響による風のためで、天気が下り坂になっている兆しなのである。「山谷風《やまたにかぜ》が乱れると雨」というのも同様。

風無きに雲行き急なるは大風の兆し

発達した低気圧が近づくと、上空の風速が急になる。地上では大した風でなくても、見上げる空の雲行きが速ければ、次第に強風が吹き出すから要注意ということ。

北風と夫婦喧嘩は日が入ればやむ

地方によっては風向きが変わって「西風と夫婦喧嘩は夕かぎり」ともいう。〈風とお客は夜とまる〉も同様。

北風は晴れ、南風は雨

北風は、大陸から移動してきたシベリア高気圧の勢力内にあることだから、晴れが続く。一方南風は温暖前線（低気圧）が接近してきたときに吹くことが多く、反時計回りの渦をともなった南寄りの風が吹きだすと、やがて低気圧におおわれ雨になる。

莢状雲《きょうじょううん》は風強くなる兆し

関東・東海地方などで、山頂近くの上空に豆の莢《さや》の形をした〈莢状雲〉がかかると、風が強くなるという。〈莢状雲〉は山に吹きつける風が強い湿気を含んでいるときに現れる〈吊るし雲〉〈レンズ雲〉の一種。米俵のような形と見て、風に続いて雨が降りだすところから「雨俵」ともいい「レンズ雲は雨の前兆」「雨俵は雨の兆し」という。

霧が湖に入って消えると雨

長野県一帯では、千曲《ちくま》川、諏訪湖などに関連して、霧にまつわる天気予知の言い伝えが多い。「朝霧の深いのは雨」「霧が湖に落ちつくときは雨」などともいう。

霧が山から海に帰れば晴れ

鳥取県地方でいう。逆に霧が海上から山に移動すると曇る、という。

霧の立つときは風なし

長野県千曲《ちくま》市地方などでいう。冷たい空気が相対的に温かい水に触れたとき、水面から立ち上る蒸気が水滴になったものが霧。この〈蒸気霧〉は風の弱いときに発生するから、理屈に合っている。

雲が大仏参りすると雨になる

奈良市付近で、北東に動いて行く雲を「大仏参り」といい、雨の前兆だという。

こけら雲が西から出れば雨

「こけら雲」は〈鱗雲《うろこぐも》〉の別名。〈こげら雲〉ともいう。各地に「鱗雲が出ると三日後には雨が降る」などの言い伝えがある。「鯖雲は雨」ともいう。〈巻雲〉や〈巻積雲〉には〈晴巻雲〉と〈雨巻雲〉があり、〈鱗雲〉や〈鯖雲〉は低気圧や台風が近づいてきたときに出ると、半日から二、三日後に雨になることがある。

東風《こち》の夕ぼこり

鳥取県地方で、春の東風は日暮れごろに強くなるという。

東風《こち》吹けば雨

〈東風《こち》〉は、梅の開花をうながす春風というイメージがあるが、実際には春に吹く東寄りの風は雨をもたらす確率が高い。特に太平洋側の各地では、春の東風は低気圧が近づいてきたときに吹くことが多い。夏の東風はオホーツク海高気圧から吹いてきて、必ずしも雨になるとは限らないが、冷たい〈やませ〉として冷夏をもたらすことがある。

筋雲《すじぐも》東へ進めば晴天続く

筋雲は、〈巻雲〉が筋を引いたように見えるもの。この雲が東へ動いているということは、上空で強い西風が吹いているしるし。大陸の高気圧におおわれ、西高東低の冬型の気圧配置にあるから、東海から関東地方は晴天が続く。

鯛東風《たいごち》は雨が降らない

山口県など瀬戸内海地方で、春、鯛が取れるころに吹く東寄りの風。この風が吹くと、雨が降らないという。

立つ霧は降る霧とて雨　降る霧は照る霧とて日和

霧が上に向かって湧くようにかかると雨になり、逆に下に向かって流れ降りていくのは天気がよくなる前兆だ。

蝶々雲《ちょうちょうぐも》が現れると雨

澄みきった青空にただ一片浮かぶ〈蝶々雲〉は、春と秋の小型の移動性高気圧の中心付近に現れる孤高の雲である。移動性高気圧の西側には低気圧や気圧の谷が控えていて、高気圧が東に移動すれば、代わりにすぐ雨域が広がってきて空は曇り、雨が降りだす。

月笠ならいに日笠風

静岡県地方などで、月が〈暈《かさ》〉をかぶれば〈ならい〉＝北風が吹き、太陽が暈をかぶると風が吹く兆しだという。

月夜に大風なし

石川県、長野県地方などで、晴れた月夜には強風は吹かないと言い伝える。

トンビの高鳴き風となる

福島県・長野県地方などでいう。風が山に当たって吹き上がると、トンビの餌となる昆虫類も吹き上げられ、それを追ってトンビも風に乗って高く飛ぶ。

夏の入道雲は晴れ

真夏の〈入道雲〉は、地面が強い日差しで暖められた午後に湧き上がる。つまり太平洋高気圧の勢力が強い証拠で、翌日は晴れる確率が高い。もっとも、発達した〈入道雲〉は雷雨と夕立をもたらすこともあるが。

夏、南窓があくと天気となる

太平洋沿岸地方で、夏、南の空に窓のような雲の切れ間ができると天気がよくなるという。

虹の低いは風の吹くしるし

広島県地方では、虹が低くかかると風が吹くといっている。長野県地方では、「虹が東に立てば風」という土地もある。

白雲《はくうん》糸を引けば暴風雨

上空の〈巻積雲〉が糸を引いたように見えれば、強風が吹き始めたしるし。低気圧や台風が近づいている可能性があるから、暴風雨の恐れがあるというのだ。

波状雲は雨の兆し

〈波状雲〉とは、打ち寄せる波のように列をなしている雲。低気圧や前線が近づいてきたときに〈高積雲〉や〈巻積雲〉などででき、遠からず雨が降りだす確率は高い。

ハチの巣が低いと風の強い日が多い

福井県大野市地方や沖縄県石垣島地方などで、ハチやクモが高いところに巣を作ればその年は大風は少なく、低いところや軒下などに巣をかければ強風が多いと言い伝える。

磐梯《ばんだい》ののぞき見

福島県の会津地方で、磐梯山の中腹が雲でおおわれ、頂上だけが首を出し下界をのぞき見しているようなときは、やがて雨になるという。

日《ひ》暈《がさ》月《つき》暈《がさ》は雨の前触れ

〈巻積雲〉や〈巻層雲〉など薄いベール状の雲がかかると、太陽や月の周囲に〈暈《かさ》〉がかかる。〈巻積雲〉や〈巻層雲〉は低気圧の接近にともなって現れることが多く、日月が〈暈〉をかぶれば、その晩か次の日に雨となる確率は、六〇パーセント近いという。

日暮れの雲焼け明日の風

宮城県・長野県地方をはじめ各地で、夕焼けの翌日は風が吹くと言い伝えている。

飛行機雲がすぐに消えれば晴れ

〈飛行機雲〉は、上空の気温が低く湿度が高いときに排気ガスや水蒸気が航跡に沿って雲になるもの。〈飛行機雲〉がすぐ消えるということは、上空の気象条件が安定しているということだから、天気は悪化しない。逆に〈飛行機雲〉がいつまでも消えず、次第に厚みを増し、周囲の雲と一体になって低くなってくるようなら、天気が悪化する兆候。「飛行機雲は天気が悪くなる前兆」という。

一つ雷は強風起こる

北九州地方でいう。一つだけ鳴る雷は寒冷前線が通過するときによく発生し、強風をともなうことが多い、と。

昼風はやまぬ

宮城県地方で、昼から吹きはじめた風はなかなかやまないという。

富士山が傘をさせば風

神奈川県など富士山の周辺地域でいう。山頂付近の〈笠雲〉は、上空を湿った強い風が吹いているしるし。日本列島の南岸に前線があったり、日本海側に低気圧が接近してきたりしたときに現れる。低気圧がさらに近づくと雨も降りだすから、「富士山が笠をかぶれば雨」ともいう。

星きらめけば翌日風あり

宮城県・長野県・富山県地方など各地で、星がきらきらまたたくとその翌日は風が強いと言い伝える。星が激しくまたたくということは、星の光が通過してくる大気が乱れている証拠で、低気圧や前線の接近による強風、そして雨の予兆なのである。

南風《まじ》雲に嘘なし

広島県豊田郡地方で、南風（〈まじ・まぜ〉）で雲が動くときは強風になるという。

問答雲《もんどうぐも》は雨の兆し

〈問答雲〉とは、高さの異なる上空に雲が二重にかかり、まるで問答しながら動いているように見える〈二重雲〉のこと。日本の上空では、上層の雲は〈偏西風〉によって西から東へ動いているが、低気圧が近づくと、下層に浮かぶ積雲などは、低気圧の中心に向かって吹く風の影響で、上層の雲とは異なる方向に動くことがある。台風の接近時などに見られ、天気が崩れる前兆である。「雲の喧嘩は風のもと」という地方もあり、〈重なり雲〉の上下の雲行きの方角が違う場合は、強い風雨への注意を促している。

やませは七日吹き続く

東北地方などに冷害を引き起こす北東風の〈やませ〉は、吹き始めると七日間吹きやまないの意だが、それほど農家が恐れていたということであり、実際には三日以上吹き続けることは少ないという（『天気予知ことわざ辞典』）。

宵の風は母の風、朝の風は姑の風

夕方の風は穏やかだけど朝の風は強烈だといっている。長野県地方の山里など、朝晩の〈山谷《やまたに》風《かぜ》〉と冬の〈季節風〉の風向きが反対になる地域で、このような言い伝えが生まれたのだろう

という。

肋骨雲《ろっこつぐも》は雨の兆し

〈肋骨雲〉とは、直線の背骨のような形の雲から垂直に雲が何本も分枝し、魚の肋骨のような形になった〈巻雲〉。上空の気流の乱れによってこの特徴的な形になる。早春から晩秋にかけて、低気圧の進行方向の前面に現れ、〈雨巻雲〉の代表といわれる。

参考文献

〈辞事典・歳時記・その他〉

『カラー版日本語大辞典』第二版　梅棹忠夫・金田一春彦ほか監修（講談社）
『広辞苑』第六版　新村出（岩波書店）
『逆引き広辞苑』岩波書店辞典編集部編（岩波書店）
『日本国語大辞典』日本国語大辞典第二版編集委員会編（小学館）
『大辞泉』小学館『大辞泉』編集部編（小学館）
『大辞林』松村明編（三省堂）
『岩波古語辞典』補訂版　大野晋・佐竹昭弘・前田金五郎編（岩波書店）
『例解古語辞典』佐伯梅友・森野宗明・小松英雄編（三省堂）
『大字典』上田万年・岡田正之・栄田猛猪ほか編（講談社）
『大漢和辞典』諸橋轍次（大修館書店）
『大漢語林』鎌田正・米山寅太郎（大修館書店）
『大字源』尾崎雄二郎・都留春雄・山田俊雄ほか編（角川書店）
『中国古典名言事典』諸橋轍次（講談社学術文庫）
『四字熟語・成句辞典』竹田晃（講談社学術文庫）
『類語大辞典』柴田武・山田進編（講談社）
『類語の辞典』志田義秀・佐伯常麿編（講談社学術文庫）
『日本語大シソーラス』山口翼編（大修館書店）
『日本方言大辞典』尚学図書編（小学館）
『全国方言辞典』東條操編（東京堂出版）
『岩波英和大辞典』中島文雄編（岩波書店）
『大事典ＮＡＶＩＸ』猪口邦子ほか監修（講談社）
『日本大百科全書』（小学館）
『増補気象の事典』和達清夫監修（東京堂出版）
『気候学・気象学辞典』吉野正敏（二宮書店）
『天文学大事典』（地人書館）
『日和見の事典』倉嶋厚（東京堂出版）

『風の事典』関口武（原書房）
『天気予知ことわざ辞典』大後美保編（東京堂出版）
『雨のことば辞典』倉嶋厚・原田稔編（講談社学術文庫）
『日本大歳時記』水原秋櫻子・加藤楸邨・山本健吉監修（講談社）
『基本季語五〇〇選』山本健吉（講談社学術文庫）
『新歳時記』平井照敏編（河出書房新社）
『合本現代俳句歳時記』角川春樹編（角川春樹事務所）
『俳句用語用例小事典④雨・雪・風を詠むために』大野雑草子編（博友社）
『文語訳旧約聖書Ⅰ』（岩波文庫）
『聖書』フェデリコ・バルバロ訳（講談社）

〈単行本・その他〉

『季節風』根本順吉・倉嶋厚ほか（地人書館）
『お天気博士の四季暦』倉嶋厚（文化出版局）
『雲』倉嶋厚・鈴木正一郎（小学館）
『お天気博士の気象ノート』倉嶋厚（講談社文庫）
『お天気博士の四季だより』倉嶋厚（講談社文庫）
『日本の空をみつめて』倉嶋厚（岩波書店）
『風のはなし』Ⅰ・Ⅱ　伊藤学編（技報堂出版）
『風の世界』吉野正敏（東京大学出版会）
『風と人びと』吉野正敏（東京大学出版会）
『雲と風を読む』中村和郎（岩波書店）
『トコトンやさしい風力の本』永井隆昭（日刊工業新聞社）
『トコトンやさしい気象の本』入田央（日刊工業新聞社）
『空の名前』高橋健司（光琳社出版）
『風の名前』高橋順子・佐藤秀明（小学館）
『雲の表情』伊藤洋三（保育社）
『風の博物誌』ライアル・ワトソン／木幡和枝訳（河出書房新社）
『「雲」の楽しみ方』ギャビン・プレイター＝ピニー／桃井緑美子訳（河出書房新社）

『雪の結晶――小さな神秘の世界』ケン・リブレクト／矢野真千子訳（河出書房新社）
『雲を読む本』高橋浩一郎（講談社ブルーバックス）
『俳句の中の気象学』安井春雄（講談社ブルーバックス）
『観天望気のウソ・ホント』飯田睦治郎（講談社ブルーバックス）
『図解気象学入門』古川武彦・大木勇人（講談社ブルーバックス）
『ＮＨＫ気象・災害ハンドブック』ＮＨＫ放送文化研究所編（ＮＨＫ出版）
『天気と健康』神山恵三・藤井幸雄（読売新聞社）
『お天気歳時記』大野義輝・平塚和夫（雪華社）
『空の歳時記』平沼洋司（京都書院）
『朝雨は女の腕まくり』宮澤清治（井上書院）
『風の名前　風の四季』半藤一利・荒川博（平凡社新書）
『お天気日本史』荒川秀俊（文藝春秋）
『星の民俗学』野尻抱影（講談社学術文庫）
『江戸晴雨攷』根本順吉（中公文庫）
『ハワイイ紀行』池澤夏樹（新潮社）
『雨のち晴れ』朝日新聞社社会部編（雪華社）
『日本の名随筆37風』山口誓子編（作品社）
『佐佐木信綱全歌集』（ながらみ書房）
『現代名詩選』伊藤信吉編（新潮社）
『日本民謡集』町田嘉章・浅野建二編（岩波文庫）
『子どもの詩　１９８５～１９９０』『こどもの詩　１９９０～１９９４』川崎洋編（花神社）
『こどもの詩』川崎洋編（文春新書）
『２０２人の子どもたち』長田弘選（中央公論新社）
『子どもの詩　サイロ』（響文社）
『荘子物語』諸橋轍次（講談社学術文庫）
『荘子』福永光司（朝日新聞社）
『唐詩散策』目加田誠（時事通信社）
『漢詩一日一首』一海知義（平凡社）
『杜詩』鈴木虎雄訳注（岩波文庫）

『白楽天全詩集』佐久節訳注（日本図書センター）
『五島民俗図誌』橋浦泰雄・久保清（一誠社）
『長崎海洋気象台100年のあゆみ』長崎海洋気象台編
『吾妻鏡』（国書刊行会）
『俚言集覧』太田全斎（大空社）
『甲子夜話』松浦静山（平凡社東洋文庫）
『水上語彙』幸田露伴（智徳会）
「雲のいろ〳〵」（『露伴全集』第29巻　岩波書店）
「雲」（『子規全集』第12巻　講談社）
「風位考」（『柳田國男全集』20　ちくま文庫）
「向陵」No.76（一高同窓会）
「歌人たちの夏」川村晃生（「藝文研究」55号　慶應義塾大学藝文学会）
「環八雲が発生した日の気候学的特徴」糸賀勝美・甲斐憲次・伊藤政志（「天気」四五－四）
「気象庁ホームページ」
〈引用和歌・日本古典・漢詩・中国史書〉（煩瑣になるのでいちいちの書名は省略。主として以下の図書・全集・叢書・シリーズに所収のテキストを参照した）。
『校註国歌大系』（講談社）
『新編国歌大観』（角川学芸出版）
『日本古典文学大系』『新日本古典文学大系』（岩波書店）
『新潮日本古典集成』（新潮社）
『日本古典文学全集』『新編日本古典文学全集』（小学館）
「講談社学術文庫」
「岩波文庫」
「角川文庫」「角川ソフィア文庫」
『全釈漢文大系』（集英社）
『新釈漢文大系』（明治書院）
『中国古典文学大系』（平凡社）
『国訳漢文大成』『続国訳漢文大成』国民文庫刊行会編（東洋文化協会）
「二十四史」（中華書局）

あとがき

日本列島には四季を通じて様々な気象現象（雨・風・雲・雪）があり、それらは北から南まで地方ごとに個性豊かである。先人たちはこれらの気象現象を生活に利用するだけでなく、感性豊かな短いことばで表現し子孫に伝承してくれたので、私たちは気象現象への向き合い方を享受し生活に活かすことができている。

今回は、『雨のことば辞典』に続いて各地に残る風・雲のことばを集めた。多くは地方の美しい風景や季節感を表したものだが、災害をもたらす可能性のある激しい気象現象やその前兆を示唆することばも伝承されていることに注目したい。

近年、全国各地で大雨・地震・火山災害が多発している。災害は数世代を隔てて忘れた頃に再び降りかかることもあることから、先人たちは災害の記憶を、ことばや地名に託して子孫に伝えてきた。この本が地元の良さを再確認するだけでなく、地元の防災についても再確認していただく一助となれば幸いである。

著者を代表して　岡田憲治

冬凪　ふゆなぎ　111・176
冬の風　ふゆのかぜ　39・67・89・112・115・171・216・**299**
冬の霧　ふゆのきり　**299–300**
冬の靄　ふゆのもや　**300**
冬夕焼け　ふゆゆうやけ・ふゆゆやけ　**300**
べっとう　168・**301**
北風　ほくふう　**307**
星の入り東風　ほしのいりごち　**306**・**307**
虎落笛　もがりぶえ　**319**
雪起こし　ゆきおこし　**331**
雪風　ゆきかぜ　**332**
雪雲　ゆきぐも　27・108・116・148・184・196・**332–333**・339
雪曇り　ゆきぐもり　332
雪暗れ　ゆきぐれ　**332**
雪しまき　ゆきしまき　184・298・**333**
雪空　ゆきぞら　**333**
雪催い　ゆきもよい　**334**
八日吹き　ようかぶき　24・**335**・349

⦿新年

節東風　せちごち　163・**202**・256
新霞　にいがすみ　**241**・255
初霞　はつがすみ　241・**255**
初風　はつかぜ　**255–256**
初東風　はつごち　163・**256**
初松籟　はつしょうらい　**256**
初凪　はつなぎ　**257**
初松風　はつまつかぜ　256
春の初風　はるのはつかぜ　**264**

夜霧 よぎり 20・123・**336**

◉冬

朝北風 あさきた・あさぎた **20**・114
あなじ・あなぜ **24**・34・54・112・349
凍て風 いてかぜ 112
凍雲 いてぐも **36**・110・262・299
凍曇り いてぐもり 36
凍凪 いてなぎ 111
大北風 おおぎた **53**・114
風垣 かざがき **64**・72
風囲い かざがこい 64
風切鎌 かざきりがま **65**
風花 かざはな **68–69**・296
風除け かざよけ・かぜよけ 64・**72**
風冴ゆる かぜさゆる **82**・171
鎌鼬 かまいたち **106**
鎌風 かまかぜ **106**
神立風 かみたつかぜ **107**・108
神渡し かみわたし 107・**108**
空っ風 からっかぜ 14・**108**・112・184・223
寒雲 かんうん **110**・299・332
寒霞 かんがすみ **110**・299
寒凪 かんなぎ **111**
寒風 かんぷう 14・64・82・108・**112**・185・214・263・264・267・286・299・306・312・315・319・342
乾風 かんぷう・からかぜ 24・108・**112**
寒夕焼け かんゆうやけ 300
きた（北風） 20・53・54・**114–115**・336
北打ち きたうち **115**
北颪 きたおろし **115**
北風 きたかぜ 15・20・39・53・54・107・112・114・**115**・157・169・185・202・225・240・270・299・312・320・351
北しぶき きたしぶき **116**
北吹き きたふき 116
木枯らし（凩） こがらし **160**・164・248
木の葉散る このはちる 164
木の葉の時雨 このはのしぐれ 164
朔風 さくふう 115・**169**
時雨雲 しぐれぐも 108・**177**・184
地吹雪 じふぶき 104・122・**183**・298
しまき **184–185**・298・333
しまき雲 しまきぐも **185**
隙間風 すきまかぜ **195–196**
スモッグ 52・**197**・299
玉風 たまかぜ 34・93・**221**
蝶々雲 ちょうちょうぐも **224**・353
ならい 11・13・15・53・95・168・**240**・270
吹越 ふっこし 68・**296**
吹雪 ふぶき 221・269・280・**298**・305・306・335
吹雪く 184・**298**
冬霞 ふゆがすみ 110・**299**
冬雲 ふゆぐも 17・**299**

風祭(り) かざまつり・かぜまつり 69・**70-71**・91・97・244・325
風入れ かぜいれ **79**・87・103
風の盆 かぜのぼん **97-98**
雁渡し かりわたし 12・**109**
黍嵐 きびあらし **118**
霧 きり 15・18-19・20・26・33・38・41・42・43・45・47・48・49・60・73・74・75・108・110・113・114・121・**123-124**・125-126・127・128・129・132・133・136・139・150・159・164-165・167・169・173・187・188・189・192・195・204・205・212・216-217・220-221・237-238・247・248・265・288・292-293・304・313・315・316・318・319・320・326・328-329・336・352・353
霧雨 きりさめ 11・**127**・129・204
霧時雨 きりしぐれ **127**
金風 きんぷう 17・**129**
鮭颪 さけおろし **169**
鯖雲 さばぐも **171**
秋陰 しゅういん 15・17・**186**
秋声 しゅうせい 18・**186-187**
秋風 しゅうふう 129・158・**187**・190・200・205・271・336
爽籟 そうらい **205**
台風 たいふう 17・29・30-31・54・60・83・85・97・107・113・120・131・132・167・**207-211**・218・227・231・243・246・248・260-261・267・270・274・276・281・309・312・326・329・338・345
台風禍 たいふうか **208**
台風圏 たいふうけん **208**
台風の目 たいふうのめ 30・60・211
台風裡 たいふうり **211**
高西風 たかにし **214**
鳥雲 ちょううん 224
露 つゆ 44・127・**226**・238・294-295・336
二百十日 にひゃくとおか 29・34・69・70・97・98・**243-244**・248・309・323
二百二十日 にひゃくはつか **244**・248・323
濃霧 のうむ 43・148・192・212・**247**
野分 のわき・のわけ 44・169・**248**・249
野分雲 のわきぐも **248-249**
初秋風 はつあきかぜ **255**・256
初嵐 はつあらし **255**・256
初風 はつかぜ **255-256**
鳩吹く風 はとふくかぜ **257**
盆東風 ぼんごち **308**
無月 むげつ **316**
厄日 やくび 244・**323-324**
やまじ・やまぜ 36・121・173・215・**326**
夕霧 ゆうぎり 20・123・**328-329**

331・354
熱風 ねっぷう 112・192・**245**・275・276・288
はえ（南風） 32・53・95・149・168・192・241・**250–251**・310
坂東太郎 ばんどうたろう 244・**266**・330
ひかた（日方） 176・**268**
比古太郎 ひこたろう 244
風知草 ふうちそう 81・**282–283**
風鈴 ふうりん 103・282・**287**
吹き流し ふきながし 285・**289**
まじ・まぜ（南風） 25・30・95・241・**310**・314
みなみ（南風） 241・**314**
南風 みなみかぜ 30・32・36・53・57・107・118・130・149・150・237・241・250・288・300・307・310・**314**・335
峰雲 みねぐも **315**
麦嵐 むぎあらし **315**
麦の秋風 むぎのあきかぜ **315**
やませ 11・95・223・227・236・240・**326–327**・357
夕立雲 ゆうだちぐも 200・216・238・**330**
夕凪 ゆうなぎ 82・109・171・202・**330**
夕焼け雲 ゆうやけぐも・ゆやけぐも 14・25・55・155・222・270・**330–331**
雷雲 らいうん 15・47・107・110・200・330・**339**
涼風 りょうふう 28・118・197・198・**340**
若葉風 わかばかぜ **344**

◉秋

青北風 あおぎた・あおきた **12**・109
秋風 あきかぜ **15–16**・17・19・38・53・54・80・89・125・129・178・186・187・189・190・199・205・206・233・247・271・315・336・339
秋風月 あきかぜづき **16–17**
秋雲 あきぐも 17
秋曇り あきぐもり 15・**17**・186
秋の嵐 あきのあらし **17**
秋の風 あきのかぜ 15・**17**・190・331
秋の雲 あきのくも **17–18**・238
秋の声 あきのこえ **18**・186–187
秋の初風 あきのはつかぜ 15・**18–19**・206・255–256
朝霧 あさぎり **20**・123
芋嵐 いもあらし **37**・118
色無き風 いろなきかぜ **38**
鰯雲 いわしぐも **38–39**・171・238
鱗雲 うろこぐも **44**・157・171・238・262・269・331・352
大西風 おおにし 242
荻の風 おぎのかぜ **53**
送南風 おくりませ・おくりまじ **53–54**
おしあな **54**
風日待ち かざひまち・かぜひまち **69**・71

裏葉草 うらはぐさ 81・283
雲海 うんかい 20・**45–46**
大南風 おおみなみ **53**・314
海霧 かいむ 43・59・192
ガス（海霧） 43・**73**・192
風青し かぜあおし **79**
風薫る かぜかおる 60・**80**・95・150
風草 かぜくさ・かぜぐさ **81–82**・83・283
風死す かぜしす **82**
風涼し かぜすずし **83**
風通し かぜとおし・かざとおし **85**
風の香 かぜのか **89**・95
鉄床雲 かなとこぐも 70・**105**・223・246
木の芽流し きのめながし **118**
くだり **130**・248・348
雲の峰 くものみね **144**・200・315・339
黒南風 くろはえ・くろばえ **149**・192・250
薫風 くんぷう 60・80・89・95・**150**・199・344
黄雀風 こうじゃくふう **156**
五月闇 さつきやみ **170**・227
しかた **176**・268
信濃太郎 しなのたろう 182・244
白南風 しらはえ・しろはえ 149・**192**・250
じり（海霧） 43・**192**
涼風 すずかぜ 28・**197**・340
青嵐 せいらん 12・31・195・**199**
積乱雲 せきらんうん 11・17・19・34・51・60・70・74・104・105・107・116・138・142・146・179・180・181・196・**200–201**・202・210・213・216・218・221・232–233・244・246・260・264・299・317・330・339・342
扇風機 せんぷうき **203**
筍流し たけのこながし **215**
だし **216**
丹波太郎 たんばたろう 244
ついり曇り ついりぐもり **224**
茅花流し つばなながし **226**
梅雨雲 つゆぐも **226**
梅雨曇り つゆぐもり 224・**226–227**
土用あい どようあい **234**
土用東風 どようごち **234**
土用凪 どようなぎ **234**
ながし **236**
ながし南風 ながしはえ 236・251
夏嵐 なつあらし **237**
夏霞 なつがすみ **237**
夏霧 なつぎり **237–238**
夏雲 なつぐも 17・49・**238**
南薫 なんくん 60・150
南風 なんぷう 59・122・151・**241**・314・335
入道雲 にゅうどうぐも 19・38・74・118・144・146・182・200・214・217・232・238・**244**・262・313・329・330・

鳥雲に（入る） とりくもに（いる） **235**
鳥曇り とりぐもり **235**
鰊曇り にしんぐもり **243**
涅槃西風 ねはんにし 242・**245**
涅槃吹 ねはんぶき 245
霾 ばい 225・**250**・338
霾天 ばいてん 250
八講の荒れ はっこうのあれ **256**・273
花曇り はなぐもり 228・**258**・335
花散らし はなちらし **258**
花吹雪 はなふぶき 257・**258**
春嵐 はるあらし **261**・263
春荒れ はるあれ **261**・263
春一番 はるいちばん 108・148・**261**・263・285
春霞 はるがすみ 41・76・78・**261**・337
春風 はるかぜ 70・76・89・102・151・158・164・186・188・240・**262**・263・311・336・339
春北風 はるきたかぜ・はるきた **262**
春雲 はるぐも **262**
春二番 はるにばん **263**
春の嵐 はるのあらし 170・189・245・261・**263**・268
春の風 はるのかぜ **263–264**
春の塵 はるのちり 188・**264**
春の夕焼け はるのゆうやけ **264**
春疾風 はるはやて 261・263・**264**
春埃 はるぼこり 188・**265**
春夕焼け はるゆやけ 264
晩霞 ばんか **265**・328
彼岸西風 ひがんにし 245
雲雀東風 ひばりごち 163・202・**270**・301
比良八荒 ひらはっこう 256・**273**
昼霞 ひるがすみ **274**
へばるごち ⇒雲雀東風
蒙古風 もうこかぜ 156・225・**318**・338
八重霞 やえがすみ **322**
夕霞 ゆうがすみ 77・265・**328**
夕東風 ゆうごち 163・**329**
雪解風 ゆきげかぜ **333**
雪ねぶり ゆきねぶり **333–334**
養花天 ようかてん **335**
ようず **335**
霾晦 よなぐもり 156・225・250・318・**338**

⦿夏

あいの風 あいのかぜ **11–12**・31・130・268・348
青嵐 あおあらし **12**・79・80・199
青東風 あおごち・あおこち **13**・234
青田風 あおたかぜ **13**
朝曇り あさぐもり **21**
朝凪 あさなぎ **22**
朝焼け あさやけ 22–23・349
温風至 あつかぜいたる 56
荒南風 あらはえ・あらばえ **32**・149
いなさ 11・**36**・95・301
卯月曇り うづきぐもり **42**
海霧 うみぎり 38・**43**・73・123・192

季語索引・風と雲の四季ごよみ

本書に収録した「風と雲のことば」の中から「季語」を抜き出し、「春・夏・秋・冬・新年」に分類して50音順に配列した。作成に当たっては、原則として『日本大歳時記』(講談社)に準拠した。見出し語として掲載した頁数は太字。

⦿春

朝霞 あさがすみ **19–20**・41
朝東風 あさごち **21**・163
あぶらまじ **25**
雨東風 あめごち **29**
荒東風 あらごち **31**・227
いなだ東風 いなだごち **36**・270
薄霞 うすがすみ **41**
梅東風 うめごち **43**・163
落とし角 おとしづの **176**
朧 おぼろ **55**
貝寄せ かいよせ **59–60**
風車 かざぐるま **66–67**
霞 かすみ 15・19・41・42・44・45・51・**74**・75–78・123・125–126・129・147・148・152・194・197・198・205・217・220・231・261・265・270・274・311・313・317・322・328・336・337
霞初月 かすみそめづき **78**
風光る かぜひかる **101**・222
風除け解く かぜよけとく 72
草霞む くさかすむ **129**
黒北風 くろぎた **148**
黄砂 こうさ 74・**155–156**・156・225・318
黄塵万丈 こうじんばんじょう **156**
胡沙荒る こさある **162**
胡沙来る こさきたる 318
東風 こち 21・29・31・36・43・89・**163**・169・172・190・202・226・227・231・268・270・290・301・310・329・353
こち風 こちかぜ 163
桜東風 さくらごち 163・**169**
桜南風 さくらまじ **169**
鰆東風 さわらごち 163・**172**・270
鹿の角落つ しかのつのおつ **176**
春塵 しゅんじん 156・**188**・264・265
春風 しゅんぷう **188**・189・195・262
凧合戦 たこがっせん **215–216**・277
土風 つちかぜ 225
つちぐもり 225・338
霾 つちふる 156・162・**225**・250・318・338
強東風 つよごち 31・**227**
鳥風 とりかぜ **235**
鳥雲 とりくも 235

●監修
倉嶋　厚（くらしま　あつし）

●執筆
岡田憲治（おかだ　けんじ）
1957年徳島県生まれ。気象庁予報官。第29次南極観測隊（越冬），気象庁の初代土砂災害気象官として地盤の緩みを推定する土壌雨量指数や土砂災害警戒情報を開発。元・首都大学東京大学院非常勤講師。著書に『土壌雨量指数から見た土砂災害の特徴』（防災科学技術研究所），『知っておきたい斜面の話』（土木学会，共著），『家族を守る斜面の知識』（土木学会，共著）等。専門は土砂災害気象学。

原田　稔（はらだ　みのる）
1944年神奈川県生まれ。エッセイスト。郷土史研究をきっかけに「雨の文化誌」の研究に志す。著書に『雨の楽しい話』（近代文芸社）。編著に『雨のことば辞典』（講談社学術文庫）。

宇田川眞人（うだがわ　まさと）
1944年東京生まれ。編集者・文筆業。著書に『日本に碩学がいたころ』（三恵社）。『日本の論点　2006～2012』（文藝春秋）に寄稿。編集書に『雨のことば辞典』（講談社）。

本書は書き下ろしです。

倉嶋　厚（くらしま　あつし）

1924年長野県生まれ。気象庁主任予報官，鹿児島気象台長などを歴任。その後NHK気象キャスターを務める。理学博士。著書・編著に『日本の空を見つめて』（岩波書店），『倉嶋厚の人生気象学』（東京堂出版），『雨のことば辞典』（講談社学術文庫）など多数。2017年没。

講談社学術文庫

定価はカバーに表示してあります。

風《かぜ》と雲《くも》のことば辞典《じてん》

倉嶋《くらしま》　厚《あつし》 監修

2016年10月11日　第1刷発行
2024年5月17日　第9刷発行

発行者　森田浩章
発行所　株式会社講談社
東京都文京区音羽2-12-21 〒112-8001
電話　編集（03）5395-3512
販売（03）5395-5817
業務（03）5395-3615

装　幀　蟹江征治
印　刷　株式会社広済堂ネクスト
製　本　株式会社国宝社
本文データ制作　講談社デジタル製作

ISBN978-4-06-292391-0

「講談社学術文庫」の刊行に当たって

これは、学術をポケットに入れることをモットーとして生まれた文庫である。学術は少年の心を養い、成年の心を満たす。その学術がポケットにはいる形で、万人のものになることは、生涯教育をうたう現代の理想である。

こうした考え方は、学術を巨大な城のように見る世間の常識に反するかもしれない。また、一部の人たちからは、学術の権威をおとすものと非難されるかもしれない。しかし、それはいずれも学術の新しい在り方を解しないものといわざるをえない。

学術は、まず魔術への挑戦から始まった。やがて、いわゆる常識をつぎつぎに改めていった。学術の権威は、幾百年、幾千年にわたる、苦しい戦いの成果である。こうしてきずきあげられた城が、一見して近づきがたいものにうつるのは、そのためである。しかし、学術の権威を、その形の上だけで判断してはならない。その生成のあとをかえりみれば、その根は常に人々の生活の中にあった。学術が大きな力たりうるのはそのためであって、生活をはなれた学術は、どこにもない。

開かれた社会といわれる現代にとって、これはまったく自明である。生活と学術との間に、もし距離があるとすれば、何をおいてもこれを埋めねばならない。もしこの距離が形の上の迷信からきているとすれば、その迷信をうち破らねばならぬ。

学術文庫は、内外の迷信を打破し、学術のために新しい天地をひらく意図をもって生まれた。文庫という小さい形と、学術という壮大な城とが、完全に両立するためには、なおいくらかの時を必要とするであろう。しかし、学術をポケットにした社会が、人間の生活にとってより豊かな社会であることは、たしかである。そうした社会の実現のために、文庫の世界に新しいジャンルを加えることができれば幸いである。

一九七六年六月

野間省一

ことば・考える・書く・辞典・事典

J・L・オースティン著／飯野勝己訳
言語と行為 いかにして言葉でものごとを行うか
言葉は事実を記述するだけではない。言葉を語ることがそのまま行為をすることになる場合がある——「確認的」と「遂行的」の区別を提示し、「言語行為論」の誕生を告げる記念碑的著作、初の文庫版での新訳。
2505

倉嶋　厚監修／宇田川眞人編著
花のことば辞典 四季を愉しむ
古来、人々は暮らしの中の喜びや悲しみを花に託して神話や伝説、詩歌にし、語り継いできた。その逸話の数々を一〇四一の花のことばとともに蒐集。四季折々の花模様と心模様を読む！　学術文庫版書き下ろし。
2545

豊永武盛著
あいうえおの起源 身体からのコトバ発生論
目と芽、鼻と花、歯と葉のように、身体と事物の間に語の共通性があるのはなぜか。語頭音となる「あいうえお」などの五十音が身体の部位・生理に由来することを解明し、コトバの発生と世界分節の深層に迫る。
2548

森　鷗外著（解説・猪瀬直樹）
元号通覧
一三〇〇年分の元号が一望できる！　文豪森鷗外、最晩年の考証の精華『元号考』を改題文庫化。「大化」から「大正」に至る元号の典拠や不採用の候補、改元の理由まで、その奥深さを存分に堪能できる一冊。
2554

山田孝子著
アイヌの世界観 「ことば」から読む自然と宇宙
動植物を神格化し、自然も神も人もすべては平等である！　カㇻ（創造する）、アペ（火）、チェㇷ゚（魚）……驚くべき自然観察眼によってなされた名付けの意味を読み解き、その宇宙観を言語学的に分析する。
2560

金谷武洋著
日本語と西欧語 主語の由来を探る
英語は「神の視点」を得ることによって主語の誕生を準備したが、「虫の視点」を持つ日本語にそれは必要なかった——。英語の歴史を踏まえ、日本語との文化の違いを考察する、壮大な比較文法・文化論の試み。
2565

ことば・考える・書く・辞典・事典

佐藤信夫著（解説・佐々木健一）
レトリックの記号論
記号論としてのレトリック・メカニズムとは。我々を囲む文化は巨大な記号の体系に他ならない。微妙な言語現象を分析・解読するレトリックの認識こそ、記号論の最も重要な主題であることを具体的に説いた好著。

1098

菊地康人著
敬語
日本語の急所、敬語の仕組みと使い方を詳述。尊敬語・謙譲語・丁寧語など、日本語ほど敬語が高度に発達している言語はない。敬語の体系を平明に解説し、豊富な用例でその適切な使い方を説く現代人必携の書。

1268

M・J・アドラー、C・V・ドーレン著／外山滋比古・槇　未知子訳
本を読む本
知的かつ実際的な読書の技術を平易に解説。読書の本来の意味を考え、読者のレベルに応じたさまざまな読書の技術を紹介し、読者を積極的な読書へと導く。世界各国で半世紀にわたって読みつがれてきた好著。

1299

小松英雄著（解説・石川九楊）
いろはうた　日本語史へのいざない
千年以上も言語文化史の中核であった「いろはうた」に秘められた日本語の歴史と、そこに見えてくる現代語表記の問題点。言語をめぐる知的な営為のあり方を探り、従来の国文法を超克した日本語の姿を描く一冊。

1941

菊地康人著
敬語再入門
現代社会で、豊かな言語活動と円滑な人間関係の構築に不可欠な、敬語を使いこなすコツとは何か？　豊富な実例に則した百項目のQ＆A方式で、敬語の疑問点を解説。敬語研究の第一人者による実践的敬語入門。

1984

新島　繁著（解説・片山虎之介）
蕎麦の事典
故・司馬遼太郎が「よき江戸時代人の末裔」と賞賛した市井の研究者によって体系化された膨大な知見。蕎麦の歴史、調理法、栄養、習俗、諺、隠語、方言——あらゆる資料を博捜し、探求した決定版〈読む事典〉。

2050

《講談社学術文庫　既刊より》